【高等学校“十二五”规划教材】

计算机选购·组装·维护与维修项目实训

JISUANJI XUANGOU ZUZHUANG WEIHU YU WEIXIU XIANGMU SHIXUN

主 编 曹建国 汤 清 副主编 路贺俊 褚永贵 唐中海

时代出版传媒股份有限公司
安徽科学技术出版社

图书在版编目(CIP)数据

计算机选购·组装·维护与维修项目实训/曹建国,汤清主编.—合肥:安徽科学技术出版社,2011.9
ISBN 978-7-5337-5267-5

Ⅰ.①计… Ⅱ.①曹…②汤… Ⅲ.①电子计算机-选购-教材②电子计算机-组装-教材③电子计算机-维修-教材 Ⅳ.①TP3

中国版本图书馆 CIP 数据核字(2011)第 132882 号

计算机选购·组装·维护与维修项目实训 曹建国 汤 清 主编

出 版 人:黄和平 选题策划:王 勇 责任编辑:王 勇 何宗华
责任校对:程 苗 责任印制:李伦洲 封面设计:王 艳
出版发行:时代出版传媒股份有限公司 http://www.press-mart.com
安徽科学技术出版社 http://www.ahstp.net
(合肥市政务文化新区翡翠路 1118 号出版传媒广场,邮编:230071)
电话:(0551)63533330
印 制:合肥华星印务有限责任公司 电话:(0551)65714687
(如发现印装质量问题,影响阅读,请与印刷厂商联系调换)

开本:787×1092 1/16 印张:15 字数:330 千
版次:2013 年 2 月第 2 次印刷

ISBN 978-7-5337-5267-5 定价:30.00 元

前　言

计算机技术的发展，使得计算机硬件产品更新换代日益加快；新产品、新器件的不断出现，使计算机软件、硬件故障出现的频率增多。

本书是以培养学生动手能力为主的教程，着重于实际应用能力的培养，将计算机组装与维护理论和实训结合起来，比较全面地介绍了计算机硬件的维护、维修和软件的安装与调试等相关知识，主要介绍了计算机硬件系统的组成，软件系统的安装和设置，同时还介绍了计算机硬件组装技术及计算机常见故障的处理方法和计算机维护的注意事项。本书打破了以往的理论教材附实训教材的形式，采用别具一格的实训与理论紧密结合的讲、学、做三结合的形式，以实际技能训练为导向，通过实训和理论学习，进一步加深学生对知识的理解和掌握，提高学生的动手能力。

全书共由 8 个项目组成，分别是：认识并熟悉计算机系统、组装计算机、BIOS 设置、搭建计算机软件系统、计算机维护、计算机常见软件故障及排除、计算机常见硬件故障及排除、笔记本电脑的拆装及维护。

本书知识点多、内容丰富、图文并茂、实用性强，不但是一本内容较为新颖、全面的讲、学、做一体化教材，也是一本指导日常维护计算机软件、硬件故障的参考书。本书适合作为计算机相关专业的教材，同时适合具有一定计算机基础的人员自学使用，并可供日常维护计算机的有关人员阅读、参考。

本书由曹建国、汤清任主编，路贺俊、褚永贵和唐中海任副主编。参加编写的人员有：曹建国（安徽工贸职业技术学院）、路贺俊（安徽新华学院）、褚永贵（安徽文达信息工程学院）、汤清（合肥财经职业学院）、高海滨（淮南联合大学）、商杰（安徽工贸职业技术学院）、盛楠（合肥财经职业学院）、唐中海（万博科技职业学院）、常征（郑州工业贸易学校）、张黎明（郑州工业贸易学校）、吴云志（郑州工业贸易学校）。

我们衷心感谢安徽工贸职业技术学院刘竞杰主任对本书出版的大力支持，特别感谢王勇编辑对教材定稿、编辑加工所付出的辛劳！

由于编者水平有限，书中不妥之处在所难免，恳请广大读者批评指正。

编　者

目 录

项目 1　认识并熟悉计算机系统

引言：小王的公司决定购买一台计算机，采购的任务就交给小王来做。可是小王对计算机却一窍不通，只好临时抱佛脚，找来一些与计算机有关的资料，下面就让我们和小王一起来了解一下计算机系统吧。

任务 1　认识计算机系统

1.1　计算机的定义

电子计算机(Computer)，又称计算机或电脑，是一种利用电子学原理，根据一系列指令来对数据进行处理的机器。计算机是总称，一般在学术性或正式场合使用。在通常用语中，计算机一般指电子计算机中的个人电脑。它由多个零配件组成，如中央处理器、主板、内存、电源、显卡等，是接收、处理和提供数据的一些装置。

计算机技术自 20 世纪 40 年代第一台电子通用计算机诞生以来，有了令人目眩的飞速发展，但是今天计算机仍然基本上采用的是存储程序结构，即冯·诺伊曼结构。这个结构实现了实用化的通用计算机。

存储程序结构将一台计算机描述成 4 个主要部分：算术逻辑单元(ALU)、控制电路、存储器以及输入输出设备(I/O)。这些部件通过一组一组的排线连接(当一组线被用于多种不同作用的数据传输时又被称为总线)，并且由一个时钟来驱动。

从概念上讲，一部计算机的存储器可以被视为一组“细胞”单元。每一个“细胞”都有一个编号，称为地址；又都可以存储一个较小的定长信息。这个信息既可以是指令(告诉计算机去做什么)，也可以是数据(指令的处理对象)。原则上，每一个“细胞”都是可以存储二者之任一的。

(1)算术逻辑单元(ALU)可以被称做计算机的大脑。它可以做两类运算：第一类是算术运算，比如对两个数字进行加减法。算术运算部件的功能在 ALU 中是十分有限的，事实上，一些 ALU 根本不支持电路级的乘法和除法运算(用户只能通过编程进行乘除法运算)。第二类是比较运算，即给定两个数，ALU 对其进行比较以确定哪个更大一些。

(2)输入输出系统是计算机从外部世界接收信息和向外部世界反馈运算结果的手段。对于一台标准的个人计算机,输入设备主要有键盘和鼠标,输出设备则是显示器、打印机以及其他许多后文将要讨论的可连接到计算机上的I/O设备。

(3)控制系统将以上计算机各部分联系起来。它的功能是从存储器和输入输出设备中读取指令和数据,对指令进行解码,并向ALU交付符合指令要求的正确输入,告知ALU对这些数据做哪些运算并将结果数据返回到何处。控制系统中一个重要组件就是用来保持跟踪当前指令所在地址的计数器。通常这个计数器随着指令的执行而累加,但有时如果指令指示进行跳转则不依此规则。

20世纪80年代以来,ALU和控制单元(二者合称中央处理器,即CPU)逐渐被集成到一块集成电路上,称做微处理器。这类计算机的工作模式十分直观:在一个时钟周期内,计算机先从存储器中获取指令和数据,然后执行指令、存储数据,再获取下一条指令。这个过程被反复执行,直至得到一个终止指令。

1.2 计算机的发展历程

1.2.1 早期的计算工具

人类利用工具辅助算数已有数千年的历史,例如利用重量平衡原理所发明的秤,或是账房拿方格布以简易的数据结构原理,按照高度清点钱币堆栈。专门用来算数的工具则是算盘,最早由中国人所发明,用骨架及铁丝构成,铁丝上串有算珠,以算珠的排列位置作为计数结果,如图1-1所示。

20世纪初期,希腊人在一艘约公元前65年遇难的沉船上,找到已有2000年历史的安提凯希拉仪器(Antikythera Mechanism),据信用途是计算天体运行周期,协助古人筹备宗教节日和提醒谷物收割的仪器。此器件由37道青铜齿轮和刻度盘组成,齿轮彼此啮合,有一组齿轮的作用甚至是模拟月球的运动方式,如图1-2所示。这项技术工艺失传后,直到1600年后人类才有能力发明出复杂度旗鼓相当的计算机械。

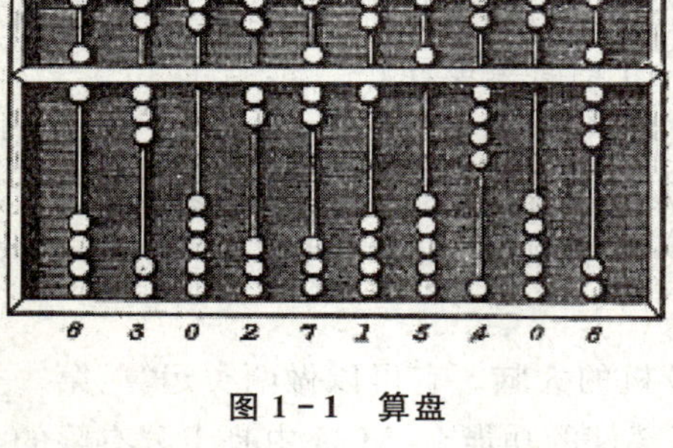

图1-1 算盘

图1-2 安提凯希拉仪器

1614年,苏格兰数学家纳皮尔发现利用加减计算乘除的方法,并依此发明对数。纳皮尔在制作第一张对数表的时候,必需进行大量的乘法运算,而一条物理线的距离或区间可表示真数，于是他设计出计算器——纳皮尔的骨头协助计算。到 1633 年，英国牧师奥特雷德(William Oughtred)利用对数基础，发明出一种圆形计算工具比例环(Circles of Proportion)，后来逐渐演变成近代人熟悉的计算尺，如图 1-3 所示。直到口袋型计算器发明之前，有一整个世代的工程师，以及跟数学沾上边的专业人士都使用过计算尺。美国阿波罗计划里的工程师甚至利用计算尺就将人类送上了月球，其精确度达到 3 或 4 位的有效数位。

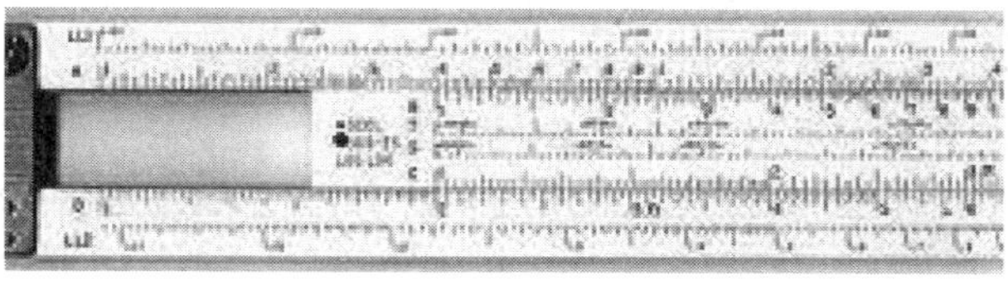

图 1-3　计算尺

1623 年，德国科学家施卡德(Wilhelm Schickard)建造出世界已知的第一部机械式计算器，成为计算机时代之父。这部机械改良自时钟的齿轮技术，能进行 6 位数的加减，并经由钟声输出答案，因此又称为“算数钟”，可惜后来毁于祝融，施卡德也因战祸而逝。

1642 年法国数学家帕斯卡为税务所苦的税务员父亲发明了滚轮式加法器(Pascaline)，可透过转盘进行加法运算。1673 年德国数学家莱布尼茨使用阶梯式圆柱齿轮加以改良，制作出可以进行四则运算的步进计算器，如图 1-4 所示，可惜成本高昂，不受当代重视。

图 1-4

直到 1820 年之后，机械式计算器才被广为使用。法国人汤玛斯(Charles Xavier Thomas)以莱布尼茨的设计为基础，率先成功量产可作四则运算的机械式计算器，后来命名为汤玛斯计算器(Thomas Arithmometer)。此后机械式计算器风行草偃，直到 1970 年代的 150 年间，有十进制的加法机(Addiator)、康普托计算器(Comptometer)、门罗计算器(Monroe Calculator)以及科塔计算器(Curta Calculator)等相继面市。莱布尼茨还倡导过现代计算机的核心理论——二进制系统，不过直到 1940 年代(从 1800 年代的巴贝奇，到 1946 年诞生的埃尼阿克)，大部分的设计连小数点都未能兼顾。

1.2.2　现代计算机的发展

世界上公认的第一台现代计算机是 1946 年问世的，根据计算机的性能和软硬件技术，将计算机发展划分成以下几个阶段：

第一阶段：电子管计算机(1946—1957)，其特点是：

(1)采用电子管制作基本逻辑部件。

(2)采用电子射线管作为存储部件。

(3)输入输出装置落后，主要使用穿孔卡片。

(4)没有系统软件。

第二阶段：晶体管计算机(1958—1964)，其主要特点是：

(1)采用晶体管制作基本逻辑部件。

(2)普遍采用磁芯作为主存储器,采用磁盘/磁鼓作为外存储器。

(3)开始有了系统软件(监控程序),提出了操作系统概念,出现了高级语言。

第三阶段:集成电路计算机(1965—1969),其主要特点是:

(1)采用中小规模集成电路制作各种逻辑部件。

(2)采用半导体存储器作为主存。

(3)系统软件有了很大发展。

(4)在程序设计方法上采用了结构化程序设计。

第四阶段:大规模、超大规模集成电路计算机,其主要特点:

(1)基本逻辑部件采用大规模、超大规模集成电路。

(2)作为主存的半导体存储器,其集成度越来越高,容量越来越大;外存储器除广泛使用软、硬磁盘外,还引进了光盘。

(3)各种使用方便的输入输出设备相继出现,如大容量的磁盘、光盘、鼠标器、图像扫描仪、数字化照相机、高分辨率彩色显示器、激光打印机等。

(4)软件产业高度发达,各种实用软件层出不穷。

(5)计算机技术与通信技术相结合,计算机网络(广域网、城域网、局域网)把世界紧紧联系在一起。

(6)多媒体崛起,计算机集图像、图形、声音、文字处理于一体,在信息处理领域掀起了一场革命。

1.3 计算机的发展趋势

1.3.1 发展方向

按当今计算机科学发展趋势,可以把它分为三维考虑。一维是向“高”的方向。性能越来越高,速度越来越快,主要表现在计算机的主频越来越高。像前几年我们使用的都是286、386,主频只有几十兆。20世纪90年代初,集成电路集成度已达到100万门以上,从VLSI开始进入ULSI,即特大规模集成电路时期。而且由于RISC技术的成熟与普及,CPU性能年增长率由80年代的35%发展到90年代的60%。到后来出现奔腾系列,现在已出现了使用多核心技术的微处理器,主频达到2 GHz以上。计算机向高的方面发展不仅是芯片频率的提高,还有计算机整体性能的提高。一台计算机中可能不只用一个处理器,而是用几百个、几千个处理器,这就是所谓并行处理。也就是说提高计算机的性能有两个途径:一是提高器件速度,二是并行处理。与前所述,器件速度通过发明新器件(如量子器件等),采用纳米工艺、片上系统等技术还可以提高几个数量级。以大规模并行为标志的体系结构的创新与进步是提高计算机系统性能的另一重要途径。目前世界上性能最高的通用计算机已采用上万台计算机并行,美国的ASCI计划已经完成每秒12.3万亿次并行机。目前正在研制30万亿次和100万亿次并行计算机。美国另一项计划的目标是推出每秒1 000万亿次并行计算机(Petaflops计算机),其处理机将采用超导量子器件,每个处理机每秒100亿次,共用10万个处理机并行。专用计算机的并行程度比通用机更高。IBM公司正在研制一台用于计算蛋白质折叠结构的专用计算机,称作蓝色基因(Blue Gene)计算机,一块芯片中就包括32个处理机,峰值速度达每秒10 000 000亿次。将几千几万台计算机连接起来构成一台并行机,就如同组织成千上万工人生产一个产品一样，决不是一件容易的事。并行计算机的关键技术是如何高效率地把大量计算机互相连接起来，即各处理机之间的高速通信，以及如何有效地管理成千上万台计算机使之协调工作，这就是并行计算机的系统软件——操作系统的功能。如何处理高性能与通用性以及应用软件可移植性的矛盾也是研制并行计算机必须面对的技术选择，也是计算机科学发展的重大课题。

另一个方向就是向"广"度方向发展，计算机发展的趋势就是无处不在，以至于像"没有计算机一样"。近年来更明显的趋势是网络化与向各个领域的渗透，即向广度上的发展开拓。国外称这种趋势为普适计算(Pervasive Computing)或叫无处不在的计算。举个例子，问你家里有多少马达，谁也说不清。洗衣机里有，电冰箱里有，录音机里也有，几乎无处不在，我们谁也不会去统计它。未来，计算机也会像现在的马达一样，存在于家中的各种电器中。那时问你家里有多少计算机，你也数不清。你的笔记本、书籍都已电子化。包括未来的中小学教材，再过十几、二十几年，可能学生们上课用的不再是教科书，而只是一个笔记本大小的计算机，所有的中小学的课程教材、辅导书和练习题都在里面。不同的学生可以根据自己的需要方便地从中查到想要的资料。而且这些计算机与现在的手机合为一体，随时随地都可以上网，相互交流信息。所以有人预言未来计算机可能像纸张一样便宜，可以一次性使用，计算机将成为不被人注意的最常用的日用品。

第三个方向是向"深"度方向发展，即向信息的智能化发展。网上有大量的信息，怎样把这些浩如烟海的东西变成你想要的知识，这是计算机科学的重要课题。未来你可以用你的自然语言与计算机打交道，也可以用手写的文字与计算机打交道，甚至可以用你的表情、手势来与计算机沟通，使人机交流更加方便快捷。电子计算机从诞生起就致力于模拟人类思维，希望计算机越来越聪明，不仅能做一些复杂的事情，而且能做一些需"智慧"才能做的事，比如推理、学习、联想等。自从1956年提出"人工智能"以来，计算机在智能化方向迈进的步伐不尽人意。科学家多次关于人工智能的预期目标都没有实现，这说明探索人类智能的本质是一件十分艰巨的任务。目前计算机"思维"的方式与人类思维方式有很大区别，人机之间的间隔还不小。人类还很难以自然的方式，如语言、手势、表情与计算机打交道，计算机难用已成为阻碍计算机进一步普及的巨大障碍。随着Internet的普及，普通老百姓使用计算机的需求日益增长，这种强烈需求将大大促进计算机智能化方向的研究。近几年来计算机识别文字(包括印刷体、手写体)和口语的技术已有较大提高，已初步达到商品化水平，估计5～10年内手写和口语输入将逐步成为主流的输入方式。手势(特别是哑语手势)和脸部表情识别也已取得较大进展。使人沉浸在计算机世界的虚拟现实(Virtual Reality)技术是近几年来发展较快的技术，未来将更加迅速地发展。

1.3.2 未来的新技术

1.第五代计算机

第五代计算机指具有人工智能的新一代计算机，它具有推理、联想、判断、决策、学习等功能。计算机的发展将在什么时候进入第五代？什么是第五代计算机？对于这样的问题，并没有一个明确统一的说法。日本在1981年宣布要在10年内研制出"能听会说、能识字、会思考"的第五代计算机，投资千亿日元并组织了一大批科技精英进行会战。这一宏伟计划曾经引起世界瞩目，并让一些美国人恐慌了好一阵子，有人甚至惊呼这是"科技战场上的珍珠港事件”。现在回头看，日本原来的研究计划只能说是部分地实现了。到了今天还没有哪一台计算机被宣称是第五代计算机。

但有一点可以肯定，在未来社会中，计算机、网络、通信技术将会三位一体化。新世纪的计算机将把人从重复、枯燥的信息处理中解脱出来，从而改变我们的工作、生活和学习方式，给人类和社会拓展了更大的生存和发展空间。

2. 能识别自然语言的计算机

未来的计算机将在模式识别、语言处理、句式分析和语义分析的综合处理能力上获得重大突破。它可以识别孤立单词、连续单词、连续语言和特定或非特定对象的自然语言（包括口语）。今后，人类将越来越多地同机器对话。他们将向个人计算机“口授”信件，同洗衣机“讨论”保护衣物的程序，或者用语言“制服”不听话的录音机。键盘和鼠标的时代将渐渐结束。

3. 高速超导计算机

高速超导计算机的耗电仅为半导体器件计算机的几千分之一，它执行一条指令只需十亿分之一秒，比半导体元件快几十倍。以目前的技术制造出的超导计算机的集成电路芯片只有 3～5 mm^2 大小。

4. 激光计算机

激光计算机是利用激光作为载体进行信息处理的计算机，又叫光脑，其运算速度将比普通的电子计算机至少快 1 000 倍。它依靠激光束进入由反射镜和透镜组成的阵列中来对信息进行处理。

与电子计算机相似之处是，激光计算机也靠一系列逻辑操作来处理和解决问题。光束在一般条件下的互不干扰的特性，使得激光计算机能够在极小的空间内开辟很多平行的信息通道，密度大得惊人。一块截面等于 5 分硬币大小的棱镜，其通过能力超过全球现有全部电缆的许多倍。

5. 分子计算机

分子计算机正在酝酿。美国惠普公司和加州大学，1999 年 7 月 16 日宣布，已成功地研制出分子计算机中的逻辑门电路，其线宽只有几个原子直径之和。分子计算机的运算速度是目前计算机的 1 000 亿倍，最终将取代硅芯片计算机。

6. 量子计算机

科学证明，个体光子通常不相互作用，但是当它们与光学谐腔内的原子聚在一起时，它们相互之间会产生强烈影响。光子的这种特性可用来发展量子力学效应的信息处理器件——光学量子逻辑门，进而制造量子计算机。在理论方面，量子计算机的性能能够超过任何可以想象的标准计算机。

7. DNA 计算机

科学家研究发现，脱氧核糖核酸（DNA）有一种特性，能够携带生物体的大量基因物质。数学家、生物学家、化学家以及计算机专家从中得到启迪，正在合作研究制造未来的液体 DNA 计算机。这种 DNA 计算机的工作原理是以瞬间发生的化学反应为基础，通过和酶的相互作用，将发生过程进行分子编码，把二进制数翻译成遗传密码的片段，每一个片段就是著名的双螺旋的一个链，然后对问题以新的 DNA 编码形式加以解答。

与普通的计算机相比，DNA 计算机的优点首先是体积小，但存储的信息量却超过现在世界上所有的计算机。

8. 神经元计算机

人类神经网络的强大与神奇是人所共知的。将来，人们将制造能够完成类似人脑功能的计算机系统，即人造神经元网络。神经元计算机最有前途的应用领域是国防：它可以识别物体和目标，处理复杂的雷达信号，决定要击毁的目标。神经元计算机的联想式信息存储、对学习的自然适应性、数据处理中的平行重复现象等性能都将异常有效。

9. 生物计算机

生物计算机主要是以生物电子元件构建的计算机。它利用蛋白质有开关特性，用蛋白质分子作元件从而制成生物芯片。其性能是由元件与元件之间电流启闭的开关速度来决定的。用蛋白质制成的计算机芯片，它的一个存储点只有一个分子大小，所以它的存储容量可以达到普通计算机的十亿倍。由蛋白质构成的集成电路，其大小只相当于硅片集成电路的 $1/10^5$。而且运行速度更快，只有 10^{-11} 次方秒，大大超过人脑的思维速度。

1.4 熟悉微型计算机系统

1.4.1 认识计算机硬件系统

硬件系统是指构成计算机的一些看得见、摸得着的物理设备，它是计算机软件运行的基础。从计算机的外观看，它是由主机、显示器、键盘和鼠标等几个部分组成的，如图 1－5 所示。

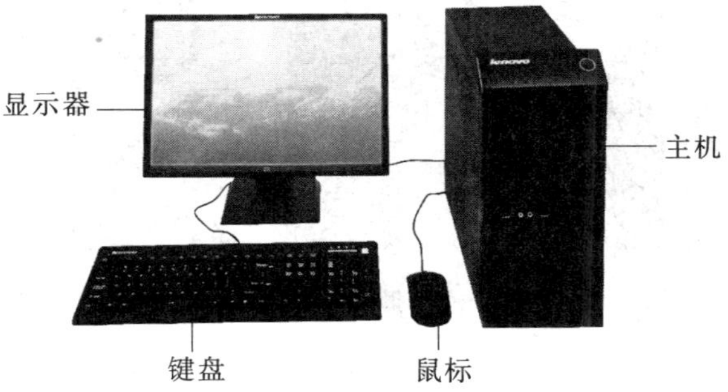

图 1－5　计算机

为了更好地了解这些硬件，下面将把它们逐个拆卸下来。

①将显示器与主机分离开来。显示器的后面一般有两条导线，一条是电源线，与电源插座相连，另一条是数据线与主机相连。目前常用的数据线有两种，一种是 VGA 接口，另一种是 DVI 接口，两种接口的工作原理虽然不同，但拆卸方法却很相似，它们都使用两根螺丝将接头固定在机箱上。拆卸之前先逆时针旋动螺丝使螺丝与机箱分离，然后沿接头水平方向轻轻用力即可将接头取下。

注意

切忌在未松脱螺丝时用力拉扯显示器接头,在取下接头时尽量不要左右摇晃,以免损坏接头中的针脚,如图 1-6 所示。

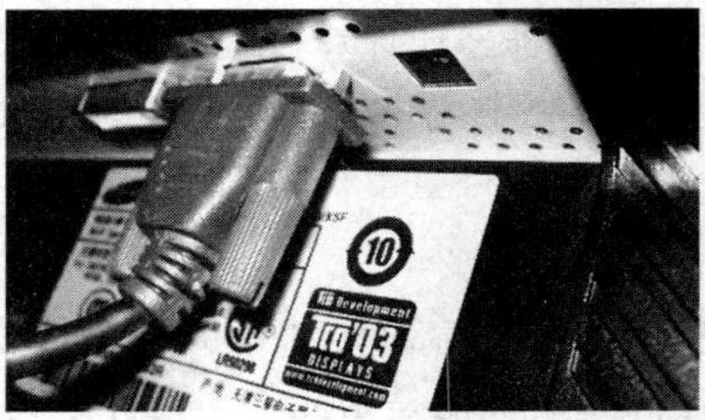

图 1-6　显示器数据线接头

②将键盘和鼠标拆卸下来。目前键盘和鼠标的常用接口有两种,一种是圆型的 PS/2 接口,另一种是长方形的 USB 接口。这两种接口都没有螺丝与机箱固定,只要沿接头水平方向轻轻用力就可以与主机分离开来。

注意

在分离 PS/2 接口时不可以试图旋转接头,否则会损坏接头中的针脚,如图 1-7 所示。

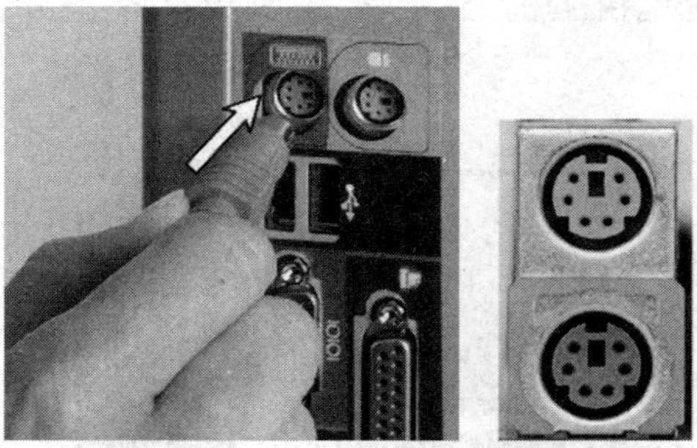

图 1-7　键盘与鼠标接口

③拆卸机箱。由于机箱的生产厂家和用途不同,机箱的结构并不完全相同,下面以目前比较常见的机箱为例来进行介绍。先拧下机箱后方的螺丝,打开机箱的盖板,如图 1-8、图 1-9 所示。

③将机箱平放在工作台上就可以看到机箱里的众多设备,这些设备主要有主板、CPU、内存、各种板卡、硬盘和光驱等,如图 1-10 所示。

⑤将机箱内的设备逐个拆卸下来。硬盘和光驱等都是用左右对称的 4 颗螺丝固定在机箱上的,只需先将与主板连接的数据线和电源线取下,然后拧下螺丝就可以将硬盘、光驱拆卸下来,如图 1-11 所示。

⑥在取下各种板卡前要先将板卡与机箱固定的螺丝拧下,然后沿板卡垂直方向用力,就

可以将板卡取下，如图 1－12 所示。

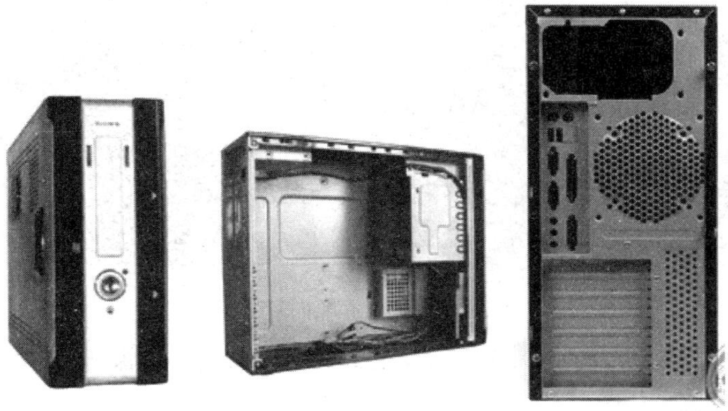

图 1－8　机箱

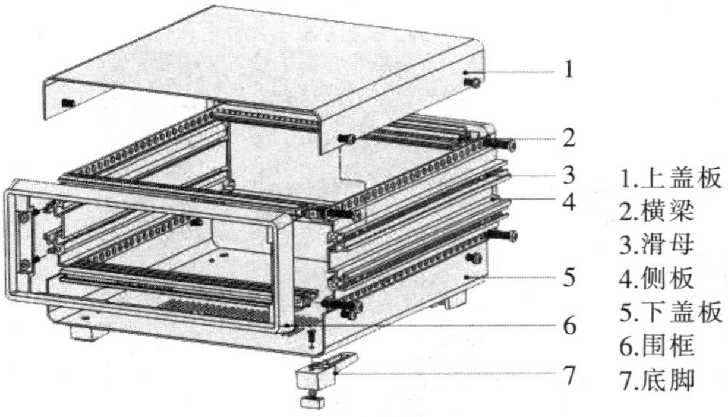

图 1－9　机箱结构示意图

图 1－10　机箱内部组成

图 1－11　拆卸光驱和硬盘

图 1－12　拆卸板卡

⑦内存是用两个卡子固定在主板上的，先将卡子压下，然后才能将内存条取下，如图 1－13 所示。

⑧在拆卸 CPU 之前，首先要将 CPU 上的风扇取下，如图 1－14 所示，然后抬起 CPU 插

图 1-13　拆卸内存条

座旁边的手柄，将手柄拉杆抬起与 CPU 插座成 90°，如图 1-15 所示，再将 CPU 从插座上轻轻取下即可，如图 1-15 所示。

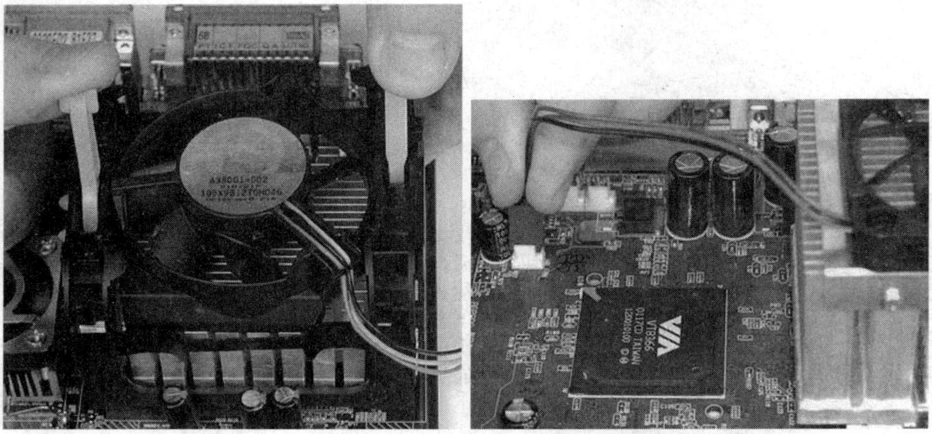

图 1-14　将 CPU 风扇取下

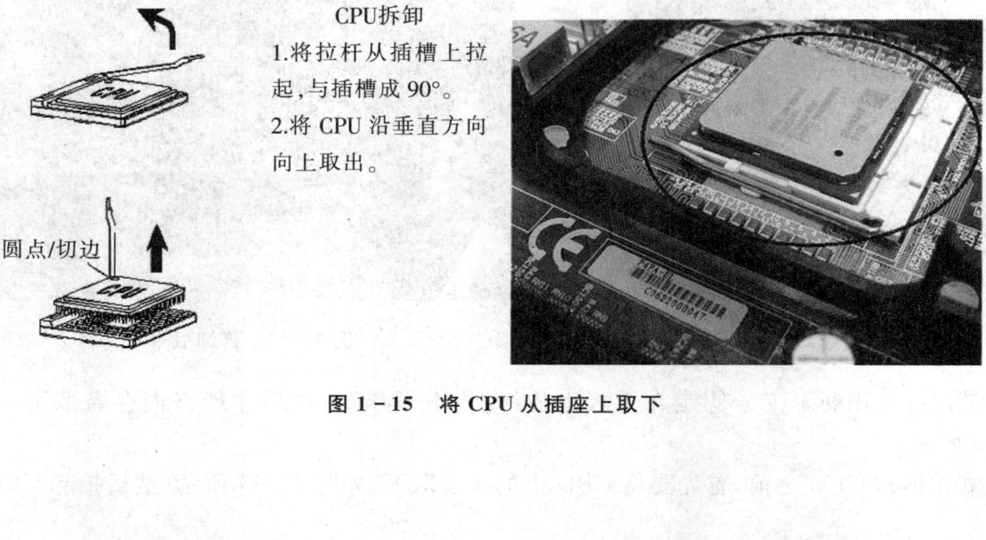

图 1-15　将 CPU 从插座上取下

1.4.2　认识计算机软件系统

仅仅有硬件系统的计算机被称为裸机，它是不能正常工作的，还需要有软件系统的支持。软件是用户与硬件之间的接口界面，用户主要是通过软件与计算机进行交流。软件是计算机系统设计的重要依据。为了方便用户，为了使计算机系统具有较高的总体效用，在设计计算机系统时，必须通盘考虑软件与硬件的结合，以及用户的要求和软件的要求。

软件是一系列按照特定顺序组织的计算机数据和指令的集合。一般来讲，软件被划分为系统软件和应用软件。其中系统软件为计算机使用提供最基本的功能，但是并不针对某一特定应用领域。而应用软件则恰好相反，不同的应用软件根据用户和所服务的领域提供不同的功能。

1. 系统软件

系统软件是负责管理计算机系统中各种独立的硬件，使得它们可以协调工作。系统软件使得计算机使用者和其他软件将计算机当做一个整体，而不需要顾及到底层每个硬件是如何工作的。

一般来讲，系统软件包括操作系统和一系列基本的工具（比如编译器、数据库管理、存储器格式化、文件系统管理、用户身份验证、驱动管理、网络连接等方面的工具）。其中操作系统是系统软件中最重要的一种，是系统软件的核心。操作系统是用户和计算机之间的接口，它提供了软件的开发环境和运行环境。常用的操作系统有：DOS、Windows、Unix（如图 1－16 所示）、Windows NT、Linux（如图 1－17 所示）等。

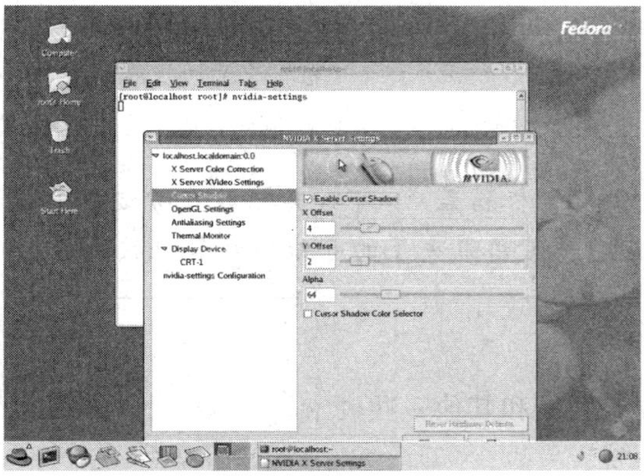

图 1－16　Unix 软件

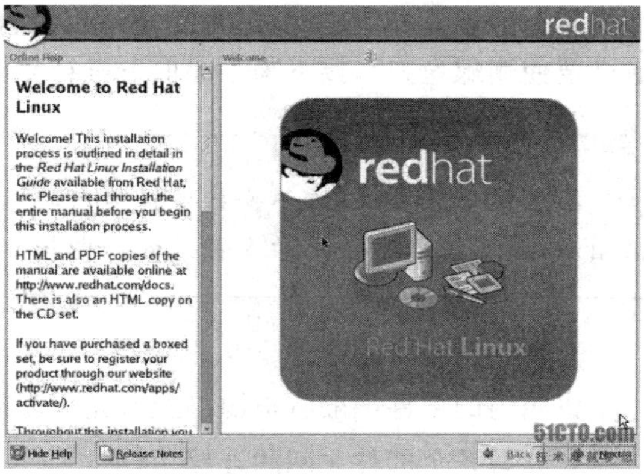

图 1－17　Linux 软件

2. 应用软件

应用软件是为了某种特定的用途而被开发的软件。它可以是一个特定的程序，比如一个图像浏览器；也可以是一组功能联系紧密，可以互相协作的程序的集合，比如微软的 Office 软件；还可以是一个由众多独立程序组成的庞大的软件系统，比如数据库管理系统。较常见的应用软件有：

- 文字处理软件。如 WPS、Word 等。
- 信息管理软件。
- 辅助设计软件，如 AutoCAD。

- 实时控制软件。
- 教育与娱乐软件。

实训1 正确拆卸微型计算机系统

实训目的

(1)了解微型计算机系统中主要硬件的名称及其作用。

(2)掌握计算机系统中主要硬件的拆卸方法。

(3)观察主板上的硬件型号。

实训设备与工具

安装并连接好的计算机系统1套,十字口螺丝刀1把。

实训内容和步骤

1. 观察机箱外观

一般在机箱后可以见到一些端口,如键盘端口、显示器端口、打印机端口、串行口、鼠标端口、USB端口、电源端口等。

2. 打开机箱

打开机箱之前首先确认关掉计算机电源并拔掉电源插头。使用合适的螺丝刀将机箱侧面或背面的螺钉拧下(有的机箱完全不用螺钉固定机箱盖,表面没有一颗螺钉,因此也就没有必要使用螺丝刀),接下来小心取下机箱盖。

注意

不可使用蛮力,注意不要挂着机箱内的电线。拿下机箱盖后,可将其轻放在旁边。打开机箱后,为了保证不会由于人身上的静电损坏芯片,一定用带夹子的导线将计算机接地。

3. 观察机箱内的部件

机箱内的部件一般有电源、磁盘、光盘驱动器、主板和其他一些硬卡。

4. 分解各个部件之间的连接

将机箱内的部件一个一个地分解并拆卸,轻放在实验台上,记录它们安放的位置和连线关系。被分解的部件主要有电源、主板、硬盘、光驱及显卡、网卡等所有其他硬卡。

5. 观察主板

观察主板上的CPU型号、PCI总线类型、各类端口、BIOS芯片、CMOS芯片以及CMOS电池。

6. 拆卸主板上的部件

微型计算机主板有很多种型号,但拆卸方法大多相似:先取下主板PCI总线插槽上的所有硬卡、主板CPU插座上的CPU、内存条等,直接从主板总线插槽上拔下硬卡即可。

计算机的内存芯片位于主板上,一般使用叫做SIMM的竖插芯片,是由多个芯片组成的存储器模块，从外观特征很容易从主板上找到。

注意

在主板上取下BIOS芯片时，一定要注意身体的静电，请用芯片起子把BIOS芯片从插座上拔出。

在微型计算机中，为了使CMOS存储器中存储的信息在断电后不丢失，它由单独的电池供电。当系统增加了存储器或更换了硬盘等，用户都要修改CMOS中的配置信息。一般情况下，只要系统能成功启动，均无需访问CMOS存储器。CMOS存储器焊接在主板上，这里只可以更换CMOS供电电池。

CPU芯片一般插在零插拔力插座上，抬起ZIF插座手柄，即可把CPU从插座弹出。相反，将CPU芯片脚与ZIF插座对准，按下ZIF插座手柄，即可将CPU装上。

实验总结

(1)写出实验报告。

(2)详细记录拆卸过程当中遇到的问题，以及问题的解决方法。

课后思考题及答案

1. 计算机的定义是什么？

答：电子计算机(Computer)又称计算机或电脑，是一种利用电子学原理根据一系列指令来对数据进行处理的机器。计算机是总称，一般在学术性或正式场合使用。在通常用语中，计算机一般指电子计算机中的个人电脑。它由多个零配件组成，如中央处理器、主板、内存、电源、显卡等，以及接收、处理和提供数据的一些装置。

2. 在计算机主要经历了哪些发展阶段？

答：第一阶段：电子管计算机(1946—1957)，其特点是：

(1)采用电子管制作基本逻辑部件。

(2)采用电子射线管作为存储部件。

(3)输入输出装置落后，主要使用穿孔卡片。

(4)没有系统软件。

第二阶段：晶体管计算机(1958—1964)，其主要特点是：

(1)采用晶体管制作基本逻辑部件。

(2)普遍采用磁芯作为主存储器，采用磁盘/磁鼓作为外存储器。

(3)开始有了系统软件(监控程序)，提出了操作系统概念，出现了高级语言。

第三阶段：集成电路计算机(1965—1969)，其主要特点是：

(1)采用中小规模集成电路制作各种逻辑部件。

(2)采用半导体存储器作为主存。

(3)系统软件有了很大发展。

(4)在程序设计方法上采用了结构化程序设计。

第四阶段：大规模、超大规模集成电路计算机，其主要特点：

(1)基本逻辑部件采用大规模、超大规模集成电路。

(2)作为主存的半导体存储器,其集成度越来越高,容量越来越大;外存储器除广泛使用软、硬磁盘外,还引进了光盘。

(3)各种使用方便的输入输出设备相继出现,如大容量的磁盘、光盘、鼠标器、图像扫描仪、数字化照相机、高分辨率彩色显示器、激光打印机等。

(4)软件产业高度发达,各种实用软件层出不穷。

(5)计算机技术与通信技术相结合,计算机网络(广域网、城域网、局域网)把世界紧紧联系在一起。

(6)多媒体崛起,计算机集图像、图形、声音、文字处理于一体,在信息处理领域掀起了一场革命。

3. 从外观上看计算机硬件主要是由哪些设备组成的?

答:主机箱、显示器、键盘和鼠标。

4. 在计算机主机箱中主要有哪些硬件?

答:主板、CPU、内存、硬盘、光驱和电源。

任务2 选购(销售)微型计算机配件

2.1 选购CPU及其风扇

中央处理器(CPU)是整台计算机的核心部件。它主要由控制器和运算器组成,是采用大规模集成电路工艺制成的芯片,又称为微处理器芯片。

计算机的所有工作都要通过CPU来协调处理,而CPU芯片的型号直接决定着计算机档次的高低。现在生产CPU芯片的厂家主要有Intel和AMD。为了适应不同用户的需要,这两个厂家都拥有大量不同型号的CPU。

目前,计算机中的CPU大多使用Intel公司的Pentium Ⅲ和Pentium 4,而AMD公司出产的CPU和Intel公司生产的赛扬CPU则以价格低、性能好而占领了低端市场。目前常见的CPU类型有:Intel公司生产的高端产品—— Pentium Ⅲ和Pentium 4,低端产品为赛扬Ⅱ代(Celeron);AMD公司生产的高端产品为雷鸟系列,低端产品为Duron(毒龙)系列,它们是目前市场的主流。

随着CPU型号的不断更新,计算机的性能也在不断提高,形成了不同档次的计算机。衡量CPU的指标主要有:CPU型号、主频和外频等。

2.1.1 CPU的性能参数

曾几何时,我们判断计算机性能高低的标准只是处理器产品型号以及外频的高低。型号高的表示计算机的运算速度越快。例如,80286要比8088和8086要快,但80386要比80286快,而80486则是最快的。但是时光荏苒,现在的计算机世界已经不同于十几年前了。那么,就让我们来看看当前的处理器。

与以往单凭处理器产品型号和外频来判断处理器性能相比,如今判断的标准还加入了前端总线(FSB)频率、CPU的位和字长、缓存、制造工艺,核心名称以及架构等一系列重要参数。要想通过这些纷繁复杂的技术标准来判断处理器的性能的确不是一件简单的事情。当然，你可以通过一些媒体了解具体某款或者某几款处理器的性能，但是，这多少有些片面。因此，今天我们首先要做的就是了解这些参数所代表的含义以及对使用时的影响。

1. 主频

主频也叫时钟频率，单位是MHz，用来表示CPU的运算速度。CPU的主频=外频×倍频系数。很多人认为主频就决定着CPU的运行速度，这不仅是片面的，而且对于服务器来讲，这个认识也出现了偏差。至今，没有一条确定的公式能够表达主频和实际的运算速度两者之间的数值关系，即使是两大处理器厂家Intel和AMD，在这点上也存在着很大的争议。从Intel产品的发展趋势，可以看出Intel很注重加强自身主频的发展。像其他的处理器厂家，有人曾经拿过一块1G的全美达来做比较，它的运行效率相当于2G的Intel处理器。

所以，CPU的主频与CPU实际的运算能力是没有直接关系的，主频表示在CPU内数字脉冲信号震荡的速度。在Intel的处理器产品中，我们也可以看到这样的例子：1 GHz Itanium芯片能够表现得跟2.66 GHz Xeon/Opteron差不多快，或是1.5 GHz Itanium 2跟4 GHz Xeon/Opteron差不多快。CPU的运算速度还要看CPU流水线的各方面的性能指标。

当然，主频和实际的运算速度是有关的，只能说主频仅仅是CPU性能表现的一个方面，而不代表CPU的整体性能。

2. 外频

外频是CPU的基准频率，单位也是MHz。CPU的外频决定着整块主板的运行速度。说白了，在台式机中，我们所说的超频，都是超CPU的外频（当然一般情况下，CPU的倍频都是被锁住的）。对于服务器CPU来讲，超频是绝对不允许的。前面说到CPU决定着主板的运行速度，两者是同步运行的，如果把服务器CPU超频了，改变了外频，会产生异步运行（台式机很多主板都支持异步运行），这样会造成整个服务器系统的不稳定。

目前的绝大部分计算机系统中外频也是内存与主板之间的同步运行的速度，在这种方式下，可以理解为CPU的外频直接与内存相连通，实现两者间的同步运行状态。外频与前端总线（FSB）频率很容易被混为一谈。

3. 前端总线（FSB）频率

前端总线（FSB）频率（即总线频率）直接影响CPU与内存直接数据交换的速度。有一条公式可以计算，即数据带宽=（总线频率×数据带宽）/8，数据传输最大带宽取决于所有同时传输的数据的宽度和传输频率。比如，现在的支持64位的至强Nocona，前端总线是800 MHz，按照公式，它的数据传输最大带宽是6.4 GB/s。

外频与前端总线（FSB）频率的区别：前端总线的速度指的是数据传输的速度，外频是CPU与主板之间同步运行的速度。也就是说，100 MHz外频特指数字脉冲信号在每秒钟震荡1 000万次；而100 MHz前端总线指的是每秒钟CPU可接受的数据传输量是（100 MHz×64bit÷8bit）/s=800 MB/s。

4. CPU的位和字长

位：在数字电路和计算机技术中采用二进制，代码只有“0”和“1”，其中无论是“0”或是“1”在CPU中都是一“位”。

字长:计算机技术中对CPU在单位时间内(同一时间)能一次处理的二进制数的位数叫字长。所以能处理字长为8位数据的CPU通常就叫8位的CPU。同理,32位的CPU就能在单位时间内处理字长为32位的二进制数据。

字节和字长的区别:由于常用的英文字符用8位二进制就可以表示,所以通常就将8位称为一个字节。字长的长度是不固定的,对于不同的CPU,字长的长度也不一样。8位的CPU一次只能处理一个字节,而32位的CPU一次就能处理4个字节。同理,字长为64位的CPU一次可以处理8个字节。

5. 倍频系数

倍频系数是指CPU主频与外频之间的相对比例关系。在相同的外频下,倍频越高,CPU的频率也越高。但实际上,在相同外频的前提下,高倍频的CPU本身意义并不大。这是因为CPU与系统之间数据传输速度是有限的,一味追求高倍频而得到高主频的CPU就会出现明显的"瓶颈"效应——CPU从系统中得到数据的极限速度不能够满足CPU运算的速度。一般除了工程样板的Intel CPU都是锁了倍频的,而AMD之前都没有锁。

6. 缓存

缓存大小也是CPU的重要指标之一,而且缓存的结构和大小对CPU速度的影响非常大。CPU内缓存的运行频率极高,一般是和处理器同频运作,工作效率远远大于系统内存和硬盘。实际工作时,CPU往往需要重复读取同样的数据块,而缓存容量的增大,可以大幅度提升CPU内部读取数据的命中率,而不用再到内存或者硬盘上寻找,以此提高系统性能。但是,从CPU芯片面积和成本的因素来考虑,缓存都很小。

L1 Cache(一级缓存)是CPU第一层高速缓存,分为数据缓存和指令缓存。内置的L1高速缓存的容量和结构对CPU的性能影响较大,不过高速缓冲存储器均由静态RAM组成,结构较复杂,在CPU管芯面积不能太大的情况下,L1级高速缓存的容量不可能做得太大。一般CPU的L1缓存的容量通常是32～256 KB。

L2 Cache(二级缓存)是CPU的第二层高速缓存,分内部和外部两种芯片。内部的二级缓存芯片运行速度与主频相同,而外部的二级缓存芯片运行速度则只有主频的一半。L2高速缓存容量也会影响CPU的性能,原则是越大越好。现在CPU的L2高速缓存容量大多为256 k～1 MB,有的高达2 MB或者3 MB。

L3 Cache(三级缓存),分为两种,早期的是外置,现在的都是内置的。L3缓存的应用可以进一步降低内存延迟,同时提升大数据量计算时处理器的性能。降低内存延迟和提升大数据量计算能力对游戏很有帮助。具有较大L3缓存的处理器提供更有效的文件系统缓存行为及较短消息和处理器队列长度。但在实际使用中L3缓存对处理器的性能提高远没有L1与L2明显。

7. CPU扩展指令集

CPU依靠指令来计算和控制系统,每款CPU在设计时就规定了一系列与其硬件电路相配合的指令系统。指令功能的强弱也是CPU的重要指标,指令集是提高微处理器效率的最有效工具之一。从现阶段的主流体系结构讲,指令集可分为复杂指令集和精简指令集两部分,而从具体运用看,如Intel的MMX(Multi Media Extended)、SSE、SSE2、SEE3和AMD的3DNow!等都是CPU的扩展指令集,分别增强了CPU的多媒体、图形图像和

Internet 等的处理能力。我们通常会把 CPU 的扩展指令集称为"CPU 的指令集"。SSE3 指令集也是目前规模最小的指令集,此前 MMX 包含有 57 条命令,SSE 包含有 50 条命令,SSE2 包含有 144 条命令,SSE3 包含有 13 条命令。目前 SSE3 也是最先进的指令集,Intel Prescott 处理器已经支持 SSE3 指令集,AMD 会在双核心处理器当中也加入对 SSE3 指令集的支持。

8. CPU 内核和 I/O 工作电压

从 586CPU 开始,CPU 的工作电压分为内核电压和 I/O 电压两种,通常 CPU 的核心电压小于等于 I/O 电压。其中内核电压的大小是根据 CPU 的生产工艺而定的,一般制作工艺越小,内核工作电压越低;I/O 电压一般都在 1.6～5 V。低电压能解决耗电过大和发热过高的问题。

9. 制造工艺

制造工艺的微米是指 IC 内电路与电路之间的距离。制造工艺的趋势是向密集度愈高的方向发展。密度愈高的 IC 电路设计,意味着在同样大小面积的 IC 中,可以拥有密度更高、功能更复杂的电路设计。现在主要有 65 nm 和 45 nm 两种。

10. 超流水线与超标量

在解释超流水线与超标量前,先了解流水线(Pipeline)。流水线是 Intel 首次在 486 芯片中开始使用的。流水线的工作方式就像工业生产上的装配流水线。在 CPU 中由 5～6 个不同功能的电路单元组成一条指令处理流水线,然后将一条 X86 指令分成 5～6 步后再由这些电路单元分别执行,这样就能实现在一个 CPU 时钟周期完成一条指令,因此,提高了 CPU 的运算速度。经典 Pentium 每条整数流水线都分为 4 级流水,即指令预取、译码、执行、写回结果,浮点流水又分为 8 级流水。

超标量是通过内置多条流水线来同时执行多个处理器,其实质是以空间换取时间。而超流水线是通过细化流水、提高主频,使得在一个机器周期内完成一个甚至多个操作,其实质是以时间换取空间。例如 Pentium 4 的流水线就长达 20 级。将流水线设计的步(级)越长,其完成一条指令的速度越快,因此,才能适应工作主频更高的 CPU。但是,流水线过长也带来了一定副作用,很可能会出现主频较高的 CPU 实际运算速度较低的现象。

11. 封装形式

CPU 封装是采用特定的材料将 CPU 芯片或 CPU 模块固化在其中以防损坏的保护措施,一般必须在封装后 CPU 才能交付用户使用。CPU 的封装方式取决于 CPU 安装形式和器件集成设计,从大的分类来看,通常采用 Socket 插座进行安装的 CPU 使用 PGA(栅格阵列)方式封装,而采用 Slot x 槽安装的 CPU 则全部采用 SEC(单边接插盒)的形式封装。现在还有 PLGA(Plastic Land Grid Array)、OLGA(Organic Land Grid Array)等封装技术。由于市场竞争日益激烈,目前 CPU 封装技术的发展方向以节约成本为主。

12. 多线程

同时多线程 Simultaneous multithreading,简称 SMT。SMT 可通过复制处理器上的结构状态,让同一个处理器上的多个线程同步执行并共享处理器的执行资源,可最大限度地实现宽发射、乱序的超标量处理,提高处理器运算部件的利用率,缓和由于数据相关或 Cache 未命中带来的访问内存延时。当没有多个线程可用时,SMT 处理器几乎和传统的宽发射超标量处理器一样。SMT 最具吸引力的是只需小规模改变处理器核心的设计，几乎不用增加额外的成本就可以显著地提升效能。多线程技术则可以为高速的运算核心准备更多的待处理数据，减少运算核心的闲置时间。这对于桌面低端系统来说无疑十分具有吸引力。Intel 从 3.06 GHz Pentium 4 开始，所有处理器都支持 SMT 技术。

13. 多核心

多核心，也指单芯片多处理器(Chip multiprocessors，简称 CMP)。CMP 是由美国斯坦福大学提出的，其思想是将大规模并行处理器中的 SMP(对称多处理器)集成到同一芯片内，各个处理器并行执行不同的进程。与 CMP 比较，SMT 处理器结构的灵活性比较突出。但是，当半导体工艺进入 0.18 nm 以后，线延时已经超过了门延迟，要求微处理器的设计通过划分许多规模更小、局部性更好的基本单元结构来进行。相比之下，由于 CMP 结构已经被划分成多个处理器核来设计，每个核都比较简单，有利于优化设计，因此更有发展前途。目前，多核处理器可以在处理器内部共享缓存，提高缓存利用率，同时简化多处理器系统设计的复杂度。

2005 年下半年，Intel 和 AMD 的处理器开始使用 CMP 结构。现在，多核心技术已经成为了市场上的主流产品。

2.1.2 CPU 的选购指导

虽然在 PC 机市场上主流 CPU 品牌不多，只有 Intel 和 AMD 两家，但竞争不可谓不激烈。每个厂家都有着丰富的产品线，以满足不同用户的需求。并且，由于 CPU 产品更新换代很快，在这里若想列出具体的 CPU 产品选购的意见，既非常困难又没实际意义。但是，同学们通过前面的学习应该已经了解了 CPU 中常见参数的含义，以及这些参数在使用中的影响。因此，在这里将给大家一些在选购 CPU 时的指导意见。

1. 阅读参数

在选购 CPU 之前应首先收集各种待选 CPU 的参数和价格等信息，从中分析该 CPU 的性能与价格比。比如主频是选择 CPU 时首先考虑的因素，但我们并不建议选择在该时代市场上主频特别高的产品。因为在相同生产工艺下实现的主频一高成本就会大幅度上升，售价也会成倍上升，这样不利于控制整机成本。

2. 与其他硬件协调

计算机的硬件是一个完整的系统，必须相互协调才能发挥最大的性能。比如 CPU 的前端总线频率必须与主板相适应，在选择时应综合考虑而不是追求越大越好。

3. 符合软件发展情况

在 CPU 中使用的很多新的硬件技术都需要相应软件的支持，所以在选择时应注意与当前软件的发展情况相适应。这种适应要体现在两方面：一是当前软件的支持情况；二是未来软件的发展方向。比如多核心技术，目前双核心技术已经受到了大多数软件的支持，技术也比较成熟。但对三核心、四核心进行优化的软件还比较少，因此使用三核心、四核心 CPU 的用户所感觉到的性能提升还十分有限，只有随着软件的发展这些用户才能体验到较多核心所带来的性能优势。

4. 散热系统

说到 CPU 的选购就不能不提与 CPU 正常工作息息相关的 CPU 风扇。现在市场上有很多单独出售的 CPU 风扇，这些风扇少则几十元多则数百元，令人眼花缭乱。关于 CPU 风扇的选择建议是，尽量选择 CPU 厂商自带的原装风扇，因为原装风扇一般都是经过 CPU 厂商根据每款 CPU 的发热特点反复测试过的，能够满足正常情况下的降温需要。过大的风扇必然带来噪音、供电甚至 CPU 保修方面的问题。

5. CPU 品牌

AMD 和 Intel 是目前世界上计算机 CPU 的两个主要提供商。

表 1-1、表 1-2 是 Intel 物 AMD 目前市场上主流 CPU 的详细参数。

表 1-1 Intel 系列

桌面级 Core i 系列型号列表：

型号	制程	TDP	主频	睿频	GPU 频率	总线频率	三级缓存	内存支持	倍频
i3－530	32nm	73W	2.93GHz	不支持	733MHz	2.5GT/S DMI	4MB	DDR3－1066/1333	锁定
Core i3－540	32nm	73W	3.06GHz	不支持	733MHz	2.5GT/S DMI	4MB	DDR3－1066/1333 双通道	锁定
Core i3－550	32nm	73W	3.2GHz	不支持	733MHz	2.5GT/S DMI	4MB	DDR3－1066/1333 双通道	锁定
Core i5－650	32nm	73W	3.2GHz	3.46GHz	733MHz	2.5GT/S DMI	4MB	DDR3－1066/1333 双通道	锁定
Core i5－655K	32nm	73W	3.2GHz	3.46GHz	733MHz	2.5GT/S DMI	4MB	DDR3－1066/1333 双通道	开放
Core i5－660	32nm	73W	3.33GHz	3.6GHz	733MHz	2.5GT/S DMI	4MB	DDR3－1066/1333 双通道	锁定
Core i5－661	32nm	87W	3.33GHz	3.6GHz	900MHz	2.5GT/S DMI	4MB	DDR3－1066/1333 双通道	锁定
Core i5－670	32nm	73W	3.46GHz	3.73GHz	733MHz	2.5GT/S DMI	4MB	DDR3－1066/1333 双通道	锁定
Core i5－680	32nm	73W	3.6GHz	3.86GHz	733MHz	2.5GT/S DMI	4MB	DDR3－1066/1333 双通道	锁定
Core i5－750	45nm	95W	2.66GHz	3.2GHz	无	2.5GT/S DMI	8MB	DDR3－1066/1333 双通道	锁定
Core i5－750S	45nm	82W	2.4GHz	3.2GHz	无	2.5GT/S DMI	8MB	DDR3－1066/1333 双通道	锁定
Core i5－760	45nm	95W	2.8GHz	3.46GHz	无	2.5GT/S DMI	8MB	DDR3－1066/1333 双通道	锁定
Core i7－860	45nm	95W	2.80GHz	3.46GHz	无	2.5GT/S DMI	8MB	DDR3－1066/1333 双通道	锁定
Core i7－860S	45nm	82W	2.53GHz	3.46GHz	无	2.5GT/S DMI	8MB	DDR3－1066/1333 双通道	锁定
Core i7－870	45nm	95W	2.93GHz	3.6GHz	无	2.5GT/S DMI	8MB	DDR3－1066/1333 双通道	锁定

续表

桌面级 Core i 系列型号列表：

型号	制程	TDP	主频	睿频	GPU 频率	总线频率	三级缓存	内存支持	倍频
Core i7－875K	45nm	95W	2.93GHz	3.6GHz	无	2.5GT/S DMI	8MB	DDR3－1066/1333 双通道	开放
Core i7－880	45nm	95W	3.06GHz	3.73GHz	无	2.5GT/S DMI	8MB	DDR3－1066/1333 双通道	锁定
Core i7－920	45nm	130W	2.66GHz	2.93GHz	无	4.8GT/S QPI	8MB	DDR3－800/1066 三通道	锁定
Core i7－930	45nm	130W	2.80GHz	3.06GHz	无	4.8GT/S QPI	8MB	DDR3－800/1066 三通道	锁定
Core i7－940	45nm	130W	2.93GHz	3.2GHz	无	4.8GT/S QPI	8MB	DDR3－800/1066 三通道	锁定
Core i7－950	45nm	130W	3.06GHz	3.33GHz	无	4.8GT/S QPI	8MB	DDR3－800/1066 三通道	锁定
Core i7－960	45nm	130W	3.2GHz	3.46GHz	无	4.8GT/S QPI	8MB	DDR3－800/1066 三通道	锁定
Core i7－965 至尊版	45nm	130W	3.2GHz	3.46GHz	无	6.4GT/S QPI	8MB	DDR3－800/1066 三通道	开放
Core i7－975 至尊版	45nm	130W	3.33GHz	3.6GHz	无	6.4GT/S QPI	8MB	DDR3－800/1066 三通道	开放
Core i7－980X 至尊版	32nm	130W	3.33GHz	3.6GHz	无	6.4GT/S QPI	12MB	DDR3－1333 三通道	开放

移动版 Core i 系列处理器型号

型号	制程	TDP	主频	睿频	集成 GPU 频率	总线速度	三级缓存	内存支持	倍频
Core i3－330E	32nm	35W	2.13GHz	不支持	500/667MHz	2.5GT/S DMI	3MB	DDR3－800/1066 双通道	锁定
Core i3－330M	32nm	35W	2.13GHz	不支持	500/667MHz	2.5GT/S DMI	3MB	DDR3－800/1066 双通道	锁定
Core i3－330UM	32nm	18W	1.2GHz	不支持	166/500GHz	2.5GT/S DMI	3MB	DDR3－800 双通道	锁定
Core i3－350M	32nm	35W	2.26GHz	不支持	500/667MHz	2.5GT/S DMI	3MB	DDR3－800/1066 双通道	锁定
Core i3－370M	32nm	35W	2.4GHz	不支持	500/667MHz	2.5GT/S DMI	3MB	DDR3－800/1066 双通道	锁定
Core i5－430M	32nm	35W	2.26GHz	2.53GHz	500/766MHz	2.5GT/S DMI	3MB	DDR3－800/1066 双通道	锁定
Core i5－430UM	32nm	18W	1.2GHz	1.73GHz	166/500MHz	2.5GT/S DMI	3MB	DDR3－800 双通道	锁定

续表

移动版 Core i 系列处理器型号									
型号	制程	TDP	主频	睿频	GPU 频率	总线频率	三级缓存	内存支持	倍频
Core i5－450M	32nm	35W	2.4GHz	2.66GHz	500/766MHz	2.5GT/S DMI	3MB	DDR3－800/1066 双通道	锁定
Core i5－520E	32nm	35W	2.4GHz	2.93GHz	500/766MHz	2.5GT/S DMI	3MB	DDR3－800/1066 双通道	锁定
Core i5－520M	32nm	35W	2.4GHz	2.93GHz	500/766MHz	2.5GT/S DMI	3MB	DDR3－800/1066 双通道	锁定
Core i5－520UM	32nm	18W	1.06GHz	1.86GHz	166/500MHz	2.5GT/S DMI	3MB	DDR3－800 双通道	锁定
Core i5－540M	32nm	35W	2.53GHz	3.06GHz	500/766MHz	2.5GT/S DMI	3MB	DDR3－800/1066 双通道	锁定
Core i5－540UM	32nm	18W	1.2GHz	2GHz	166/500MHz	2.5GT/S DMI	3MB	DDR3－800 双通道	锁定
Core i7－610E	32nm	35W	2.53GHz	3.2GHz	500/766MHz	2.5GT/S DMI	4MB	DDR3－800/1066 双通道	锁定
Core i7－620LE	32nm	25W	2GHz	2.8GHz	266/566MHz	2.5GT/S DMI	4MB	DDR3－800/1066 双通道	锁定
Core i7－620LM	32nm	25W	2G	2.8GHz	266/566MHz	2.5GT/S DMI	4MB	DDR3－800/1066 双通道	锁定
Core i7－620M	32nm	35W	2.66GHz	3.33GHz	500/766MHz	2.5GT/S DMI	4MB	DDR3－800/1066 双通道	锁定
Core i7－620UE	32nm	18W	1.06GHz	2.13GHz	166/500MHz	2.5GT/S DMI	4MB	DDR3－800 双通道	锁定
Core i7－620UM	32nm	18W	1.06GHz	2.13GHz	166/500MHz	2.5GT/S DMI	4MB	DDR3－800 双通道	锁定
Core i7－640LM	32nm	25W	2.13GHz	2.93GHz	266/566MHz	2.5GT/S DMI	4MB	DDR3－800/1066 双通道	锁定
Core i7－640UM	32nm	18W	1.2GHz	2.26GHz	166/500MHz	2.5GT/S DMI	4MB	DDR3－800/1066 双通道	锁定
Core i7－660UM	32nm	18W	1.33GHz	2.4GHz	166/500MHz	2.5GT/S DMI	4MB	DDR3－800/1066 双通道	锁定
Core i7－720QM	45nm	45W	1.6GHz	2.8GHz	无	2.5GT/S DMI	6MB	DDR3－1066/1333 双通道	锁定
Core i7－740QM	45nm	45W	1.73GHz	2.93GHz	无	2.5GT/S DMI	6MB	DDR3－1066/1333 双通道	锁定
Core i7－820QM	45nm	45W	1.73GHz	3.06GHz	无	2.5GT/S DMI	8MB	DDR3－1066/1333 双通道	锁定
Core i7－840QM	45nm	45W	1.86GHz	3.2GHz	无	2.5GT/S DMI	8MB	DDR3－1066/1333 双通道	锁定
Core i7－920XM	45nm	55W	2GHz	3.2GHz	无	2.5GT/S DMI	8MB	DDR3－1066/1333 双通道	开放
Core i7－940XM	45nm	55W	2.13GHz	3.33GHz	无	2.5GT/S DMI	8MB	DDR3－1066/1333 双通道	开放

表 1-2　AMD 系列 CPU 参数

AMD 羿龙™ Ⅱ　六核处理器产品型号						
型号	频率	二级缓存	三级缓存	封装	设计功耗	制程
1090T	3.2 GHz	3MB	6MB	socket AM3	125W	45nm SOI
1055T	2.8 GHz	3MB	6MB	socket AM3	125W	45nm SOI
965	3.4 GHz	2MB	6MB	socket AM3	125W	45nm SOI
955	3.2 GHz	2MB	6MB	socket AM3	125W	45nm SOI
945	3.0 GHz	2MB	6MB	socket AM3	95W	45nm SOI
925	2.8 GHz	2MB	6MB	socket AM3	95W	45nm SOI
能效型 AMD 羿龙™ Ⅱ　四核处理器产品型号						
型号	频率	二级缓存	三级缓存	封装	设计功耗	制程
910e	2.6GHz	2MB	6MB	socket AM3	65W	45nm SOI
905e	2.5GHz	2MB	6MB	socket AM3	65W	45nm SOI
能效型 AMD 羿龙™ Ⅱ　三核处理器产品型号						
型号	频率	二级缓存	三级缓存	封装	设计功耗	制程
705e	2.5GHz	1.5MB	6MB	socket AM3	65W	45nm SOI
AMD 羿龙™ Ⅱ　双核处理器产品型号						
型号	频率	二级缓存	封装	设计功耗	制程	
555	3.2GHz	1MB	socket AM3	80W	45nm SOI	
550	3.1GHz	1MB	socket AM3	80W	45nm SOI	
545	3.0GHz	1MB	socket AM3	80W	45nm SOI	

6. CPU 详细参数举例

(1)Intel Core i7 950 CPU 如图 1-18 所示,参数如表 1-3 所示。

图 1-18　Intel Core i7 950 CPU

表 1－3　Intel Core i7 950 CPU 参数

基本参数		热设计功耗(TDP)	130W
适用类型	台式机	内核电压	0.8—1.375V
生产厂商	Intel	晶体管数量	7.31 亿
CPU 系列	Core i7	核心面积	263 平方毫米
CPU 频率		CPU 缓存	
主频	3 060MHz	一级缓存	128kB
外频	133MHz	二级缓存	1MB
倍频	23 倍	三级缓存	8MB
总线类型	QPI 总线	技术参数	
总线频率	4.8GT/s	指令集	MMX,SSE,SSE2,SSE3,SSSE3,SSE4.1,SSE4.2,EM64T
CPU 插槽		内存控制器	三通道 DDR3 1066
插槽类型	LGA 1366	超线程技术	支持
针脚数目	1 366pin	虚拟化技术	Intel VT
CPU 内核		其他参数	
核心数量	四核心	支持病毒防护技术 支持增强型英特尔 SpeedStep 技术 支持增强暂停状态(C1E 功能) 支持英特尔 64 位技术 支持英特尔 Turbo Boost 技术	
制作工艺	45 纳米		
核心类型	Bloomfield		
CPU 架构	Nehalem		

(2)AMD 速龙Ⅱ X4 635 CPU 如图 1－19 所示,参数如表 1－4 所示。

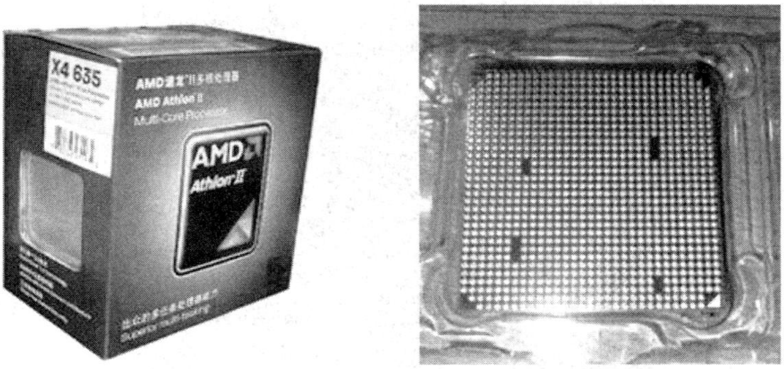

图 1－19　AMD 速龙Ⅱ X4 635 CPU

表 1-4 AMD 速龙Ⅱ X4 635 CPU 参数

基本参数		制作工艺	45 nm
适用类型	台式机	核心类型	Propus
生产厂商	AMD	CPU 架构	K10.5
CPU 系列	速龙Ⅱ X4	热设计功耗	95W
CPU 频率		内核电压	0.875～1.4V
CPU 主频	2 900MHz	CPU 缓存	
CPU 外频	200MHz	一级缓存	4×128KB
CPU 倍频	14.5 倍	二级缓存	4×512KB
CPU 插槽		技术参数	
插槽类型	Socket AM3	指令集	MMX, 3D NOW!, SSE, SSE2, SSE3,SSE4a,EMT64
针脚数目	938pin	内存控制器	内置 DDR2/DDR3 内存控制器
CPU 内核			
核心数量	四核心		

2.2 选购主板

主板是构成计算机的主电路板。典型的主板能提供一系列接合点，供处理器、显卡、声效卡、硬盘、存储器、对外设备等设备接合。它们通常直接插入有关插槽，或用线路连接。主板上最重要的构成组件是芯片组(Chipset)。而芯片组通常由北桥和南桥组成，也有些以单芯片设计，增强其效能。这些芯片组为主板提供一个通用平台供不同设备连接，控制不同设备的沟通。它亦包含对不同扩充插槽的支持，例如处理器、PCI、ISA、AGP 和 PCI Express。芯片组亦为主板提供额外功能，例如集成显卡、集成声效卡。一些高价主板也集成红外通信技术、蓝牙和 802.11(Wi—Fi)等功能。

图 1-20 主板

2.2.1 主板的分类

常见的PC机主板的分类方式有以下几种：

1. 按主板上使用的CPU接口分

CPU需要通过某个接口与主板连接才能进行工作。CPU经过这么多年的发展，采用的接口方式有引脚式、卡式、触点式、针脚式等。CPU接口类型不同，在插孔数、体积、形状等方面都有变化，所以不能互相接插。

2. 按主板上I/O总线的类型分

(1)ISA(Industry Standard Architecture)工业标准体系结构总线。

(2)EISA(Extension Industry Standard Architecture)扩展标准体系结构总线。

(3)MCA(Micro Channel)微通道总线。

此外，为了解决CPU与高速外设之间传输速度慢的“瓶颈”问题，出现了两种局部总线，它们是：

(1)VESA(Video Electronic Standards Association)视频电子标准协会局部总线，简称VL总线。

(2)PCI(Peripheral Component Interconnect)外围部件互连局部总线，简称PCI总线。486级的主板多采用VL总线，而Pentium主板多采用PCI总线。目前，继PCI之后又开发了其他外围的接口总线，它们是：USB(Universal Serial Bus)通用串行总线、IEEE1394(美国电气及电子工程师协会1394标准)，俗称“火线(Fire Ware)”。

3. 按逻辑控制芯片组分

- Intel有：G41、P43、P45、P55、H55、H57、X58等。
- AMD有：870、880G、890GX、890FX、785G、790GX、770/790X/790FX等。
- NVIDIA有：MCP7A、MCP78等。

4. 按主板结构分

- AT标准尺寸的主板。因IBM PC/A机首先使用而得名，有的486、586主板也采用AT结构布局。
- Baby AT。袖珍尺寸的主板，比AT主板小，因而得名。很多原装机的一体化主板首先采用此主板结构。
- ATX &127。改进型的AT主板，对主板上元件布局作了优化，有更好的散热性和集成度，需要配合专门的ATX机箱使用。
- 一体化(All in one)主板。集成了声卡，显卡等多种电路，一般不需再插卡就能工作，具有高集成度和节省空间的优点。但也有维修不便和升级困难的缺点。在原装品牌机中采用较多。
- NLX Intel。最新的主板结构，最大特点是主板、CPU的升级灵活方便有效，不再需要每推出一种CPU就必须更新主板设计。

此外，还有一些上述主板的变形结构，如华硕主板就大量采用了3/4 Baby AT尺寸的主板结构。

5. 其他的主板分类方法

(1)按主板的结构特点分类,还可分为基于 CPU 的主板、基于适配电路的主板、一体化主板等类型。基于 CPU 的一体化主板是目前较佳的选择。

(2)按印制电路板的工艺分类,又可分为双层结构板、四层结构板、六层结构板等。目前以四层结构板的产品为主。

主板的平面是一块 PCB(印刷电路板),一般采用四层板或六层板。相对而言,为节省成本,低档主板多为四层板:主信号层、接地层、电源层、次信号层,而六层板则增加了辅助电源层和中信号层。因此,六层 PCB 主板抗电磁干扰能力更强,主板也更加稳定。

2.2.2 主板的性能参数

与 CPU 一样,要想选出一款适合的主板,必须要先了解主板的参数,以及这些参数对使用者的影响。下面我们就来看看主板有哪些主要参数。

1. 芯片组

芯片组是一组共同工作的集成电路("芯片"),它负责将电脑的核心——微处理器和机器的其他部分相连接,是决定主板级别的重要部件。以往,芯片组由多颗芯片组成,慢慢地简化为两颗芯片。因此芯片组一词通常指两个主要的主板芯片组:北桥芯片和南桥芯片。

北桥芯片(North Bridge)是主板芯片组中起主导作用的最重要的组成部分,也称为主桥(Host Bridge)。一般来说,芯片组的名称就是以北桥芯片的名称来命名的,例如 Intel 845E 芯片组的北桥芯片是 82845E,875P 芯片组的北桥芯片是 82875P 等。北桥芯片负责与 CPU 的联系并控制内存、AGP、PCI 数据在北桥内部传输,提供对 CPU 的类型和主频、系统的前端总线频率、内存的类型和最大容量、ISA/PCI/AGP 插槽、ECC 等支持,整合型芯片组的北桥芯片还集成了显示核心。北桥芯片就是主板上离 CPU 最近的芯片,这主要是考虑到北桥芯片与处理器之间的通信最密切,为了提高通信性能而缩短传输距离。因为北桥芯片的数据处理量非常大,发热量也越来越大,所以现在的北桥芯片都覆盖着散热片用来加强北桥芯片的散热,有些主板的北桥芯片还会配合风扇进行散热。因为北桥芯片的主要功能是控制内存,而内存标准与处理器一样变化比较频繁,所以不同芯片组中北桥芯片是肯定不同的,当然这并不是说所采用的内存技术就完全不一样,而是不同的芯片组北桥芯片间肯定在一些地方有差别。

南桥芯片是计算机主板芯片组两枚芯片中的一枚。南桥芯片设计用来处理低速信号,通过北桥与 CPU 联系。各芯片组厂商的南桥名称都有所不同,例如 Intel 称之为 ICH,NVIDIA 的称为 MCP,ATI 的称为 IXP/SB。

南桥芯片包含大多数周边设备接口、多媒体控制器和通信接口功能。例如:PCI 控制器、ATA 控制器、USB 控制器、网络控制器、音效控制器、SATA 磁盘阵列等。各时代的南桥芯片效能大多雷同,因此不必过度关注。

2. 前端总线

总线是将计算机微处理器与内存芯片以及与之通信的设备连接起来的硬件通道。前端总线是将 CPU 连接到主内存和通向磁盘驱动器、调制解调器以及网卡这类系统部件的外设总线。人们常常以 MHz 表示的速度来描述总线频率。

前端总线(FSB)频率影响 CPU 与内存直接交换数据的速度。由于数据传输最大带宽取决于所有同时传输的数据的宽度和传输频率,即数据带宽=(总线频率×数据位宽)÷8。目前 PC 机上所能达到的前端总线频率有 1 600/1 333/1 066 MHz 等几种,前端总线频率越大,代表着 CPU 与内存之间的数据传输量越大,更能充分发挥出 CPU 的功能。现在的 CPU 技术发展很快,运算速度提高很快,而足够大的前端总线可以保障有足够的数据供给 CPU。较低的前端总线将无法供给足够的数据给 CPU,这样就限制了 CPU 性能的发挥,成为系统的瓶颈。

主板支持的前端总线是由芯片组决定的,一般都带有足够的向下兼容性。如 865PE 主板支持 800 MHz 前端总线,那安装的 CPU 的前端总线可以是 800 MHz,也可以是 533 MHz,但这样就无法发挥出主板的全部功效。

3. 主板结构

由于主板是计算机中各种设备的连接载体,而这些设备是各不相同的,因此,制定一个标准以协调各种设备的关系是必须的。所谓主板结构就是根据主板上各元器件的布局排列方式、尺寸大小、形状、所使用的电源规格等制定出的通用标准,所有主板厂商都必须遵循。

4. 供电相数

为了提高主板持续供电能力,现在流行的办法是所谓的多相(多路)供电,即采用多个 MOSFET 及电感线圈组合并联输出技术,以增大供电能力。所谓"一相",是由至少一个 MOSFET 管和 1 个扼流线圈以及一定数量的滤波电容——这样的组合才构成为一相回路,而不是所谓的主板上有几个线圈便是几相回路供电。主板供电是一入 N 出的,常见的主板供电有:单相供电——一进一出;两相供电——一进两出;三相供电——一进三出。如现在的主板很多采用三路并联的三相供电模式,可使提供给 CPU 的持续电流达 45 A,按设计规范最大不超过 66 A(不能长时间持续),当电压是 1.5 V 时输出功率已可达 67.5～99 W,可以满足许多大功率 CPU 的供电要求。这也并不是说相数少供电的效果就不好,只要供电能够保证稳定运行即可。至于更多相供电,在功率足够的情况,这样只会无谓地增加成本。

2.2.3　主板选购指导

1. 芯片组是关键

芯片组是主板中的关键部分,在选择时一定要特别注意。一旦选定了芯片组就决定了该计算机能够使用的 CPU 类型、内存的最大容量,以及计算机的扩充升级能力等一系列重要性能。幸运的是芯片组的厂家并不是很多,更新速度也相对较慢,只要在选购之前多做点功课就能选出适合的产品来。

2. 集成芯片及插槽选择注意事项

现在越来越多的主板生产厂商都在强调高集成化的产品,包含显卡、声卡、网卡等功能的主板产品在市场上已经比比皆是。在选购这类集成主板产品时,主要应当考虑使用者自身的需求,同时应注意到这些集成控制芯片在性能上还是要略逊于同类中高端的板卡产品,因此,如果消费者在某一方面有较高需求的话,则还是应该选购相对应的板卡来实现更高的性能。

在主板插槽数量方面的选择也应当如此,主要考虑自身的需求。如果需要使用大量扩展卡来实现一些附加功能的话，则应当选择扩展插槽较多的产品；如果希望配置大容量内存的话，就应当挑选内存插槽较多的产品。近几年 USB 接口的硬件产品越来越丰富，所以 USB 接口的数量也成为了大家考虑的对象。

3. 生产工艺

主板生产厂商众多，即使在相同技术参数下，由于厂商使用材料、生产技术、管理水平上的差异，生产出来的主板性能和稳定性也可能大不相同。因此，主板的生产制造工艺也是我们选择主板时不可忽视的内容。对生产工艺的考察可以从以下几方面进行：

(1)布局合理。合理的布局既能增强主板的散热能力，又能方便用户的安装和检修。比如 CPU 插槽的位置，如果 CPU 插座过于靠近主板的边缘，则在一些空间比较狭小或者电源位置不合理的机箱里面会出现安装 CPU 散热片比较困难的情况。同样的，CPU 插座周围的电容也不应该靠得太近，否则，一是安装散热器不方便，甚至有些大型散热片根本就没法安装；二是有可能损坏电解电容。

(2)用料充足。比如主板中大量存在的电容就分为很多种，电容的作用是保证电源对主板及相关配件的供电稳定性，过滤掉电流中的杂波，再将纯净的电流输出给 CPU 和内存等配件。电容对主板稳定性影响较大，尤其是主板供电电路所使用的电容，这部分电容主要对输入电流做第一次过滤，如果这部分电容出现问题将直接影响计算机的稳定性。主板上常见的电容有铝电解电容、钽电容、陶瓷贴片电容等。铝电解电容(直立电容)是我们最常见的电容，一般在 CPU 和内存槽附近比较多，铝电解电容的体积大、容量大；钽电容、陶瓷贴片电容一般比较小，外观呈黑色贴片状，它体积小、耐热性好、损耗低，但容量较小，一般适用于高频电路，在主板和显卡上被大量采用。

4. 主板参数实例

例如，华硕 P7P55D—E Pro 主板如图 1-21 所示，其性能参数如表 1-5 所示。

图 1-21　华硕 P7P55D—E Pro 主板

表 1－5　华硕 P7P55D－E Pro 主板性能参数

主板芯片		内存插槽	4×DDR3 DIMM
集成芯片	声卡/网卡	最大内存容量	16GB
芯片厂商	Intel	内存描述	支持双通道 DDR3 2 200/1 600/1 333/1 066MHz 内存
主芯片组	Intel P55	扩展插槽	
芯片组描述	采用 Intel P55 芯片组	PCI－E 插槽	2×PCI－E X16 显卡插槽 2×PCI－E X1 插槽
显示芯片	无	PCI 插槽	2×PCI 插槽
音频芯片	集成 VIA VT1828S 8 声道音效芯片	I/O 接口	
网卡芯片	板载 Realtek RTL8112L 千兆网卡	外接端口	DVI 接口
处理器规格			PS/2 鼠标，PS/2 键盘接口
CPU 平台	Intel	其他接口	1×RJ45 网络接口/USB 接口/音频接口
CPU 类型	Core i7/Core i5/Core i3	板型	
CPU 插槽	LGA 1156	主板板型	ATX 板型
支持 CPU 数量	1 颗	其他参数	
内存规格		供电模式	12＋2 相
内存类型	DDR3		

2.3　选购内存

内存(Computer Memory)是一种利用半导体技术做成的电子设备，用来存储数据。计算机中的数据以二进制的方式存储，存储器的每一个存储单元称做记忆元。

2.3.1　内存的分类

不同类型的内存在传输率、工作频率、工作方式、工作电压等方面都有不同。目前市场中主要有的内存类型有 SDRAM、DDR SDRAM 和 RDRAM 3 种。其中 DDR SDRAM 内存占据了市场的主流，而 SDRAM 内存规格已不再发展，处于被淘汰的行列。RDRAM 则始终未成为市场的主流，只有部分芯片组支持，而这些芯片组也逐渐退出了市场，RDRAM 前景并不被看好。

(1)SDRAM：即 Synchronous DRAM(同步动态随机存储器)，曾经是 PC 机上最为广泛应用的一种内存类型，即便在今天，SDRAM 仍旧还在市场占有一席之地。既然是"同步动态随机存储器"，那就代表着它的工作速度是与系统总线速度同步的。SDRAM 内存又分为 PC66、PC100、PC133 等不同规格，而规格后面的数字就代表着该内存最大所能正常工作的系统总线速度，比如 PC100，那就说明此内存可以在系统总线为 100 MHz 的计算机中同步工作。

与系统总线速度同步,也就是与系统时钟同步,这样就避免了不必要的等待周期,减少数据存储时间。同步还使存储控制器知道在哪一个时钟脉冲期由数据请求使用,因此数据可在脉冲上升期便开始传输。SDRAM 采用 3.3 V 工作电压,168Pin 的 DIMM 接口,带宽为 64 位。SDRAM 不仅应用在内存上,在显存上也较为常见。

(2)DDR SDRAM:DDR SDRAM 是 Double Data Rate SDRAM 的缩写,是双倍速率同步动态随机存储器的意思。DDR 内存是在 SDRAM 内存基础上发展而来的,仍然沿用 SDRAM 生产体系,因此对于内存厂商而言,只需对制造普通 SDRAM 的设备稍加改进,即可实现 DDR 内存的生产,可有效地降低成本。

SDRAM 在一个时钟周期内只传输一次数据,它是在时钟的上升期进行数据传输;而 DDR 内存则是一个时钟周期内传输两次数据,它能够在时钟的上升期和下降期各传输一次数据,因此,称为双倍速率同步动态随机存储器。DDR 内存可以在与 SDRAM 相同的总线频率下达到更高的数据传输率。

与 SDRAM 相比:DDR 运用了更先进的同步电路,使指定地址、数据的输送和输出主要步骤既独立执行,又保持与 CPU 完全同步;DDR 使用了 DLL(Delay Locked Loop,延时锁定回路,提供一个数据滤波信号)技术,当数据有效时,存储控制器可使用这个数据滤波信号来精确定位数据,每 16 次输出一次,并重新同步来自不同存储器模块的数据。DDL 本质上不需要提高时钟频率就能加倍提高 SDRAM 的速度,它允许在时钟脉冲的上升沿和下降沿读出数据,因而其速度是标准 SDRA 的两倍。

从外形体积上看,DDR 与 SDRAM 相比差别并不大,它们具有同样的尺寸和同样的针脚距离。但 DDR 为 184 针脚,比 SDRAM 多出了 16 个针脚,主要包含了新的控制、时钟、电源和接地等信号。DDR 内存采用的是支持 2.5 V 电压的 SSTL2 标准,而不是 SDRAM 使用的 3.3 V 电压的 LVTTL 标准。

(3)RDRAM:RDRAM(Rambus DRAM)是美国 RAMBUS 公司开发的一种内存。与 DDR 和 SDRAM 不同,它采用了串行的数据传输模式。在推出时,因为其彻底改变了内存的传输模式,无法保证与原有的制造工艺相兼容,而且内存厂商要生产 RDRAM 还必须要支付一定专利费用,再加上其本身制造成本,就导致了 RDRAM 从一问世就高昂的价格让普通用户无法接受。而同时期的 DDR 则能以较低的价格,不错的性能,逐渐成为主流。

RDRAM 的数据存储位宽是 16 位,远低于 DDR 和 SDRAM 的 64 位。但在频率方面则远远高于二者,可以达到 400 MHz 乃至更高。同样也是在一个时钟周期内传输两次数据,能够在时钟的上升期和下降期各传输一次数据,内存带宽能达到 1.6 Gbyte/s。

普通的 RAM 行缓冲器的信息在写回存储器后便不再保留,而 RDRAM 则具有继续保持这一信息的特性,于是在进行存储器访问时,如行缓冲器中已经有目标数据,则可利用,因而实现了高速访问。另外,其可把数据集中起来以分组的形式传送,所以只要最初用 24 个时钟,以后便可每 1 时钟读出 1 个字节。一次访问所能读出的数据长度可以达到 256 字节。

2.3.2 内存的性能参数

因为仓库(硬盘)和加工场所(CPU)之间数据要运来运去太麻烦,而且速度慢,所以我们这个工厂规定:所有加工场所(CPU)要加工的东西要首先从仓库(硬盘)里拿出来运到它

(CPU)旁边的一个叫“内存”的地方先放着，到 CPU 要用的时候可以直接就从旁边把那些东西拿过来加工就行了，全部加工好了之后再把东西运回仓库(硬盘)里放着(保存)——内存是一个用来临时放东西的场所，当这个加工场所停工(比如每天下班)的时候，这个地方就会被清空。

在电脑硬件中:CPU 与内存之间进行数据交换的速度是最快的，所有 CPU 要处理的数据会先从硬盘里提出来暂时放在内存里，CPU 处理的时候需要的数据会直接从内存寻找，内存只是暂时(临时)用来放数据的，断电后内存里的东西就会消失——所以有什么需要留下来的都得保存在硬盘里。

1. 内存容量

内存容量是指该内存条的存储容量，是内存条的关键性参数。以前内存容量以 MB 作为单位，可以简写为 M。现在随着技术的进步，开始以 GB 为单位。

系统中内存的数量等于插在主板内存插槽上所有内存条容量的总和，内存容量的上限一般由主板芯片组和内存插槽决定，但是不同主板芯片组能够支持的最大容量是固定的。

2. 内存类型

DDR 内存是目前 PC 机上常用的内存类型，它从出现到现在共经历了 3 代，分别是 DDR、DDR2 和 DDR3。

DDR 内存即双倍数据率同步动态随机存取内存，为具有双倍数据传输率之 SDRAM，其数据传输速度为系统时钟频率之两倍。由于速度增加，其传输效能优于传统的 SDRAM。

与 DDR 相比，DDR2 最主要的改进是在内存模块速度相同的情况下，可以提供相当于 DDR 内存两倍的带宽。这主要是通过在每个设备上高效率使用两个 DRAM 核心来实现的。作为对比，在每个设备上 DDR 内存只能够使用一个 DRAM 核心。从技术上讲，DDR2 内存上仍然只有一个 DRAM 核心，但是它可以并行存取，在每次存取中处理 4 个数据而不是两个数据。与双倍速运行的数据缓冲相结合，DDR2 内存实现了在每个时钟周期处理多达 4 位的数据，比传统 DDR 内存可以处理的 2 位数据高了一倍。DDR2 内存另一个改进之处在于，它采用 FBGA 封装方式替代了传统的 TSOP 方式。

然而，尽管 DDR2 内存采用的 DRAM 核心速度和 DDR 的一样，但是我们仍然要使用新主板才能搭配 DDR2 内存，因为 DDR2 的物理规格和 DDR 是不兼容的。首先是接口不一样，DDR2 的针脚数量为 240 针，而 DDR 内存为 184 针；其次，DDR2 内存的 VDIMM 电压为 1.8V，也和 DDR 内存的 2.5V 不同。

DDR3 内存即第三代双倍数据率同步动态随机存取内存，是一种计算机内存规格。它属于 SDRAM 家族的内存产品，提供了相较于 DDR2 SDRAM 更高的运行效能与更低的电压，是 DDR2 SDRAM(4 倍数率同步动态随机存取内存)的后继者(增加至 8 倍)，也是现时流行的内存产品。

DDR3 SDRAM 为了更省电、传输速率更快，使用了 SSTL 15 的 I/O 接口，运行 I/O 电压是 1.5V，采用 CSP、FBGA 封装方式包装，除了延续 DDR2 SDRAM 的 ODT、OCD、Posted CAS、AL 控制方式外，另外新增了更为精进的 CWD、Reset、ZQ、SRT、RASR 功能。

CWD 是作为写入延迟之用的，Reset 提供了超省电功能的命令，可以让 DDR3 SDRAM 内存颗粒电路停止运行、进入超省电待命模式，ZQ 则是一个新增的终端电阻校准功能，新增这个线路脚位提供了 ODCE(On Die Calibration Engline)用来校准 ODT(On Die Termination)内部中断电阻,新增了 SRT(Self－Reflash Temperature)可编程化温度控制内存时脉功能。SRT 的加入让内存颗粒在温度、时脉和电源管理上有所优化,可以说在内存内,就做了电源管理的功能,同时让内存颗粒的稳定度也大为提升,确保内存颗粒不至于工作时脉过高导致烧毁的状况。DDR3 SDRAM 还加入 RASR(Partial Array Self Refresh)局部 Bank 刷新的功能,可以说针对整个内存 Bank 做更有效的资料读写以达到省电功效。

3. 内存频率

内存主频和 CPU 主频一样,习惯上被用来表示内存的速度,它代表着该内存所能达到的最高工作频率。内存主频是以 MHz(兆赫兹)为单位来计量的。内存主频越高,在一定程度上代表着内存所能达到的速度越快。内存主频决定着该内存最高能在什么样的频率下正常工作。目前较为主流的内存频率有 667 MHz、800 MHz、1 066 MHz 和 1 333 MHz。

DDR 内存的频率可以用工作频率和等效频率两种方式表示,工作频率是内存颗粒实际的工作频率,但是由于 DDR 内存可以在脉冲的上升和下降沿都传输数据,因此传输数据的等效频率是工作频率的两倍;而 DDR2 内存每个时钟能够以 4 倍于工作频率的速度读/写数据,因此传输数据的等效频率是工作频率的 4 倍。

4. 内存延迟

内存延迟表示系统进入数据存取操作就绪状态前等待内存响应的时间,它通常用 4 个连着的阿拉伯数字来表示,例如“5－6－6－18”。其实并非延迟越小内存性能越高,因为 CL－TRP－TRCD－TRAS 这 4 个数值是配合使用的,相互影响的程度非常大,并且也不是数值最大时其性能也最差,更加合理的配比参数很重要。

● CAS Latency:即列地址选通脉冲时间延迟,我们常说的 CL 值就是它。指的是内存存取数据所需的延迟时间,简单地说,就是内存接到 CPU 的指令后的反应速度。

● RAS－to－CAS Delay(tRCD):对应于 CAS,RAS 是指 Row Address Strobe,即行地址选通脉冲。CAS 和 RAS 共同决定了内存寻址。RAS(数据请求后首先被激发)和 CAS(RAS 完成后被激发)并不是连续的,存在着延迟。即内存行地址传输到列地址的延迟时间。

● Row－precharge Delay(tRP):内存行地址选通脉冲预充电时间,即内存从结束一个行访问结束到重新开始的间隔时间。

● Row－active Delay(tRAS):内存行地址选通延迟。是指从收到一个请求后到初始化 RAS(行地址选通脉冲)真正开始接收数据的间隔时间。

5. 双通道内存技术

双通道内存技术其实是一种内存控制和管理技术,它依赖于芯片组的内存控制器发生作用,在理论上能够使两条同等规格内存所提供的带宽增长一倍。它并不是什么新技术,早就被应用于服务器和工作站系统中了,只是为了解决台式机日益窘迫的内存带宽瓶颈问题它才走到了台式机主板技术的前台。目前主流芯片组的双通道内存技术均是指双通道 DDR 内存技术。

6. 接口类型

接口类型是根据内存条金手指上导电触片的数量来划分的。金手指是内存条上与内存插槽之间的连接部件，所有的信号都是通过金手指进行传送的。金手指由众多金黄色的导电触片组成，因其表面镀金而且导电触片排列如手指状，所以称为“金手指”。金手指实际上是在覆铜板上通过特殊工艺再覆上一层金，因为金的抗氧化性极强，而且传导性也很强。不过因为金昂贵的价格，目前较多的内存都采用镀锡来代替，从上个世纪 90 年代开始锡材料就开始普及，目前主板、内存和显卡等设备的“金手指”几乎都是采用的锡材料，只有部分高性能服务器/工作站的配件接触点才会继续采用镀金的做法，价格自然不菲。

金手指(图 1－22)上的导电触片也习惯称为针脚数(Pin)。不同的内存采用的接口类型各不相同，种接口类型所采用的针脚数也各不相同。笔记本内存一般采用 144Pin、200Pin 接口；台式机内存则基本使用 168Pin 和 184Pin 接口。对应于内存所采用的不同的针脚数，内存插槽类型也各不相同。目前台式机系统主要有 SIMM、DIMM 和 RIMM 3 种类型的内存插槽，而笔记本内存插槽则是在 SIMM 和 DIMM 插槽基础上发展而来的，基本原理并没有变化，只是在针脚数上略有改变。

图 1－22　内存条

2.3.3　内存选购的建议

1. 内存频率与延迟时间

早在 DDR2 时代开始，用户便开始关注内存延迟等参数，低延迟在不少用户的心目中是与高性能划等号的。但许多更新的观点认为，在充足的带宽下内存延迟的变化对 PC 的性能影响几乎可以忽略不计。计算机系统就像一个水桶，想要把水装到最多必须取消任何一处短板，这样才能保证水不会因为某个短板过短而流出去。也就是说，数据的传输速度除了和内存带宽、延迟时间有关以外，还和前端总线频率、内存控制器等方面有关。

其实，内存由于受到半导体的物理特性影响，提高延迟已经不是那么容易，反而提高内存的读写传输速度变得更加轻松。尤其是进入 DDR3 时代，更高的传输速度，在提高 PC 性能的同时，还淡化了延迟带来的影响。

2. 单通道与双通道

什么是双通道技术呢？需要说明的是，它并非前面提到的 DDR2，而是一种可以让 2 条 DDR 内存共同使用，数据并行传输的技术。双通道 DDR 技术的优势在于，它可以让内存带宽在原来的基础上增加一倍，这对于处理器的好处可谓不言而喻。选购内存的时候，如果你的计算机支持双通道，那么最好是按照组成双通道内存这个目标来进行。有数据表明，在相同条件下双通道技术可以让整个系统性能提高 20%左右。目前 DDR3 的三通道技术也已经逐渐成熟，这又为计算机用户购买内存提供了一个很好的选择。

3. 产品做工

对于选择内存来说，稳定性也是很重要，而内存的做工水平直接影响到性能、稳定以及超频。对内存的做工主要从以下几方面来考察：

1)内存颗粒做工要精良

内存颗粒的好坏直接影响到内存的性能，可以说也是内存最重要的核心元件。所以大家在购买时，尽量选择大厂生产出来的内存颗粒。一般常见的内存颗粒厂商有三星、现代、镁光、南亚、茂矽等，它们都是经过完整的生产工序控制，因此在品质上更有保障。采用这些顶级大厂内存颗粒的内存条品质性能，必然会比其他杂牌内存颗粒的产品要高出许多。

2)PCB 电路板

内存 PCB 电路板的作用是连接内存芯片引脚与主板信号线，因此其做工好坏直接关系着系统的稳定性。目前主流内存 PCB 电路板层数一般是 6 层，这类电路板具有良好的电气性能，可以有效屏蔽信号干扰。而更优秀的高规格内存往往配备了 8 层 PCB 电路板，以起到更好的效能。

3)金手指做工

内存“金手指”的优劣也直接影响着内存的兼容性甚至是稳定性，一般金属层厚度在 3～5 μm，而优质内存的金层厚度可以达到 6～10 μm。较厚的金属层不易磨损，并且可以提高触点的抗氧化能力，使用寿命更长。

2.4 选购硬盘

硬盘(Hard Disk Drive，简称 HDD)是计算机上使用坚硬的旋转盘片为基础的非易失性存储设备(图 1－23)，它在平整的磁性表面存储和检索数字数据。信息通过离磁性表面很近的写头，由电磁流来改变极性的方式被电磁流写到磁盘上。信息可以通过相反的方式回读，例如磁场导致线圈中电气的改变或读头经过它的上方。早期的硬盘存储媒介是可替换的，不过今日典型的硬盘是固定的存储媒介，被封在硬盘里（除了一个过滤孔，用来平衡空气压力）。

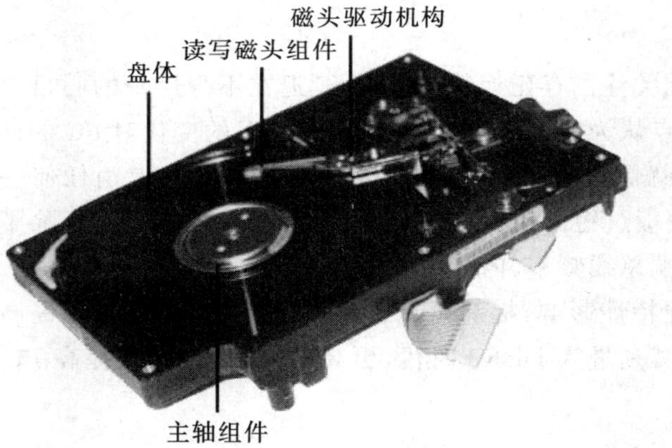

图 1－23　硬盘内部结构

2.4.1 硬盘的分类

硬盘是计算机中最重要的部件之一，按不同的接口和外形尺寸，其种类有很多。除了现在最常见的台式机中使用的 3.5 英寸 EIDE 和 SATA 接口的产品外，还有其他类型的硬盘。

1. SCSI 硬盘

目前计算机中最大的速度瓶颈来自于硬盘。受制于 IDE 接口的局限，IDE 硬盘速度的提高已趋于极限。SCSI 硬盘的外观与普通硬盘基本一致，但现在 SCSI 硬盘的最高转速已达到了 10 000 转/分，平均寻道时间在 6 ms 左右，数据传输率可达到 160 MB/S，尤为关键的是 SCSI 盘的 CPU 占用率非常低，在 5%左右。这些都使得 SCSI 硬盘的性能比 IDE 硬盘有较大的提高。现在 7 200 转的 SCSI 盘价位已到了可接受的水平，如果经济条件许可，选用 SCSI 盘将能有效提高计算机整机性能。

除此以外，SCSI 接口和 EIDE 接口相比还有一个很大的技术优势，那就是 SCSI 接口中的设备可以同时使用数据总线进行数据传输，而 EIDE 接口中连接在同一条数据线上的设备只能交替(占用数据线)进行传输；EIDE 只能连接 4 块设备，而 SCSI 接口可以联接 7～15 台设备。目前 SCSI 硬盘接口有三种，分别是 50 针、68 针和 80 针。我们常见到硬盘型号上标有“N”“W”“SCA”，就是表示接口针数的。N 即窄口(Narrow)，50 针；W 即宽口(Wide)，68 针；SCA 即单接头(Single ConnectorAttachment)，80 针。其中 80 针的 SCSI 盘一般支持热插拔。

2. 活动硬盘

以前个人计算机，主要的存储设备是固定硬盘和软盘。固定硬盘为计算机提供了大容量的存储介质，但是其盘片无法更换，存储的信息也不便于携带和交换。而软盘则容量太小，可靠性也差。

一般活动硬盘同样采用 Winchester 硬盘技术，所以具有固定硬盘的基本技术特征，速度快，平均寻道时间在 12 ns 左右，数据传输率可达10 M/s，容量能达到 10 GB 以上。活动硬盘(见图1－24)的盘片和软盘一样，是可以从驱动器中取出和更换的，存储介质是盘片中的磁合金碟片。根据容量不同，活动硬盘的盘片结构分为单片单面、单片双面和双片双面三种，相应驱动器就有单磁头、双磁头和四磁头之分。活动硬盘接口方式有内置 SCSI、内置 EIDE、外置 SCSI 和外置并口等 4 种方式。用户可以根据自己的需求和计算机的配置情况选择不同的接口方式。随着使用笔记本硬盘的 USB 移动硬盘价格的下跌和 USB 接口的普及，使得 USB 移动硬盘已经取代了活动硬盘。

图 1－24　活动硬盘

3. 笔记本硬盘

笔记本电脑内部空间狭小、电池能量有限，再加上移动中难以避免的磕碰，对其部件的体积、功耗和坚固性等提出了很高的要求。由于笔记本电脑硬盘比通常的桌面硬盘有着更高的品质要求，生产的厂家不多，当今笔记本硬盘市场 85％以上的份额被日立、东芝和富士通这三家公司占有。

笔记本硬盘最大的特点就是小巧轻便，它的直径一般仅为 2.5 英寸(还有 1.8 英寸的产品)，厚度也远低于 3.5 英寸硬盘。大多数产品厚度仅有 9.5 mm，重量尚不足百克，堪称小巧玲珑。目前笔记本电脑硬盘的发展方向就是外形更小、质量更轻、容量更大。图 1－25 所示为不同规格的笔记本硬盘。

2.5 寸硬盘　　3.5 寸硬盘

图 1－25　不同规格的笔记本硬盘

4. 微型硬盘

越来越小也是硬盘的发展方向之一，除了1.8英寸的硬盘，更小的1英寸HDD(Micro Drive)，容量已达到了4 GB，其外观和接口为CF TYPEⅡ型卡，传送模式为Ultra DMA mode 2。

随着数码产品对大容量和小体积存储介质的要求，早在1998年IBM就凭借强大的研发实力最早推出容量为170/340 MB的微型硬盘。而现在，日立、东芝、南方汇通等公司，继续推出了4 GB甚至更大的微型硬盘。微型硬盘最大的特点就是体积小巧，容量适中，大多采用CF Ⅱ插槽，只比普通CF卡稍厚一些。微型硬盘可以说是凝聚了磁储技术方面的精髓，其内部结构与普通硬盘几乎完全相同，在有限的体积里包含有相当多的部件。新一代1英寸以下的硬盘也已上市，东芝将是最早推出这种硬盘的公司之一，其直径仅为0.8英寸左右(SD卡大小)，容量却高达4 GB以上。

5. 固态硬盘

现在市场上由各种快闪存储器构成的小型存储卡应用很广泛了，其中有一种特殊的闪存存储器采用了标准IDE接口，因此也被称为"固态硬盘"，具有很强的耐冲击性能和抗干扰能力，在工业控制计算机等设备中应用很广泛。而随着信息家电的不断涌入家庭，以固态硬盘为主的便携记录媒体市场将会更加红火。随着新型闪存器件容量的急速增长和价格的下跌，固态硬盘将是今后PC存储设备发展的趋势。

2.4.2 硬盘的参数

1. 硬盘容量

硬盘的容量是以MB(兆)和GB(千兆)为单位的。早期的硬盘容量低下，大多以MB(兆)为单位，1956年9月IBM公司制造的世界上第一台磁盘存储系统只有区区的5 MB，而现今硬盘技术飞速发展，数百吉字节甚至以TB为单位容量的硬盘也已进入到家庭用户的手中。购买硬盘之后，细心的人会发现，在操作系统当中硬盘的容量与官方标称的容量不符，都要少于标称容量，容量越大则这个差异越大。如标称40 GB的硬盘，在操作系统中显示只有38 GB；80 GB的硬盘只有75 GB；而120 GB的硬盘则只有114 GB。这并不是厂商或经销商以次充好欺骗消费者，而是硬盘厂商对容量的计算方法和操作系统的计算方法不同而造成的。

2. 单碟容量

单碟容量，是硬盘相当重要的参数之一，一定程度上决定着硬盘的档次高低。硬盘是由多个存储碟片组合而成的，而单碟容量就是一个存储碟所能存储的最大数据量。硬盘厂商在增加硬盘容量时，可以通过两种手段：一是增加存储碟片的数量，但受到硬盘整体体积和生产成本的限制，碟片数量都受到限制，一般都在5片以内；而另一个办法就是增加单碟容量。

同时，硬盘单碟容量的增加不仅仅可以带来硬盘总容量的提升，而且也有利于生产成本的控制，并提高硬盘工作的稳定性。单碟容量的增加意味着厂商要在同样大小的盘片上建立更多的磁道数(数据存储在盘片的磁道中)，虽然这在技术难度上对厂商要求很高，但盘片磁道密度(单位面积上的磁道数)提高，代表着数据密度的提高，这样在硬盘工作时盘片每转动一周，磁头所能读出的数据就越多，所以在相同转速的情况下，硬盘单碟容量越大其内部数据传输速率就越快。另外，单碟容量的提高使单位面积上的磁道条数也有所提高，这样硬盘寻道时间也会有所下降。

单碟容量的增加也能在一定程度上节省产品成本，举个例子来说，同样的 120 GB 硬盘，如果采用单碟容量 40 GB 的盘片，那么将要有 3 张盘片和 6 个磁头；而采用单碟容量 80 GB 的盘片，那么只需要 2 张盘片和 3 个磁头（盘片正反两面都可以存储数据，一面需要一个磁头），这样就能在尽可能节省更多成本的条件下提高硬盘的总容量。单碟容量的增加也对磁头提出了更高的要求。

2005 年 9 月，希捷(Seagate)发布了酷鱼 7200.9(Barracuda 7200.9)系列硬盘，单碟容量提高到 160 GB，这几乎已经是传统的水平记录技术的极限，不对硬盘磁记录技术做出革新，单碟容量基本上已经无法提升。垂直记录技术适时出现，将硬盘的数据密度、容量和可靠性推进到一个全新的水平。传统的水平记录技术让数据位平铺在磁介质上，而垂直记录技术却让数据位竖立在磁介质上，极大地提高了磁记录密度，当然也就提高了单碟容量。另外，垂直记录技术还允许磁头在相同时间内扫描更多数据位，故能在不提高转速的情况下，提高硬盘的数据传输率。

3. 硬盘接口

硬盘接口是硬盘与主机系统间的连接部件，功能是在硬盘缓存和主机内存之间传输数据。不同的硬盘接口决定着硬盘与计算机之间的数据传输速度，在整个系统中，硬盘接口的优劣直接影响着程序运行快慢和系统性能好坏。从整体的角度看，硬盘接口分为 IDE、SATA、SCSI 和光纤通道 4 种，IDE 接口硬盘多用于家用产品中，也部分应用于服务器；SCSI 接口的硬盘则主要应用于服务器市场；光纤通道只用在高端服务器上，价格昂贵；SATA 是一种相对新型的硬盘接口类型，是目前市场上主流的硬盘接口，在家用市场中有着广泛的前景。在 IDE 和 SCSI 的大类别下，又可以分出多种具体的接口类型，又各自拥有不同的技术规范，具备不同的传输速度。比如：ATA100 和 SATA，Ultra160 SCSI 和 Ultra320 SCSI 都代表着一种具体的硬盘接口，各自的速度差异也较大。

1）IDE

IDE 的英文全称为“Integrated Drive Electronics”，即“电子集成驱动器”，它的本意是指把“硬盘控制器”与“盘体”集成在一起的硬盘驱动器。把盘体与控制器集成在一起的做法减少了硬盘接口的电缆数目与长度，数据传输的可靠性得到了增强，硬盘制造起来变得更容易，因为硬盘生产厂商不需要再担心自己的硬盘是否与其他厂商生产的控制器兼容。对用户而言，硬盘安装起来也更为方便。IDE 这一接口技术从诞生至今就一直在不断发展，性能也不断地提高，其拥有的价格低廉、兼容性强的特点，造就了其他类型硬盘无法替代它的地位。

IDE 代表着硬盘的一种类型，但在实际的应用中，人们也习惯用 IDE 来称呼最早出现的 IDE 类型硬盘 ATA－1，这种类型的接口随着接口技术的发展已经被淘汰了，而其后发展分支出更多类型的硬盘接口，比如 ATA、Ultra ATA、DMA、Ultra DMA 等接口都属于 IDE 硬盘。

2）SCSI

SCSI 的英文全称为“Small Computer System Interface”（小型计算机系统接口），是同

IDE(ATA)完全不同的接口。IDE接口是普通PC的标准接口,而SCSI并不是专门为硬盘设计的接口,是一种广泛应用于小型机上的高速数据传输技术。SCSI接口具有应用范围广、多任务、带宽大、CPU占用率低,以及热插拔等优点,但较高的价格使得它很难如IDE硬盘般普及。因此,SCSI硬盘主要应用于中、高端服务器和高档工作站中。

3)光纤通道

光纤通道的英文拼写是Fibre Channel,和SCIS接口一样,光纤通道最初也不是为硬盘设计开发的接口技术,是专门为网络系统设计的,随着存储系统对速度的需求,才逐渐应用到硬盘系统中。光纤通道硬盘是为提高多硬盘存储系统的速度和灵活性才开发的,它的出现大大提高了多硬盘系统的通信速度。光纤通道的主要特性有:热插拔性、高速带宽、远程连接、连接设备数量大等。

光纤通道是为在像服务器这样的多硬盘系统环境而设计的,能满足高端工作站、服务器、海量存储子网络、外设间通过集线器、交换机和点对点连接进行双向、串行数据通信等系统对高数据传输率的要求。

4)SATA

使用SATA(Serial ATA)口的硬盘又叫串口硬盘,是PC机硬盘的发展趋势。2001年,由Intel、APT、Dell、IBM、希捷、迈拓这几大厂商组成的Serial ATA委员会正式确立了Serial ATA 1.0规范。2002年,虽然串行ATA的相关设备还未正式上市,但Serial ATA委员会已抢先确立了Serial ATA 2.0规范。Serial ATA采用串行连接方式,串行ATA总线使用嵌入式时钟信号,具备了更强的能力,与以往相比其最大的区别在于能对传输指令(不仅仅是数据)进行检查,如果发现错误会自动矫正,这在很大程度上提高了数据传输的可靠性。串行接口还具有结构简单、支持热插拔的优点。

串口硬盘是一种完全不同于并行ATA的新型硬盘接口类型,由于采用串行方式传输数据而知名。相对于并行ATA来说,具有非常多的优势。首先,Serial ATA以连续串行的方式传送数据,一次只能传送1位数据。这样能减少SATA接口的针脚数目,使连接电缆数目变少,效率也会更高。实际上,Serial ATA仅用4支针脚就能完成所有的工作,分别用于连接电缆、连接地线、发送数据和接收数据,同时这样的架构还能降低系统能耗和减小系统复杂性。其次,Serial ATA的起点更高、发展潜力更大。Serial ATA 1.0定义的数据传输率可达150 MB/s,这比目前最新的并行ATA(即ATA/133)所能达到133 MB/s的最高数据传输率还高,而Serial ATA 2.0的数据传输率将达到300 MB/s,最终SATA将实现600 MB/s的最高数据传输率。

4. 磁盘缓存

缓存(Cache memory)是硬盘控制器上的一块内存芯片,具有极快的存取速度,它是硬盘内部存储和外界接口之间的缓冲器。由于硬盘的内部数据传输速度和外界介面传输速度不同,缓存在其中起到一个缓冲的作用。缓存的大小与速度是直接关系到硬盘的传输速度的重要因素,能够大幅度地提高硬盘整体性能。当硬盘存取零碎数据时需要不断地在硬盘与内存之间交换数据,如果有大缓存,则可以将那些零碎数据暂存在缓存中,减小外系统的负荷,也提高了数据的传输速度。

大容量的缓存虽然可以在硬盘进行读写工作状态下,让更多的数据存储在缓存中,以提高硬盘的访问速度,但并不意味着缓存越大就越出众。缓存的应用存在一个算法的问题,即便缓存容量很大，而没有一个高效率的算法，那将导致应用中缓存数据的命中率偏低，无法有效发挥出大容量缓存的优势。算法与缓存容量相辅相成，大容量的缓存需要更为有效率的算法，否则性能会大大折扣。从技术角度上说，高容量缓存的算法是直接影响到硬盘性能发挥的重要因素。更大容量缓存是未来硬盘发展的必然趋势。

5. 转速

转速(Rotationl Speed)，是硬盘内电机主轴的旋转速度，也就是硬盘盘片在一分钟内所能完成的最大转数。转速的快慢是标示硬盘档次的重要参数之一，它是决定硬盘内部传输率的关键因素之一，在很大程度上直接影响到硬盘的速度。硬盘的转速越快，硬盘寻找文件的速度也就越快，相对的硬盘的传输速度也就得到了提高。硬盘转速以每分钟多少转来表示，单位表示为 RPM。RPM 是 Revolutions Perminute 的缩写，表示转/分钟。RPM 值越大，内部传输率就越高，访问时间就越短，硬盘的整体性能也就越好。

硬盘的主轴马达带动盘片高速旋转，产生浮力使磁头飘浮在盘片上方。要将所要存取资料的扇区带到磁头下方，转速越快，则等待时间也就越短。因此，转速在很大程度上决定了硬盘的速度。

家用的普通硬盘的转速一般有 5 400 RPM、7 200 RPM 两种，高转速硬盘也是现在台式机用户的首选；而对于笔记本用户则是以 4 200 RPM、5 400 RPM 为主，虽然已经有公司发布了 7 200 RPM 的笔记本硬盘，但在市场中还较为少见；服务器用户对硬盘性能要求最高，服务器中使用的 SCSI 硬盘转速基本都采用 10 000 RPM，甚至还有 15 000 RPM 的，性能要超出家用产品很多。

6. 平均寻道时间

平均寻道时间的英文拼写是 Average Seek Time，它是决定硬盘性能至关重要的参数之一。它是指硬盘在接收到系统指令后，磁头从开始移动到移动至数据所在的磁道所花费时间的平均值，它一定程度上体现硬盘读取数据的能力，是影响硬盘内部数据传输率的重要参数，单位为毫秒(ms)。不同品牌、不同型号的产品其平均寻道时间也不一样，但这个时间越短，则产品越好。现今主流的硬盘产品平均寻道时间都在 9 ms 左右。

平均寻道时间实际上是由转速、单碟容量等多个因素综合决定的一个参数。一般来说，硬盘的转速越高，其平均寻道时间就越低；单碟容量越大，其平均寻道时间就越低。当单碟片容量增大时，磁头的寻道动作和移动距离减少，从而使平均寻道时间减少，加快硬盘速度。当然，出于市场定位以及噪音控制等方面的考虑，厂商也会人为地调整硬盘的平均寻道时间。

2.5 光驱的选购

随着计算机数据量的不断增大和光储技术的不断发展，光储产品也从原来的光驱一统天下变成了现在的百花齐放状态。现在，市场上除了比较老的 CD－ROM 以外，还有 DVD－ROM、CD－RW、COMBO 和 DVD－RW 等产品。

光驱是一种消耗性很强的产品，选择恰当的光驱对一名计算机使用者来说非常重要。

1. 光存储设备的类型

(1)CD－ROM：CD－ROM 虽然只能读、不能写，但由于 CD－ROM 光盘价格低廉，成为普通家庭、个人、学生的必选产品。CD－ROM 分为：

- CD－R：由于只能对光盘进行读取，因此已经渐渐被市场所淘汰。
- CD－RW：建议需要刻录光盘的场合选择 CD－RW。

(2)DVD－ROM：DVD－ROM 既可以读取普通光盘，也可以读取 DVD 光盘，因此成为很多没有 DVD 机而又喜欢看 DVD 影片的计算机用户的首选。只要一个 DVD－ROM 光驱即可既当 CD－ROM 光驱又可当 DVD 机使用，可谓一举两得。DVD－ROM 分为：

- DVD－RW：DVD－RW 可以读写普通光盘和 DVD 光盘。对于那些需要经常刻录大量数据的用户来说，DVD－RW 是一个不错的选择。因为 DVD 光盘的容量很大，一般可达到普通光盘的 7 倍，况且 DVD 光盘的价格从性价比来说也并不算贵，所以建议需要经常刻录大量数据的用户选择 DVD－RW。
- DVD COMBO：集 CD、DVD 读取和 CD－RW 写入、复写功能于一体，而价格仅比同档次的 CD－RW 贵百元左右，成为有这一类需求的用户的首选之品。

2. 光存储设备选购注意事项

其实各种光存储设备都比较容易出现故障，因此在选购时一定要注意以下问题：

(1)速度：由于目前光驱一般都是 48 倍速、50 倍速或 52 倍速，因此读取速度已经不是最重要的考虑因素，而追求平稳以及读取数据的正确性、连贯性才是现阶段购买的要点。

(2)售后服务：售后服务承诺是光存储设备选购条件之一，建议选择知名大厂的产品，售后服务有保证。目前大多数厂商都提供 3 个月保换、1 年保修的售后服务。

(3)专利技术：有实力的大厂商一般都会开发出多项自有技术用于延长光存储设备的使用寿命和增强驱动器的读盘能力。例如，FDSS 双重浮动式减震系统，可以有效地降低读取数据时的震动和噪音。ABS 主动式盘片平衡系统可以在光盘运转过程中，自动对不平衡的光盘进行校准和调节。

(4)刻录机是否具有防刻死技术：刻录机是否具有防刻死技术是选择刻录机的一个重要指标，采用了防刻死技术的刻录机可以减少刻录光盘时刻废情况的发生，因此，已经成为选择的一个要点。

由于光存储设备品牌众多，建议大家在选购时选择大厂商的品牌，如明基、华硕、微星、台电等。由于各个品牌的产品在功能上并无区别，因此可以根据市场行情选购。

2.6 选购显卡

显卡(Video card、Graphics card、Video adapter)是个人电脑最基本组成部分之一。显卡的用途是将计算机系统所需要的显示信息进行转换驱动显示器，并向显示器提供行扫描信号，控制显示器的正确显示，是连接显示器和个人电脑主板的重要组件，是“人机对话”的重要设备之一。

2.6.1 显卡的参数

显卡的主要芯片叫“显示芯片”(Video chipset，也叫 GPU 或 VPU，图形处理器或视觉处理器)，是显卡的主要处理单元。显卡上也有和计算机存储器相似的存储器，称为“显示存储器”，简称显存。

早期的显卡只是单纯意义的显卡，只起到信号转换的作用；目前我们一般使用的显卡都带有3D画面运算和图形加速功能，所以也叫做“图形加速卡”或“3D加速卡”。

1. 显示芯片

显示芯片是显卡的核心芯片，它的性能好坏直接决定了显卡性能的好坏，它的主要任务就是处理系统输入的视频信息并对其进行构建、渲染等工作。显示芯片的性能直接决定了显卡性能的高低。不同的显示芯片，不论从内部结构还是其性能，都存在着差异，而其价格差别也很大。显示芯片在显卡中的地位，就相当于计算机中CPU的地位，是整个显卡的核心。因为显示芯片的复杂性，目前设计、制造显示芯片的厂家只有NVIDIA、ATI、SIS、VIA等公司。家用娱乐性显卡都采用单芯片设计的显示芯片，而在部分专业的工作站显卡上采用多个显示芯片组合的方式。

在选择显示芯片时，首先考虑的是芯片的厂商和芯片代号，同时还要考虑制造工艺与核心频率。其中显卡的核心频率是指显示核心的工作频率，其工作频率在一定程度上可以反映出显示核心的性能，但显卡的性能是由核心频率、显存、像素管线、像素填充率等多方面的情况所决定的，因此在显示核心不同的情况下，核心频率高并不代表此显卡性能强劲。比如9600PRO的核心频率达到了400 MHz，要比9800PRO的380 MHz高，但在性能上9800PRO绝对要强于9600PRO。在同样级别的芯片中，核心频率高的则性能要强一些。显示芯片主流的只有ATI和NVIDIA两家，两家都提供显示核心给第三方厂商。在同样的显示核心下，部分厂商会适当提高其产品的显示核心频率，使其工作在高于显示核心固定的频率上以达到更高的性能。

2. 显存规格

显存是显卡上的关键核心部件之一，它的优劣和容量大小会直接关系到显卡的最终性能表现。可以说显示芯片决定了显卡所能提供的功能和其基本性能，而显卡性能的发挥则很大程度上取决于显存。无论显示芯片的性能如何出众，最终其性能都要通过配套的显存来发挥。

显存被叫做帧缓存，它的作用是用来存储显卡芯片处理过或者即将提取的渲染数据。如同计算机的内存一样，显存是用来存储要处理的图形信息的部件。我们在显示屏上看到的画面是由一个个的像素点构成的，而每个像素点都以4至32甚至64位的数据来控制它的亮度和色彩，这些数据必须通过显存来保存，再交由显示芯片和CPU调配，最后把运算结果转化为图形输出到显示器上。

在选择显存时除了考虑显存的类型以外，还要考虑显存容量、显存频率以及显存的位宽。显存容量是显卡上本地显存的容量数，这是选择显卡的关键参数之一。显存容量的大小决定着显存临时存储数据的能力，在一定程度上也会影响显卡的性能。显存容量也是随着显卡的发展而逐步增大的，并且有越来越大的趋势。显存容量从早期的512 KB、1 MB、2 MB等极小容量，发展到8 MB、12 MB、16 MB、32 MB、64 MB，一直到目前主流的1 GB，某些专业显卡甚至已经具有21 GB的显存了。

值得注意的是，显存容量越大并不一定意味着显卡的性能就越高，因为决定显卡性能的三要素首先是其所采用的显示芯片，其次是显存带宽(这取决于显存位宽和显存频率)，最后才是显存容量。一款显卡究竟应该配备多大的显存容量才合适，是由其所采用的显示芯片所决定的。也就是说，显存容量应该与显示核心的性能相匹配才合理，显示芯片性能越高，由于其处理能力越高，所配备的显存容量相应也应该越大，而低性能的显示芯片配备大容量显存对其性能是没有任何帮助的。

显存位宽是显存在一个时钟周期内所能传送数据的位数，位数越大则瞬间所能传输的数据量越大，这是显存的重要参数之一。目前市场上的显存位宽有 64 位、128 位和 256 位 3 种，人们习惯上说的 64 位显卡、128 位显卡和 256 位显卡就是指其相应的显存位宽。显存位宽越高，性能越好，价格也就越高，因此，256 或更高位宽的显存更多应用于高端显卡，而主流显卡基本都采用 128 位显存。

大家知道显存带宽＝显存频率×显存位宽/8，那么在显存频率相当的情况下，显存位宽将决定显存带宽的大小。比如说同样显存频率为 500 MHz 的 128 位和 256 位显存，那么它俩的显存带宽将分别为：128 位＝500 MHz×128/8＝8 GB/s，而 256 位＝500 MHz×256/8＝16 GB/s，是 128 位的 2 倍，可见显存位宽在显存参数中的重要性。

3. 散热方式

由于显卡核心工作频率与显存工作频率的不断攀升，显卡芯片的发热量也在迅速提升。显示芯片的晶体管数量已经达到、甚至超过了 CPU 内的数量，如此高的集成度必然带来了发热量的增加，为了解决这些问题，显卡都会采用必要的散热方式。尤其对于超频爱好者和需要长时间工作的用户，优秀的散热方式是选择显卡的必选项目。目前显卡的散热方式主要有使用散热片的被动散热方式和使用风扇的主动散热方式两种，在个别发烧级显卡上也有采用水冷散热方式的。

4. 接口类型

显卡的接口有两部分，一是与主板连接的总线接口，二是与显示器连接的输出接口。

总线接口是指显卡与主板连接所采用的接口种类。显卡的接口决定着显卡与系统之间数据传输的最大带宽，也就是瞬间所能传输的最大数据量。不同的接口决定着主板是否能够使用此显卡，只有在主板上有相应接口的情况下，显卡才能使用，并且不同的接口能为显卡带来不同的性能。

目前各种 3D 游戏和软件对显卡的要求越来越高，主板和显卡之间需要交换的数据量也越来越大，过去的显卡接口早已不能满足这样大量的数据交换，因此，通常主板上都带有专门插显卡的插槽。假如显卡接口的传输速度不能满足显卡的需求，显卡的性能就会受到巨大的限制，再好的显卡也无法发挥其功能。显卡发展至今主要出现过 ISA、PCI、AGP、PCI Express 等几种接口，所能提供的数据带宽依次增加。其中 PCI Express 接口已经成为主流，以解决显卡与系统数据传输的瓶颈问题，而 ISA、PCI、AGP 接口的显卡已经基本被淘汰。

PCI Express(以下简称 PCI－E)接口采用了目前业内流行的点对点串行连接，比起 PCI 以及更早期的计算机总线的共享并行架构，每个设备都有自己的专用连接，不需要向整个总线请求带宽，而且可以把数据传输率提高到一个很高的频率，达到 PCI 所不能提供的高带宽。相对于传统 PCI 总线在单一时间周期内只能实现单向传输，PCI－E 的双单工连接能提供更高的传输速率和质量，它们之间的差异跟半双工和全双工类似。

显卡所处理的信息最终都要输出到显示器上，显卡的输出接口就是计算机与显示器之间的桥梁,它负责向显示器输出相应的图像信号。CRT 显示器因为设计制造上的原因,只能接受模拟信号输入,这就需要显卡能输入模拟信号。VGA 接口就是显卡上输出模拟信号的接口,VGA(Video Graphics Array)接口,也叫 D－Sub 接口。虽然液晶显示器可以直接接收数字信号,但很多低端产品为了与 VGA 接口显卡相匹配,因而采用 VGA 接口。VGA 接口是一种 D 型接口,上面共有 15 针空,分成 3 排,每排 5 个。VGA 接口是显卡上应用最为广泛的接口类型,绝大多数的显卡都带有此种接口,如图 1－26 所示。

目前的 DVI 接口分为两种,一种是 DVI－D 接口,如图 1－27 所示,只能接收数字信号,接口上只有 3 排 8 列共 24 个针脚,其中右上角的一个针脚为空。不兼容模拟信号。

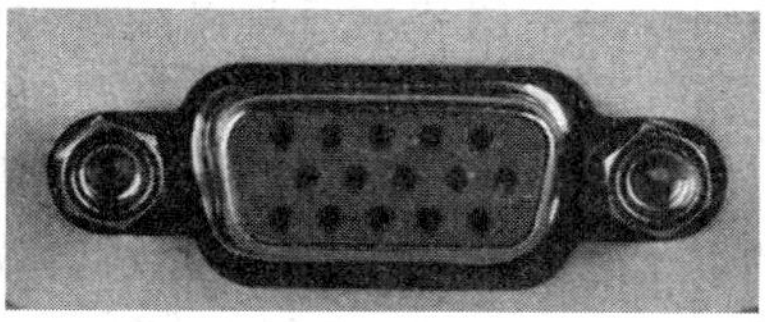

图 1－26　VGA 接口

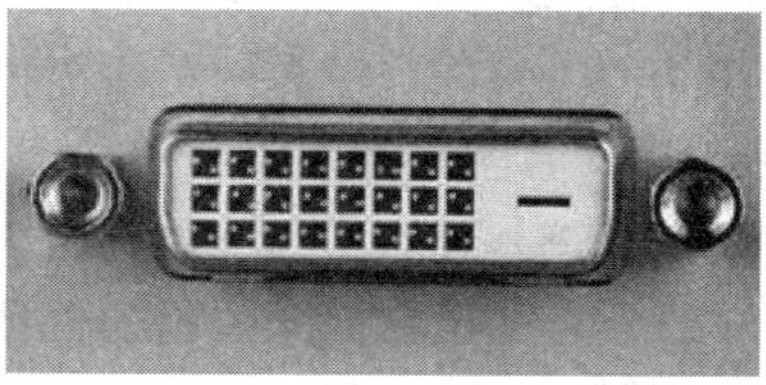

图 1－27　DVI－D 接口

另外一种则是 DVI－I 接口,可同时兼容模拟和数字信号,如图 1－28 所示。兼容模拟信号并不意味着模拟信号的接口 D－Sub 接口可以连接在 DVI－I 接口上,而是必须通过一个转换接头才能使用。一般采用这种接口的显卡都会带有相关的转换接头。

图 1－28　DVI－I 接口

显示设备采用 DVI 接口具有以下两大优点:①速度快,DVI 传输的是数字信号,数字图像信息不需经过任何转换,就会直接被传送到显示设备上,因此减少了数字→模拟→数字繁琐的转换过程,大大节省了时间,因此,它的速度更快,有效消除拖影现象,而且使用 DVI 进行数据传输,信号没有衰减,色彩更纯净,更逼真。②画面清晰,计算机内部传输的是二进制的数字信号,使用 VGA 接口连接液晶显示器的话,就需要先把信号通过显卡中的 D/A(数字/模拟)转换器转变为 R、G、B 三原色信号和行、场同步信号,这些信号通过模拟信号线传输到液晶内部还需要相应的 A/D(模拟/数字)转换器将模拟信号再一次转变成数字信号才能在液晶上显示出图像来。在上述的 D/A、A/D 转换和信号传输过程中不可避免会出现信号的损失和受到干扰,导致图像出现失真甚至显示错误,而 DVI 接口无需进行这些转换,避免了信号的损失,使图像的清晰度和细节表现力都得到了大大提高。

5. 渲染单元

简而言之,过去按照固定的比例组成的渲染管线/顶点单元渲染模式如今被 Stream Processor 组成的任意比例渲染管线/顶点单元渲染模式替代,Stream Processor 是全新的全能渲染单元。

2.6.2　显卡选购建议

显卡选购在装机中一直都是一个非常重要的环节,显卡选购得好坏不仅直接关系到整机的性能,从一定程度上来说它也与我们的购机预算和用途有着非常密切的关系。对于游戏发烧玩家而言，显卡就相当于游戏的生命，没有了显卡的支持，再华丽的画面也无法呈现在我们的眼前，即便不是游戏玩家，显卡之于他们的作用也是毋庸置疑的。如何才能选择一款好的显卡呢？下面我们就从多方面为大家解读在显卡选购上需要注意的事项。

在显卡的选购上我们可以从客观和主观两方面进行。从主观方面来说，我们需要明白自己购买显卡的最终用途是什么，因为只有明白了自己用显卡来做什么，才会更有针对性地选择显卡。另外，就是需要清楚地知道自己对于购买显卡的预算，清楚地了解了显卡购买的用途和预算之后，基本上就可以把显卡锁定在一个比较小的范围内，接下来要做的就是如何在众多的显卡中挑选一款性价比最高的显卡。

追求高端和潮流几乎是所有人都十分热衷的一件事，但是我们在追求高端的时候也要从客观的角度出发。目前，很多网友在攒机的时候对于显卡的要求是越高越好，而忽略了其自身的实际用途。其实一款显卡最终的目的是为了满足我们日常最大的需要，如果仅仅是为了追求高端而高端，最后不仅不能充分发挥显卡的功能还会造成购机成本的增加。除此以外，另外一部分人则是在充分控制购机预算的情况下，为了追求显卡的足够高端而不得不在其他的硬件上降低档次，其实这也是一种得不偿失的做法，最后还会造成性能的瓶颈。

在实际显卡的购买中我们不能完全掌控的客观原因就是显卡本身了，下面就从显卡的角度来说说在显卡购买时需注意的一些事项。

1. 别被频率所迷惑

我们都知道显卡频率是一款显卡非常重要的参数指标，越高的频率则意味着更高的性能，但这个前提是在采用相同品牌的显示核心上，例如 AMD 显示核心与 NV 显示核心就不具有可比性。另外，同品牌而不同架构的核心频率也不太具有可比性。目前市面上同一型号的显卡产品可谓十分之丰富，它们除了都采用相同的显示核心以外，很多厂商都会推出高频版或者大显存版本的非公版显卡。这些显卡在频率上要比公版显卡频率略高，但是高出的这些频率对于显卡性能的提升其实是微不足道的，不要太过在意。

2. 显存并不是一切，注意显存的搭配

大容量显存对高分辨率、高画质设定的游戏来说是非常必要的，但绝非任何时候都是显存容量越大越好。给 HD4650 或者 GeForce 9500GT 配备 1 GB 显存就像给普通轿车装备一个 25 升油箱一样，只能显得不伦不类。很多时候，大容量显存只能在规格表上炫耀一番，一进入实际应用就原形毕露。

AMD 和 NVIDIA 在推出新款图形芯片的时候，通常会有一个标准的显卡版本提供给显卡厂商，但是对于显存的搭配却不干预，因此，上市后的显卡成品虽然采用同样的图形芯片，但是由于搭配的显存不同，因此性能也就有所差异，在购买的时候最好先了解图形芯片厂商所提供的标准样板之后再进行显卡的挑选。如果显卡因为搭配的显存速度较快，而价格却高高在上，这种产品显然并非上佳之选。

3. 不要被显卡命名忽悠了

目前各种显卡的命名真可谓一个“乱”字，让人看了摸不着头脑。有一些显卡厂商喜欢将采用同一图形芯片的显卡成品进行更为细致的划分，因此什么白金版、黄金版就漫天飞舞，其实这类产品往往就是搭配了速度较快的显存，再设计上比较有眼球效应的散热片，这样它们的售价也就不菲了。说实话，这种细分产品的设计应用于低端显卡，并不能使其在性能上体现出质的飞跃,而用户在购买的时候却会支出额外的开销。

4. 不要盲目崇拜品牌

品牌就是产品质量的保证,但是我们也不能过分迷信品牌。就目前的情况来看,板卡工艺已经相当成熟,因此产品的性能表现非常接近。采用同一图形芯片的不同品牌的显卡,如果在显存搭配方面也相同的话,其性能差距非常小。而在实际的市场售价方面,品牌知名度高的产品显然价格也不会低,因此,用户在选择的时候应该根据自己的需要进行采购。

5. 独立显卡还是集成显卡

显卡按电路结构分独立显卡和集成显卡两类。

独立显卡是指以独立的板卡存在,需要插在主板的相应接口上的显卡。独立显卡具备单独的显存,不占用系统内存,而且技术上领先于集成显卡,能够提供更好的显示效果和运行性能。

集成显卡是将显示芯片、显存及其相关电路都做在主板上,与主板融为一体;集成显卡的显示芯片有单独的,但现在大部分都集成在主板的北桥芯片中;一些主板集成的显卡也在主板上单独安装了显存,但其容量较小,目前绝大部分的集成显卡均不具备单独的显存,需使用系统内存来充当显存,其使用量由系统自动调节;集成显卡的显示效果与处理性能相对较弱,不能对显卡进行硬件升级,但可以通过 CMOS 调节频率或刷入新 BIOS 文件实现软件升级来挖掘显示芯片的潜能;集成显卡的优点是功耗低、发热量小、部分集成显卡的性能已经可以媲美入门级的独立显卡,所以不用花费额外的资金购买显卡。

2.7.1　显示器的分类

从早期的黑白世界到现在的色彩世界,显示器走过了漫长而艰辛的历程。随着显示器技术的不断发展,显示器的分类也越来越明细。

1. CRT 显示器

这是一种使用阴极射线管(Cathode Ray Tube)的显示器,阴极射线管主要由五部分组成:电子枪(Electron Gun),偏转线圈(Deflection coils),荫罩(Shadow mask),荧光粉层(Phosphor)及玻璃外壳。它是目前应用最广泛的显示器之一。CRT 纯平显示器具有可视角度大、无坏点、色彩还原度高、色度均匀、可调节的多分辨率模式、响应时间极短等 LCD 显示器难以超过的优点,而且现在的 CRT 显示器价格要比 LCD 显示器便宜不少。

2. LCD 显示器

LCD 显示器即液晶显示屏,优点是机身薄,占地小,辐射小,给人以一种健康产品的形象。但实际情况并非如此,使用液晶显示屏不一定可以保护到眼睛,这需要看各人使用计算机的习惯。

3. LED 显示器

它是一种通过控制半导体发光二极管的显示方式,用来显示文字、图形、图像、动画、视频、录像信号等各种信息的显示屏幕。

LED 的技术进步是扩大市场需求及应用的最大推动力。最初,LED 只是作为微型指示灯,在计算机、音响和录像机等高档设备中应用,随着大规模集成电路和计算机技术的不断进步,LED 显示器正在迅速崛起,近年来逐渐扩展到证券行情股票机、数码相机、PDA 以及手机等领域。

4. 等离子显示器

等离子显示器是采用了近几年来高速发展的等离子平面屏幕技术的新一代显示设备。

2.7.2 显示器参数

表 1-6 列出了 CRT 显示器与 LCD 显示器在性能指标上的差别。

表 1-6 CRT 显示器与 LCD 显示器参数对比

项目	LCD 显示器	CRT 显示器
分辨率	固定的分辨率,在自有的分辨率下可得到最佳的画质,但在其他的分辨率下仍可以扩展或压缩的方式,将画面显示出来	没有固定的分辨率,只要在显示器的规格内,都可以直接显示出来
刷新率	最佳刷新率在 60 Hz,由于画面不受分辨率影响而闪烁,故只要在显示器的规格内即可	为求画面不闪烁,建议分辨率定于75 Hz以上
色阶	色阶多已达到全彩的标准	没有色阶限制,色彩的多寡取决于系统设定及显示卡
画面构成	画面由液晶板上的像素所组成,其分辨率固定,像素的点距决定像素大小,而非像素间的距离。逐一像素显示方式,能呈现饱和的色纯度、清晰的字型及锐利的画面,影像会更显明亮、艳丽	画面像素的形成依靠许多群集的点或直条所构成,这些点和点或直条和直条间的距离,称之为点距或栅距。CRT 的点距大小及品质对画面的清晰度和锐利度有很大的影响
可视角度	可视角度随着电脑技术不断改良而得到很大的提升。目前动态矩阵液晶显示器可视角度为160°或更宽	极良好的可视角度
电源消耗和放射物质	电源用量低,比传统 CRT 显示器的耗电量少70%。正常工作时的耗电量和阅读用灯一样。实际上是无辐射和磁场干扰,可营造出更完美的使用环境	辐射和电磁干扰一直存在,但干扰和辐射值均依循安全的规定和标准,并遵循所有有关规定

下面我们就来介绍在选购 LCD 显示器时常见的参数及其含义。

1. 屏幕尺寸

屏幕尺寸是指液晶显示器屏幕对角线的长度,单位为英寸。与 CRT 显示器不同的是,由于液晶显示器标称的屏幕尺寸就是实际屏幕显示的尺寸,所以 17 英寸的液晶显示器的可视面积接近 19 英寸的 CRT 纯平显示器。目前主流产品的屏幕尺寸主要以 17 英寸和 19 英寸为主。

对于目前越来越多的宽屏液晶显示器而言,其屏幕尺寸仍然是指液晶显示器屏幕对角线的长度,目前市售产品主要以 19 英寸为主。现在宽屏液晶显示器的屏幕比例还没有统一的标准，常见的有 16∶9 和 16∶10 两种。由于宽屏液晶显示器相对于普通液晶显示器具有有效可视范围更大等优势，或许会成为液晶显示器的发展方向，未来可能会成为主流。

值得注意的是，在相同屏幕尺寸下，无论是 16∶9 还是 16∶10 的宽屏液晶显示器，其实际屏幕面积其实都要比普通的 4∶3 液晶显示器要小。

2. 面板类型

液晶面板与液晶显示器有相当密切的关系，液晶面板的产量、优劣等多种因素都关系着液晶显示器自身的质量、价格和市场走向。其中液晶面板关系着玩家最看重的响应时间、色彩、可视角度、对比度等参数。从液晶面板可以看出这款液晶显示器的性能、质量如何。

(1)VA 型：VA 型液晶面板在目前的显示器产品中应用较为广泛，使用在高端产品中，16.7 M 色彩(8 bit 面板)和大可视角度是它最为明显的技术特点。目前 VA 型面板分为两种：MVA、PVA。

MVA 型：是一种多象限垂直配向技术。它是利用突出物使液晶静止时并非传统的直立式，而是偏向某一个角度静止；当施加电压让液晶分子改变成水平以让背光通过则更为快速，这样便可以大幅度缩短显示时间，也因为突出物改变液晶分子配向，让视野角度更为宽广。在视角的增加上可达 160°以上，反应时间缩短至 20 ms 以内。

PVA 型：是三星推出的一种面板类型，是一种图像垂直调整技术，该技术直接改变液晶单元结构，让显示效能大幅提升，可以获得优于 MVA 的亮度输出和对比度。此外，在这两种类型基础上又延出改进型 S－PVA 和 P－MVA 两种面板类型，在技术发展上更趋向上，可视角度可达 170°，响应时间被控制在 20 ms 以内(采用 Overdrive 加速可达到 8 ms GTG)，而对比度可轻易超过 700∶1 的高水准。

IPS 型：IPS 型液晶面板具有可视角度大、颜色细腻等优点，看上去比较通透，这也是鉴别 IPS 型液晶面板的一个方法。而 S－IPS 则为第二代 IPS 技术，它又引入了一些新的技术，以改善 IPS 模式在某些特定角度的灰阶逆转现象。LG 和飞利浦自主的面板制造商也是以 IPS 为技术特点推出的液晶面板。

TN 型：这种类型的液晶面板应用于入门级和中端的产品中，价格实惠、低廉，被众多厂商选用。在技术上，与前两种类型的液晶面板相比在技术性能上略为逊色，它不能表现出 16.7M 艳丽色彩，只能达到 16.7 M 色彩(6 bit 面板)但响应时间容易提高。可视角度也受到了一定的限制，可视角度不会超过 160°。现在市场上一般在 8 ms 响应时间以内的产品大多都采用的是 TN 液晶面板。

3. 亮度

亮度是指画面的明亮程度，单位是堪德拉每平米(cd/m^2)或称 nits。目前提高亮度的方法有两种，一种是提高 LCD 面板的光通过率；另一种就是增加背景灯光的亮度，即增加灯管数量。

亮度值越高，意味着可看到更加亮丽的画面、更清晰的图像。由于技术的原因，LCD 显示器的亮度很难达到 CRT 显示器的水平。需要注意的是，较亮的产品不见得就是较好的产品，显示器画面过亮常常会令人感觉不适，一方面容易引起视觉疲劳，同时也使纯黑与纯白的对比降低，影响色阶和灰阶的表现。其实亮度的均匀性也非常重要，但在液晶显示器产品规格说明书里通常不做标注。亮度均匀与否，和背光源与反光镜的数量与配置方式息息相关,品质较佳的显示器,画面亮度均匀,无明显的暗区。

4. 对比度

对比度是屏幕上同一点最亮时(白色)与最暗时(黑色)的亮度的比值,高的对比度意味着相对较高的亮度和呈现颜色的艳丽程度。

品质优异的LCD显示器面板和优秀的背光源亮度,两者合理配合就能获得色彩饱满、明亮清晰的画面。

与对比度容易混淆的一个名词是动态对比度,所谓动态对比度,指的是液晶显示器在某些特定情况下测得的对比度数值,例如逐一测试屏幕的每一个区域,将对比度最大的区域的对比度值,作为该产品的对比度参数。不同厂商对于动态对比度的测量方法可能也不尽相同,但其本质也万变不离其宗。动态对比度与真正的对比度是两个不同的概念,一般同一台液晶显示器的动态对比度是实际对比度的3～5倍。

5. 灰阶响应时间

说到灰阶响应时间,首先来看一下什么是灰阶。我们看到液晶屏幕上的每一个点,即一个像素,它都是由红、绿、蓝(RGB)3个子像素组成的,要实现画面色彩的变化,就必须对RGB 3个子像素分别做出不同的明暗度的控制,以"调配"出不同的色彩。这中间明暗度的层次越多,所能够呈现的画面效果也就越细腻。以8 bit的面板为例,它能表现出256个亮度层次(2的8次方),我们就称之为256灰阶。

由于液晶分子的转动,LCD屏幕上每个点由前一种色彩过渡到后一种色彩的变化,会有一个时间的过程,也就是我们通常所说的响应时间。因为每一个像素点不同灰阶之间的转换过程,是长短不一、错综复杂的,很难用一个客观的尺度来进行表示。因此,传统的关于液晶响应时间的定义,试图以液晶分子由全黑到全白之间的转换速度作为液晶面板的响应时间。由于液晶分子"由黑到白"与"由白到黑"的转换速度并不是完全一致的,为了能够尽量有意义地标示出液晶面板的反应速度,传统的响应时间的定义,基本以"黑—白—黑"全程响应时间作为标准。

但是当我们玩游戏或看电影时,屏幕内容不可能只是做最黑与最白之间的切换,而是五颜六色的多彩画面,或深浅不同的层次变化,这些都是在做灰阶间的转换。事实上,液晶分子转换速度及扭转角度由施加电压的大小来决定。从全黑到全白液晶分子面临最大的扭转角度,需施以较大的电压,此时液晶分子扭转速度较快。但涉及不同明暗的灰度切换,实现起来就困难了,并且日常在显示器上看到的所有图像,都是灰阶变化的结果,因此黑白响应的测量方式已经不能正确地表达出实际的意义,为此,灰阶响应时间的概念就顺应而出了。

6. 分辨率

分辨率是LCD液晶显示器和传统的CRT显示器的重要参数之一。传统CRT显示器所支持的分辨率较有弹性,而LCD的像素间距已经固定,所以支持的显示模式不像CRT那么多。LCD的最佳分辨率,也叫最大分辨率,在该分辨率下,液晶显示器才能显现最佳影像。

7. 色彩数

显示色彩就是屏幕上最多显示多少种颜色的总数。对屏幕上的每一个像素来说,256种颜色要用8位二进制数表示,即2的8次方,因此我们也把256色图形叫做8位图;如果每个像素的颜色用 16 位二进制数表示，我们就叫它 16 位图，它可以表达 2 的 16 次方即 65 536种颜色；还有 24 位彩色图，可以表达 16 777 216 种颜色。

2.7.2 显示器选购指导

在购买液晶显示之前，除了根据上面介绍的参数进行综合考虑外，还要注意以下几个问题。

1. 坏点问题

很多商家都有“无坏点”“无亮点”的承诺。什么是无坏点和无亮点呢？其实液晶面板上不可修复的物理像素点就是坏点，而坏点又分为亮点和暗点两种。亮点指屏幕显示黑色时仍然发光的像素点，暗点则指不显示颜色的像素点。由于它们的存在会影响到画面的显示效果，所以坏点越少就越好。消费者在挑选液晶显示器的时候，不要选择超过 3 个坏点且在屏幕中央的产品。同时也要注意“无亮点”和“无坏点”是不一样的，有些商家会以此来蒙蔽消费者，更有甚者，有些厂商还用特殊技术将坏点进行处理，消费者用肉眼很难察觉。不过，用户可以借助 Nokia Monitor Test 这个软件进行测试。除了“暗点”和“亮点”外，还有始终显示单一颜色的“色点”。消费者在挑选时最好将液晶显示器调整到全黑或者全白来进行鉴别。

2. 色彩还原能力

虽然大多数产品色彩数量都能达到了 16.2 M 或 16.7 M 的水平，但每台液晶显示器的色彩还原能力并不相同，因此，在购买时最好能看到实际显示效果。其他一些显示器的参数也是如此，比如可视角度、亮度、对比度等都需要现场查看，根据自己的日常使用习惯进行选择。

3. 认证标准

同 CRT 显示器一样，液晶显示器也同样具有认证标准。在 3C 认证已经成为计算机产品必须具备的“身份证”后，是否通过 TCO 认证对于显示器来说尤为重要。如果想购买一台更加健康环保的液晶显示器，通过了最新的 TCO’03 认证的产品则是最好的选择。为了有效避免显示器边框所产生的视觉差，只有白色和银色的液晶显示器才能通过 TCO’03 认证。而 TCO’99 认证应该是购买液晶显示器的最低标准。

4. 售后服务

显示器的质保时间是由厂商自行制定的，一般有 1～3 年的全免费质保服务。因此，消费者要了解详细的质保期限，毕竟显示器在计算机配件中属于特别重要的电子产品，一旦出现问题，对自己的使用造成极大影响。目前已经有越来越多的厂商开始了 3 年全免费质保承诺，这无疑给使用带来更大的保障，因此，消费者应尽量选择质保期长的产品。

2.8 机箱/电源的选购

相对于主板、CPU 和硬盘来说，机箱和电源已经不是我们选择的重点了，但是稳定性好的机器同样需要好的电源和机箱的支持。

2.8.1 机箱的选购

1. 机箱的分类

现在市场比较普遍的是 AT、ATX 和 Micro ATX 等 3 类。AT 机箱主要用于只能支持安装 AT 主板的早期机器中，现在已经很少使用了。ATX 机箱是目前最常见的机箱，支持现在绝大部分类型的主板。Micro ATX 机箱在 ATX 机箱的基础上发展而来，体积比 ATX 机箱更小，进一步节省了桌面空间。

从样式上分，机箱可分为立式和卧式两种。这两种样式各有利弊：立式机箱内部空间相对较大，而且由于热空气上升冷空气下降的原因，立式机箱的电源在上方，其散热较卧式机箱好，添加各种配件时也较为方便，但体积较大。卧式机箱无论是在散热还是易用性方面都不如立式机箱，但是它可以放在显示器下面，能够节省不少桌面空间，多被商用计算机所采用。

2. 机箱的选购要点

究竟选用什么样的机箱，一般从以下两个方面来考虑：

首先是计算机的用途。如果需要经常添加硬件设备，经常升级，就需要一个空间足够大、扩展性好、各种驱动器舱位尽量多的全高型机箱。另外，拆装方式也要尽量简便，例如一些免螺丝固定的机箱。如果你有多种 USB 外设，如数码相机、打印机、扫描仪等，那么有前置 USB 口的机箱则十分必要。此外，如果计算机需要长时间工作，一般应该买散热性能好的立式机箱，如图 1－29 所示。

图 1－29　立式机箱

其次是计算机放置的位置和空间。这是选购机箱时经常被忽略的。一般来说，体积大的机箱有利于升级或者散热，对于环境比较狭小的场所，省空间的卧式机箱可能是最合适的。

此外，还应该选择结实耐用、做工精良的机箱。好的机箱应该坚固，不容易变形，有些机箱在内部有横撑杠，能够大幅度增加机箱的抗变形能力。选购时还要检查机箱板材的边缘是否光滑，有无锐口、毛刺等。

2.8.2　电源的选购

目前市面上出售的电源基本上都是 ATX 电源，功率从 200 W～400 W 都有。选择电源时，原则上是功率越大越好，但另一方面，功率越大的电源搭配的电源风扇转速也应该越高，噪音也会随之增加。因此，电源的功率最好与你的配件供电需求匹配，略有盈余，保留升级潜力即可。图 1－30 所示为机箱电源。

图 1－30　计算机电源

1. 影响电源功率的配件

选购电源时需要留意的计算机配件主要有两种：

首先是 CPU，通常性能越强大的 CPU 耗电量越大。以 AMD 的 Athlon 系列最为突出，因此，如果配了 Athlon 系列的计算机，包括 Tunderbird、Athlonxp 还有 Duron 等，最好配备 300 W以上的电源。

其次是各种驱动器，主要包括硬盘驱动器、光盘驱动器以及软驱等。一般用户只安装一个硬盘和一个光驱，这时对电源没有特殊的要求，但是，如果安装了多个硬盘和多个光驱，这时就需要选择更大功率的电源了。

2. 电源功率的计算

如何计算电源功率，很多初学者都感到陌生。目前电源功率的计算普遍采用把标出的各路输出电压乘以对应的各路输出电流后再相加得出最后结果。作为电源上市销售合格标志的 3C 标志是电源质量的重要认证标志，一般印在电源铭牌的上方，是电源品质的一个重要认证，表示该产品不但通过了安全认证还通过了电磁兼容认证。例如某个 300 W 电源，可以看到规格表中各路输出的电压值和电流值，分别把它们相乘后相加来计算电源功率：

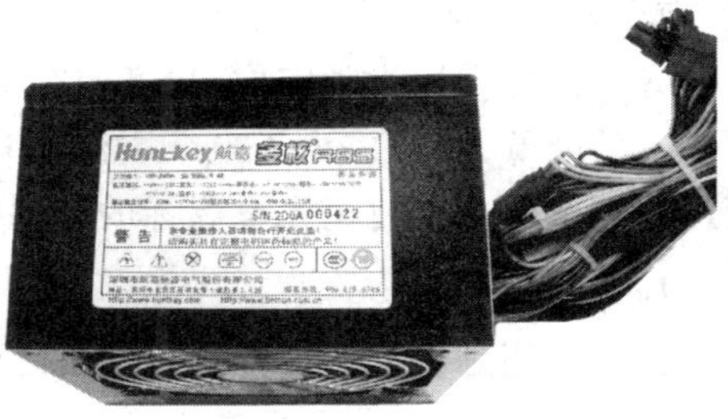

图 1－31　电源铭牌

$$(3.3\times20+5\times20+12\times10+5\times0.5+12\times0.5+5\times2)=304.5\ \mathrm{W}$$

从计算的结果我们可以看出产品的标称功率与计算得到的功率基本一致，如图 1－31 所示。

3. 电源的选购要点

下面是购买电源需要注意的一些事项：

(1)电源重量。电源的重量不能太轻，一般来说，电源功率越大，重量应该越重。尤其是一些通过安全标准的电源，会额外增加一些电路板零部件，以增进安全稳定度，重量自然会有所增加。在购买时，可以从散热孔看出电源的整体结构是否紧凑。

(2)电源外壳。计算机电源的外壳钢材标准厚度有两种：0.8 mm 和 0.6 mm，使用的材质也不相同，用硬币在外壳上刮几下，如果出现刮痕，说明钢材品质较差。

(3)线材和散热孔。电源所使用的线材粗细与它的耐用度有很大关系。较细的线材长时间使用，常常会因过热而烧毁。另外，一般电源外壳上都有散热孔，在计算机工作的过程中，除了通过电源内附的风扇散热外，散热孔也是加大空气对流的重要设施，因此散热孔不能太小。

(4)变压器。变压器是电源最关键的部件，变压器的好坏对电源性能影响最大，简单的判断方法是看变压器的大小。一般来说 250 W 电源的变压器线圈内径不应小于 28 mm，300 W的电源不得小于 33 mm。

此外，在选购时一定要注意电源是否通过国家的“CCC”认证，没有通过认证的电源在各个方面都没有保证，在选购时必须注意。

目前市场上的机箱电源品牌非常多，像世纪之星、金河田、大水牛、多彩、长城等是实力较强的厂商，其产品质量也比较有保证。

2.9 鼠标键盘的选购

鼠标和键盘是现代计算机用户不可缺少的输入设备，下面我们就来介绍与鼠标、键盘有关的一些知识。

2.9.1 鼠标的选购

按照结构来分，鼠标可以分为机械鼠标和光电鼠标。机械鼠标结构简单、成本低廉，但是机械鼠标定位的精确度要比光电鼠标差很多，并且机械鼠标使用时因机械运动而磨损较大，使用寿命一般较光电鼠标短。所以机械鼠标已经基本被淘汰。

光电鼠标采用光学定位，精度相对来说要高一些，再加上重量轻，不用定期清洁鼠标，随着成本的降低，已经成为了当今主流用户的选择。很多办公、家用计算机在使用光电鼠标。下面我们就来重点讨论光电鼠标的有关参数。

1. 接口类型

接口类型是指鼠标与计算机主机之间相连接的接口方式或类型。目前常见的鼠标接口有 PS/2 口、USB 口和无线连接等。

(1)PS/2 接口。PS/2 接口是目前最常见的鼠标接口，最初是 IBM 公司的专利，俗称“小口”。这是一种鼠标和键盘的专用接口，是一种 6 针的圆型接口。但鼠标只使用其中的 4 针传输数据和供电，其余 2 个为空脚。PS/2 接口的传输速率比 COM 接口稍快一些，而且是 ATX 主板的标准接口，是目前应用最为广泛的鼠标接口之一，但仍然不能使高档鼠标完全发挥其性能，而且不支持热插拔。在 BTX 主板规范中，这也是即将被淘汰掉的接口。

注意

在连接PS/2接口鼠标时不能错误地插入键盘的PS/2接口(当然,也不能把PS/2键盘插入鼠标PS/2接口)。一般情况下,符合PC99规范的主板,其鼠标的接口为绿色、键盘的接口为紫色。另外,也可以从PS/2接口的相对位置来判断:靠近主板PCB的是键盘接口,其上方的是鼠标接口。

---

(2)USB接口。USB是英文Universal Serial Bus的缩写,中文含义是"通用串行总线"。目前常见的USB接口按照版本可分为USB1.1及USB2.0,其最大数据传输率分别是12 Mbps和480 Mbps,是一种高速的通用接口。这是一种新型的鼠标接口,目前许多新的鼠标产品都采用了USB接口。与前两种接口相比,其优点是非常高的数据传输率,完全能够满足各种鼠标对刷新率和分辨率方面的要求,能够使各种中高档鼠标完全发挥其性能,而且支持热插拔。

提示

各种鼠标接口之间也能通过特定的转接头或转接线实现转换,例如USB转PS/2转接头等。

---

(3)无线连接。无线连接方式没有鼠标连线的束缚,可在离计算机主机较远距离的较大范围使用,特别适用于某些特殊场合。其缺点是价格相对较高,需要额外的电源,必须定期更换电池或充电,而且信号传输相对易受干扰。无线连接的具体方式可分为红外线、蓝牙和无线电等。

2. 按键数

按键数是指鼠标按键的数量。按键是鼠标最基本的功能键,对PC平台而言,至少要有两个按键,鼠标才能正常使用。而某些Apple MAC平台则采用单键鼠标。现在的按键数已经从两键、三键,发展到了四键甚至八键乃至更多键。按键数越多所能实现的附加功能和扩展功能也就越多,能自己定义的按键数量也就越多,对用户而言使用也就越方便。当然,一般来说按键数越多的鼠标自然价格也就越高。目前主流的鼠标是三键或者两键的。三键鼠标中间有个滚轮,除了可以用于浏览页面时的翻页外,还可以单独定义按键的功能。

3. 分辨率

鼠标的分辨率,是选择一款鼠标的主要依据之一。一款鼠标性能高低的决定性因素,就在于其鼠标内部的解码装置所能辨认的每英寸长度内的点数,也就是一般人们所说的分辨率,单位是DPI或CPI。其意思是指鼠标移动中,每移动一英寸所能准确定位的最大信息数。

现在大多数鼠标采用了400CPI,高端鼠标采用了800CPI。400CPI意味着什么呢?就是说当鼠标每移动一英寸就可反馈400个不同的坐标,换句话说也就是采用400CPI的鼠标可以观察到你手部0.06 mm的微弱移动。说明CPI越大,光电鼠标就越灵敏。

而分辨率在使用过程中往往会在高精度的图像处理中得到良好的体现,哪怕是用户微弱的移动,高分辨率鼠标也可以将其反映在屏幕上。相反,过低分辨率的光电鼠标往往会在高屏幕分辨率下出现移动不顺滑的感觉,也会在图像处理软件中出现不能精确定位的问题。

4. 定位方式

发光二极管定位是大多数光电鼠标的定位方式，这是一种电眼的工作方式。在光电鼠标内部有一个发光二极管，通过该发光二极管发出的光线，照亮光电鼠标底部表面（这就是为什么鼠标底部总会发光的原因）。然后将光电鼠标底部表面反射回的一部分光线，经过一组光学透镜，传输到一个光感应器件（微成像器）内成像。这样，当光电鼠标移动时，其移动轨迹便会被记录为一组高速拍摄的连贯图像。最后利用光电鼠标内部的一块专用图像分析芯片（DSP，即数字微处理器）对移动轨迹上摄取的一系列图像进行分析处理，通过对这些图像上特征点位置的变化进行分析，来判断鼠标的移动方向和移动距离，从而完成光标的定位。

激光定位也是光电鼠标的一种定位方式，其特点是使用了激光来代替发光二极管发出的普通光。激光是电子受激发出的光，与普通光相比具有极高的单色性和直线性，目前用于定位的激光主要是不可见光。普通光在不同颜色表面上的反射率并不一致，这就导致光电鼠标在某些颜色表面上由于光线反射率低，出现 DSP 不能识别的"色盲"问题。此外，普通光在透明等物质表面无法使用，或者产生跳动。由于激光近乎单一的波长能够更好地识别表面情况，灵敏度大大提高，因此使用激光定位的鼠标可以有效解决这些问题。

2.9.2 键盘的选购

选购键盘时，应注意以下几个问题：

1. 注意按键手感

键盘的手感对于键盘性能非常重要，手感好的键盘可以使用户迅速而流畅地打字，并且在打字时不至于使手指、关节和手腕过于疲劳。

检测键盘手感非常简单，用适当的力量按下按键，感觉其弹性、回弹速度、声音几个方面。手感好的键盘应该弹性适中、回弹速度快而无阻碍、声音低、键位晃动幅度较小。

2. 注意生产工艺和质量

键盘的生产工艺和质量关系到键盘能否长时间稳定地工作。检查的时候，首先用手抚摸键盘的表面和边缘，然后观察按键上的字母和数字，看其是否清晰。此外，还要留意字母和数字是使用激光刻写的，还是使用油墨印刷的。

拥有较高生产工艺和质量的键盘表面和边缘平整、无毛刺，同时键盘表面不是普通的光滑面，而是经过研磨的表面。按键字母则是使用激光刻写上去的，非常清晰和耐磨。而普通印刷和激光刻写有很大区别，首先是印刷的字母会微微凸起，其次字母边缘会由于油墨的原因而有一些毛刺。

3. 注意使用的舒适度

键盘的使用舒适度也很重要，特别是对于那些需要长时间进行文字输入的用户来说，一个使用舒适的键盘是必不可少的。建议需要长时间打字的用户选用人体工程学键盘，人体工程学键盘虽然价格稍贵，但是可以让你的手指和手腕不会因为长时间弯曲而出现劳损。

4. 注意选择键盘接口

目前计算机键盘的接口主要有传统的 PS/2 和新的 USB 接口及无线接口，其中 USB 接口键盘的最大特点是安装方便，而无线接口的键盘则具有摆放随意的优点。不过这两种接口产品的共同缺点就是价格稍贵，因此，用户可以根据自己的实际情况进行选择。

2.10　声卡的选购

声卡是一块能够实现音频和数字信号相互转换的电路板，可以把来自光盘、磁带、传声器的载有原始声音信息的信号加以转换，传输到耳机、音箱、扩音机及录音机等音响设备，或者通过音乐设备数字接口（MIDI）使乐器发出美妙的声音。对于目前的计算机而言，声卡已成为其不可缺少的部件之一。如图1-32所示为声卡。

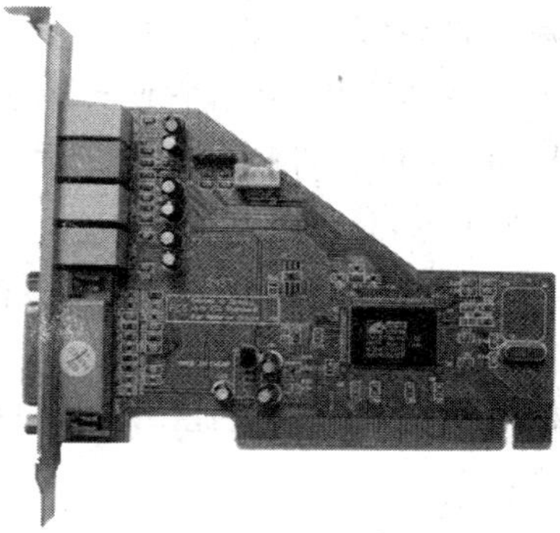

图1-32　声卡

2.10.1　声卡的参数

声卡的主要技术指标有以下几项：

1. 支持的声道数

声道数是指此声卡芯片支持输出的音响数量。目前声卡芯片有双声道、四声道、五声道以及六声道4种。多声道环绕规定了多个发音点，听众被包围在这些发音点中间。同时还增加一个低音音箱，以加强对低频信号的回放处理。声道数越多，声音的定位效果就越好，可以获得各种不同环境的听觉感受。

2. 采样精度

模拟声音信号是一系列连续的电压值，获取这些值的过程称为采样，这个过程是由模/数转换芯片完成的。采样精度决定了记录声音的动态范围，它以位（bit）为单位，比如8位、16位。8位可以把声波分成256级，16位可以把同样的声波分成65 536级的信号。位数越高，声音的保真度就越高。

3. 采样频率

采样频率指在模拟声音信号转换为数字声音信号时，每秒钟模拟声音信号（电流或电压）的采集次数。采样频率决定了模拟声音信号转换为数字声音信号的频谱宽度，即声音频率的保真度。声卡一般采用11 kHz、22 kHz和44 kHz的采样频率，频率越高，失真越小。在录音时，文件大小与采样精度、采样频率和单/双声道都是成正比的，如双声道是单声道的两倍，16位是8位的两倍，22 kHz是11 kHz的两倍。普通音乐的最低音为20 Hz，最高音为8 kHz，即音乐的频谱范围是8 kHz，对其进行数字化时采用16 kHz采样频率就可以了。CD音乐的采样频率被确定为44.1 kHz，这是PC机声卡的最高采样频率。

4. 采样位数

采样位数是指在模拟声音信号转换为数字声音信号的过程中，对慢幅度声音信号规定的量化数值的二进制位数。采样位数体现了声音强度的变化，即声音信号电压（或电流）的幅度变化。例如，规定最强音量化为“11111111”，零强度规定为“00000000”，则采样位数为8位，对声音强度即信号振幅的分辨率为256级。

5. 信噪比

信噪比（Signal to Noise Ratio，SNR）是指放大器的输出信号电压与同输出的噪声电压的比值。信噪比越大,声音回放的质量越高,否则相反。PCI 声卡一般拥有较高的信噪比,大多数可达 90 dB,有的甚至可达 120 dB。信噪比越高,输出的声音音色就越纯净。

6. MIDI

MIDI(Musical Instrument Digtal Interface,电子乐器数字化接口)是 MIDI 生产协会制定给所有 MIDI 乐器制造商的音色及打击乐器的排列表,总共包括 128 个标准音色和 81 个打击乐器排列。它是电子乐器(合成器、电子琴等)和制作设备(编辑机、计算机等)之间的通用数字音乐接口。在 MIDI 上传输的不是直接的音乐信号,而是乐曲元素的编码和控制字。声卡支持 MIDI 系统,它使计算机可以和数字乐器连接,可以接收电子乐器弹奏的乐曲,也可以将 MID 文件播放到电子乐器中以及进行乐曲创作等。

7. WAVE

WAVE 是指波形,即直接录制的声音,包括演奏的乐曲、语言、自然声等。在计算机中存放的 WAV 文件是记录着真实声音信息的文件,因此,对于存取大小相近的声音信息,这种格式的文件字节数比 MID 文件格式要大得多。大多数声卡都对声音信息进行了适当的压缩。

8. DLS 技术

DLS(Down Loadable Sample,可供下载的采样音色库)。音色库存放在磁盘中,在播放 MIDI 时调入系统内存之中,由声卡中的音频处理芯片进行合成并回放,这样就免去了 ISA 声卡所要配备的音色库内存,而且大大降低了播放 MIDI 时的 CPU 占用率。这种音色库可以使用户随时进行更新,并可通过软件进行编辑。

9. 半/全双工

双工特性表示能在同一条线路上实现双向信号传输。当同一时刻只能向一个方向传输数据时,就称为半双工;如果可以同时收发信息就称为全双工。

10. AC'97

AC'97 是 Intel 公司在 1996 年制定的多媒体音效标准,主板厂商为了节约成本,把声卡中最昂贵的主音频芯片去除,将它的任务交给系统 CPU 来完成,这样原来的硬件运算在 AC'97 上变成了软件模拟,AC'97 同时也成了"软声卡"的代名词。

11. 声音合成方式

声卡中的合成技术包括两种类型,即 FM 合成技术和波表合成技术。FM 合成技术是指声卡运用声音震荡的原理进行合成处理,用计算的方法把乐器的真实声音表现出来,它不需要很大的存储容量就能模拟出多种声音来,结构简单、成本低,但它的模仿能力很差。

早期的 ISA 声卡多采用 FM 合成来进行 MIDI 回放,现在这种合成技术在 PCI 声卡中很少见到。波表合成技术是将各种真实乐器所能发出的所有声音录制下来,存储在一个波表文件中。播放时,根据 MIDI 文件记录的乐曲信息向波表发出指令,从波表库逐一找出对应的声音信息,经过合成、加工后回放出来。一般来说,波表库的容量越大还原的音色就越好。现在的 PCI 声卡起码都可以提供 2 MB 以上的波表库,有的达到 8 MB。

2.10.2 选购声卡时的注意事项

(1)声卡类型。目前市场上的主板大多集成声卡,如果用户对声音要求不是很高,集成声卡是完全能够胜任的。但对专业用户来说，还是应以独立的 PCI 接口的声卡为首选。

(2)看做工。做工对声卡的性能影响很大，因为模拟信号对于干扰相当敏感。选购时要注意看清声卡上的芯片、电容的牌子和型号，对同类产品的性能指标要进行对比。

(3)按需要选购。现在声卡市场的产品很多，不同品牌的声卡在性能和价格上差异也很大，所以一定要在购买前考虑好自己的需求。一般来说，如果只是普通的应用，如听 CD、玩游戏等，选择一款普通的廉价声卡就可以满足；如果是用来玩大型的 3D 游戏，就一定要选购带 3D 音效功能的声卡。不过这类声卡也有高、中、低档之分，用户可以根据实际情况来选择。

(4)注意兼容性问题。声卡与其他配件发生冲突的现象较为常见，不只是非主流声卡，名牌大厂的声卡都有这种情况发生。另外，某些小厂商可能不具备独立开发声卡驱动程序的能力，或者在驱动程序更新上缓慢，又或者部分型号声卡已经停产，此时声卡的驱动成为一个大问题，随着 Windows 系统的升级，声卡很可能因缺少驱动程序而无法使用。所以在选购声卡之前应当首先了解自己的计算机配置，以尽可能避免不兼容情况的发生。

2.11　音响的选购

对于多媒体计算机而言，音箱是必不可少的，好的音箱配合声卡就能使计算机发出优美动听的声响。目前市场上的音箱种类繁多，品质各异。图 1－33 所示为音箱。

2.11.1　音箱的参数

图 1－33　音箱

音箱的性能参数包括以下几项：

(1)输出功率决定了音箱所能发出的最大声音强度。目前音箱功率的标注方式有两种，即额定功率和峰值功率。额定输出功率指功放在额定总谐波失真范围内，能持续输出的最大功率；而峰值功率则是指在瞬间能达到的最大值。

(2)灵敏度。灵敏度也是衡量音箱的一个重要性能技术指标。音箱的灵敏度是指在经音箱输入端输入 1 W 的 1 kHz 信号时，在距音箱喇叭平面垂直中轴前方 1 m 的地方所测试的声压级。灵敏度的单位为 dB(分贝)。音箱的灵敏度越高则对放大器的功率需求越小。普通音箱的灵敏度在 70～80 dB 范围内，高档音箱通常能达到 80～90 dB。普通用户选择灵敏度在 70～85 dB的音箱即可。

(3)频率范围。频率范围是指音箱最低有效回放频率与最高有效回放频率之间的差，单位是 Hz(赫兹)，人的听觉范围是 20～20 000 Hz。

(4)频率响应。频率响应是指将一个恒电压输出的音频信号与系统相连接时，音箱产生的声压和相位与频率的相关联系变化，单位是 dB(分贝)。分贝值越小则失真越小，性能越好。

(5)信噪比。信噪比是指放大器的输出信号电压与同时输出的噪声电压之比，它的计量单位为 dB。信噪比越大，则表示混在信号里的噪声越小，放音质量就越高；反之，放音质量就越差。多媒体音箱中，放大器的信噪比要求至少大于 70 dB、最好大于 80 dB。

(6)失真度。失真度可分为谐波失真、互调失真和瞬间失真。谐波失真度是指在声音回放时增加了原信号没有的高次谐波成分所导致的失真;互调失真是由声音音调变化而引起的失真;瞬间失真是因为扬声器有一定的惯性,盆体的震动无法跟上电信号瞬间变化的震动,出现了原信号和回放信号音色的差异。

(7)音箱材质。主流产品箱体材质一般分为塑料音箱和木质音箱。塑料材质容易加工,大批量生产中成本能压得很低,一般用在中低档产品中。其箱体单薄、无法克服谐振、音质较差。木质音箱降低了谐振所带来的音质损失。

2.11.2 音箱的选购

在选购音箱时应注意以下几个方面的问题:

1. 外观

选购音箱时应首先检查一下音箱的包装,查看是否有拆封、损坏的痕迹,然后打开包装箱,检查音箱及相关配件是否齐全。通过外观辨别真伪,假冒产品的做工粗糙,最明显的是箱体,假冒木质音箱大多数是用胶合板甚至纸板加工而成的。接下来就是看做工,查看箱体表面有没有气泡、凸起、脱落、边缘贴皮粗糙等缺陷,有无明显板缝接痕,箱体结合是否紧密整齐。

2. 根据实际需要选购

选择音箱时要查看功率放大器、声卡的阻抗是否和音箱匹配,否则得不到想要的效果或者将音箱烧毁,因此,在选购之前一定要清楚计算机的配置情况。另外,还应根据室内空间的大小分析适用多大功率的音箱,切不可盲目地追求大功率、高性能产品。

3. 试听

在实际选购时,应该以"耳听为实",先听一下静噪,俗称电流声,检查时拔下音频线,然后将音量调至最大,此时可以听见一些"刺刺"的电流声,声音越小越好,一般只要在 20 cm 外听不到此声即可。接下来,挑选一段自己熟悉的音乐细听音质,其标准是中音(人声)柔和醇美,低音深沉而不浑浊,高音亮丽而不刺耳,全音域平衡感要好,试听时最好选用正版交响乐 CD。最后是调节音量的变化,音量的变化应该是均匀的,旋转时不能有接触不良的"咔咔"声响。

实训 2 正确选购(销售)微型计算机的常用配件

实训目的

(1)全面了解计算机硬件的技术参数,并了解这些技术参数对实际使用时性能的影响。能够在给定的预算下配置出性能与价格比较高的计算机。

(2)全面了解计算机硬件的功能特色,特别是一些新技术的原理和优缺点。能够做到向用户正确推荐硬件。

实训设备与工具

计算机公司报价单若干份,计算机公司空白装机单一张。

实训内容和步骤

(1)资料收集。首先收集的资料是各种硬件产品的技术参数,这部分收集可以通过查询网络或到计算机市场收集广告传单获得。其次收集计算机公司报价单,尽可收集真实的计算机公司各类产品的报价单,如果无法做到也可以自己通过网络收集价格信息,然后制成报价单。报价单里包含的产品系列应尽量丰富,这样在模拟时就有更广泛的选择范围。另外,由于计算机配件市场价格变化很快,要尽量收集最近一两天的报价单。最后收集计算机公司空白装机单一张,装机单上一般写有组装计算机所需的主要配件,这样可以使装机谈单时不会有所疏漏。如收集不到空白装机单也可自制。

(2)一对一模拟。将学生分为人数相同的两部分,一部分模拟装机客户,一部分模拟销售人员。对模拟装机客户的同学要分配不同的装机预算,通过一对一讨论,完成一次模拟销售过程,并在装机单上填上所选配件的型号、价格并附上选择的理由。

(3)收集配置单讨论分析。由教师选出若干份比较有特点的装机单(配置比较合理的或配置有明显缺陷的),展示给学生共同讨论,总结其中搭配比较合理的部分和搭配不合理的部分。主要讨论的内容如下:

①配置:这是衡量计算机的重要指标之一,因为计算机的配置合理与否直接决定了计算机的性能高低。在讨论配置时重点观察有没有搭配不合理的现象,如CPU与主板的搭配,主板与内存的搭配等。

②兼容性:由于组装计算机要将许多不同厂家的产品放在一起实现,这些不同厂家的相互兼容问题也是配置的关键。

③整机性价比:观察装机预算分配是否合理,有没有实现整机性价比的最大化。

④升级扩展能力:观察组装好的计算机的在未来能否实现合理的升级。

实验总结

(1)完成实验报告。

(2)反思实训过程,认真总结学习经验和不足。

任务3　微机综合选购配置方案举例

配置兼容机是一件很有趣的事,每个人都可以根据自己的喜好将各类配件产品自由搭配。下面来介绍几套综合配置方案供大家参考。由于硬件价格变化很快,下表中的价格只是为了说明方便,没有其他价值。

1.办公用机方案

表1-7所示为一款办公用机配置方案。

表 1-7　办公用机配置表

配置	品牌型号	数量	价格
CPU	Intel 奔腾双核 E6500(盒)	1	￥500
主板	技嘉 GA-G41MT-D3	1	￥499
内存	金士顿 2 GB DDR3 1333	1	￥255
硬盘	WD 500 GB 7 200 转 16 MB(串口/RE3)	1	￥290
光驱	先锋 DWR-118CHV	1	￥160
液晶显示器	长城 L1970	1	￥799
机箱	航嘉 暗夜 H507	1	￥178
电源	航嘉 冷静王钻石 Win7 版	1	￥235
键鼠套装	戴尔 SK-8115+MOC5UO 键鼠套装	1	￥62

推荐理由:CPU 选择 Intel 奔腾双核 E6500(盒)是因为在办公用机中稳定因素是首要考虑的,而 Intel 平台向来以稳定著称,奔腾双核虽然技术较老且能耗偏大,但性能稳定技术成熟。这款 CPU 能够提供 3 G 的主频,1 066 MHz 的前端总线频率和 2 M 的二级缓存,在办公领域使用很合适。

选择的技嘉 GA-G41MT-D3 也是一款相对较老的主板,但技嘉作为一线主板品牌,主板用料充足,设计合理。并且此主板集成的声卡、网卡和显卡,足以满足办公中的各种多媒体和网络需求,是一款性价比很高的产品。主板上提供了 2 条 DDR3 内存插座并能支持双通道技术,现在只使用其中一条,用来安装 2 G 的 DDR3 内存,这样完全可以满足当前办公软件的需求。在以后的使用过程当中随着软件规模越来越大,可以再加一条 2 G 的 DDR3 内存构成双通道,这样对整机的性能一定会有很明显的提升。

办公用计算机对硬盘容量的要求一般不大,所以选择了主流的 500 G 硬盘。如果选择 320 G 硬盘虽然还可以省下 30～40 元,但意义不大。光驱选用刻录机是为了在办公过程中刻录光盘传送文件,如果没有这部分需要也可换成普通 DVD 光驱或干脆不要光驱。

长城 L1970 显示器虽然性能参数一般,但足以满足日常办公中的显示需要。3 年的质保时间是它的主要亮点,办公电脑的使用环境一般比家用电脑差一些,更长的质保期能省去很多麻烦。

航嘉暗夜 H507 机箱外观朴实大方,带弧度的圆角设计又不失灵动,作为办公电脑的使用还是很合适的。航嘉冷静王钻石 Win 7 版能够提供 300 W 的额定功率,能够满足这套方案的供电需要。

戴尔 SK-8115+MOC5UO 键鼠套装中的键盘虽然没有夸张的所谓的人体工程学外框,但设计合理,按键舒适。适合用在需要经常输入文档的办公领域。但套装中的鼠标表现一般,如果用户对鼠标有较高要求则需另外考虑。

2. 家庭用机方案

表 1-8 所示为一款家庭用机配置方案。

表 1-8　家庭用机配置表

配置	品牌型号	数量	价格
CPU	AMD 速龙Ⅱ X4 635	1	￥660
主板	微星 880GM－E41	1	￥599
内存	金士顿 2 GB DDR3 1333	2	￥510
硬盘	希捷 500 GB 7 200 转 16 M(串口/散)ST350	1	￥275
显卡	双敏 无极 2 HD5770 DDR5 白金版	1	￥899
光驱	建兴 iHAS324	1	￥158
液晶显示器	AOC iF23	1	￥1 320
机箱	金河田陶瓷(中国风系列)	1	￥200
电源	航嘉多核 DH6	1	￥360
鼠标	罗技 光电劲貂 USB	1	￥59
键盘	DELL SK－8115	1	￥50
音箱	漫步者 R201T06	1	￥230
散热器	九州风神 贝塔 400 plus	1	￥115

推荐理由:CPU 选择 AMD 速龙Ⅱ X4 635 是因其性能优异,价格也很公道,缺点是发热量有点大,所以为它搭配了一个九州风神贝塔 400 plus 散热器。微星 880GM－E41 主板,一线品牌稳定可靠,既能满足当前需要又有一定升级空间。4 G DDR3 双通道内存可有效消除内存上的瓶颈。500 G 硬盘与刻录机构成的外存系统可以适应各种家庭用户的需求。显卡选择了双敏的无极 2 HD5770 DDR5 白金版,首先是因其不俗的性能,其次是实惠的价格,并且功耗也不是很高。23 寸显示器为家庭用户欣赏高清电影提供了可靠支持。金河田陶瓷机箱高贵典雅,适合家庭用户。航嘉多核 DH6 额定功率 400 W,完全能满足该方案的供电需要。

3. 图形图像处理机方案

表 1-9 所示为一款用于图形图像处理的机器配置方案。

表 1-9　图形图像处理用机配置表

配置	品牌型号	数量	价格
CPU	Intel 酷睿 i7 930(盒)	1	￥1 950
主板	华硕 Rampage Ⅲ GENE	1	￥2 388
内存	金士顿 6 GB DDR3 2000(3 * 2 GB 套装)	1	￥1 899
硬盘	WD1TB 7 200 转 32 MB(串口 WD10EALS)	1	￥410
显卡	Quadro FX 1800	1	￥2 950
光驱	先锋 DVR－118CHV	1	￥160
显示器	三菱钻石珑	1	￥3 060
机箱	酷冷至尊 挑战者Ⅱ(RC－K302－KKN1)	1	￥349
电源	航嘉 X7 900	1	￥950
鼠标	罗技 G9X 鼠标	1	￥670
键盘	DELL SK－8185	1	￥80
音箱	漫步者 R201T06	1	￥230

推荐理由:由 Intel 酷睿 i7 930 CPU 与华硕 X58 主板构建基本工作站核心,三通道内存实现存储器与 CPU 之间无障碍数据传输。Quadro 专业作图显示芯片与三菱钻石珑显示器满足用户图形处理需要。罗技高分辨率鼠标完成输入功能。

实训 3　熟悉计算机配件销售工作岗位

1. 实训目的

(1)简单销售礼仪。

(2)熟悉配件分类、报价、性能参数指标。

(3)洞察客户需求。

2. 实训设备与工具

计算机公司空白装机单一张,计算机配件一套。

3. 实训内容和步骤

将学生分为人数相同的两部分,一部分模拟装机客户,一部分模拟销售人员,然后模拟完成以下装机过程:

(1)了解用户需求:首先,看客人的电脑水平如何、使用电脑目的、对电脑的要求。其次,根据客人水平回答。对比较精通计算机技术的用户,就给介绍各类部件,如 CPU 主板等,介绍它们的优点和缺点。不太精通的,根据他的目的和要求,直接告诉他这电脑可以干什么,对于他干什么事有什么帮助等。最后,注意几点:①诚实,菜鸟也可能变高手的,他周围也会有高手朋友,骗人一次,可能会失去很多客人。②你不是在为自己赚钱,而是在帮助客人,满足他的需要。从这里出发,你的心态可以决定你的态度,从而感染客人。感动一个客人,可能会带给你很多单子。③多问少说,切记不要打断别人说话。④客人也许是菜鸟,说些傻话,不可嘲笑他,也不需要纠正他,你要做的是把正确的灌输给他,而不是卖弄你的专业。

(2)确定配置:根据和客人商谈的结果,在配置单上写明配置。要求写清硬件的品牌型号等详细内容。

(3)商谈价格:对配置单上的项目逐项确定价格,最后确定总价以及赠品。

(4)调货、验货:根据配置单调取计算机配件,并指导用户验货。验货主要有三个方面:一是新旧检验,要看封包外观是否完整及内部配件是否齐全;二是外观检验,要求外观完整,无明显损坏;三是型号检查,看是否与配置单上所书写的型号相同。

(5)交由组装人员进行组装。

4. 实验总结

(1)完成实验报告。

(2)反思实训过程,认真总结学习经验和不足。

习　题

1. 什么是 CPU?

2. 什么是 CPU 主频、外频和倍频?它们之间是什么关系?

3. 什么是北桥芯片？它的主要作用什么？
4. 什么是双通道技术？
5. 什么是 DDR 内存？它有什么特点？
6. 内存频率是什么意思？
7. 什么是 SATA 接口？它有哪些优点？
8. 硬盘的单碟容量是越大越好还是越小越好？
9. 硬盘的平均寻道时间是由哪些因素决定的？
10. 什么是显卡？
11. 什么是显卡的渲染单元？
12. 液晶显示器的优势主要有哪些？
13. 显示器的尺寸是如何定义的？
14. 鼠标的分辨率是什么意思？
15. 什么是声卡的 AC’97 标准？

项目2 组装微型计算机硬件系统

任务1 熟悉组装前的准备工作及注意事项

1. 知识准备

(1)在动手组装计算机前,应先学习计算机的基本知识,包括计算机系统构成、硬件结构及工作原理,并熟悉和认知计算机各部分硬件,应做到先动脑后动手。

(2)熟悉装机流程,或者阅读相关计算机的装机说明书及相关材料。

装机流程没有什么固定的模式,视具体情况而定。原则上是方便操作,一般的操作流程是对机箱和电源进行安装,然后再对机箱内部的各器件进行安装。一般采用如下步骤:

①准备机箱,并打开。

②安装电源。

③在机箱外安装主板上的相关部件:在主板上安装CPU、CPU散热片和风扇。目前市场上主板提供的CPU插座分别为Socket和Slot两种类型。现在常见的是Socket类型的CPU。在主板上安装内存条。

④在机箱内安装各相关部件:安装硬盘、光驱、主板、各种板卡(一般包括声卡、显卡、网卡等)等。

⑤连线:包括机箱内部连线和外部连线。内部如电源线、数据线、及各种跳线等;外部如显示器、键盘、鼠标的连接等。

⑥检查、整理。检查各器件及连线是否安装正确,接触是否良好,特别是各连线的方向,并对机箱内部进行清理和优化,使其简洁、美观。

⑦通电热检。

2. 工具准备

工欲善其事,必先利其器。工具的准备很重要,这里只列举用于微机组装与维护所必需的一些常用工具。准备的工具越多、越全,越好。

1)螺丝刀

一般中小号的十字、平口的螺丝刀是最常用的工具(如图2-1和图2-2所示),最好能备有三角和六角的螺丝刀。螺丝刀用于对装机的螺丝钉进行安装和拆卸。螺丝刀头最好带有弱磁性,使用起来比较方便,有利于螺丝安装。

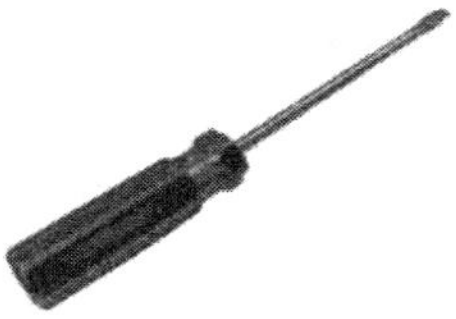

图 2-1 平口螺丝刀

图 2-2 十字口螺丝刀

2)尖嘴钳

尖嘴钳(如图 2-3 所示)主要用来拧一些比较紧的螺丝,折断一些材质较硬的机箱后面的挡板,也可以用来夹取一些细小的螺丝、螺帽、跳线帽等小零件;另外,当机箱不平整时可以用它将机箱夹平,如在机箱内固定主板时就可能用到尖嘴钳。

3)镊子

镊子(如图 2-4 所示)主要是在插拔主板或硬盘上某些比较狭小地方的跳线时用到。目前在计算机的主板、光驱和硬盘等设备上有许多跳线需要设置。由于跳线比较小,不方便用手拿,所以要用镊子来完成。另外,如果有螺丝不慎掉入机箱内部,也可以用镊子将螺丝取出来。

图 2-3 尖嘴钳

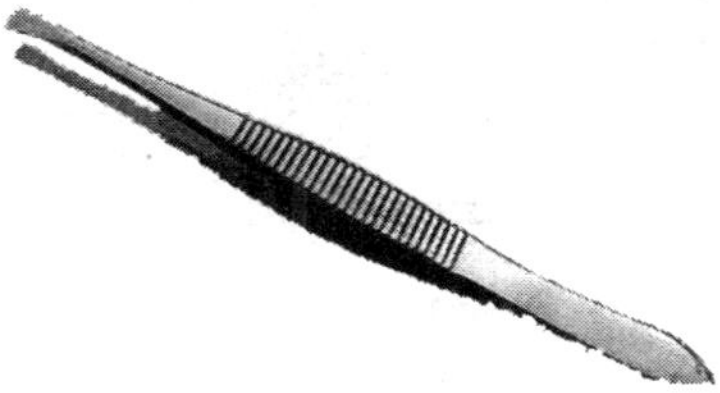

图 2-4 镊子

4)万用表

万用表(如图 2-5 所示)用来检测计算机配件的电阻、电压和电流是否正常,以及检查电路是否有问题。

5)主板诊断卡

主要用来测试主板器件是否正常,用来辅助检测判断硬件故障。

6)电烙铁

对于脱落和焊接不良的点进行焊接。

7)软毛刷、橡皮

用毛刷清理主板和接口板卡上装有元器件的小空隙处,可避免碰损元器件。橡皮用于清洁板卡金手指。

图 2-5 万用表

8)导热硅胶

导热硅胶(如图 2-6 所示)可以使散热片和 CPU

充分接触，保证其良好的散热。把导热硅胶涂在CPU的背面，不宜过多，只需黄豆粒大小即可。往往由于硅胶使用不当，会给计算机带来各种各样的故障。建议大家使用质量上乘的CPU专用导热硅胶。

9）防静电手套或者防静电腕带

防静电腕带（如图2-7所示）主要是为了避免产生静电，损坏设备。防静电手腕带是一种配戴于人体手腕上，泄放人体聚积静电电荷的器件。它分为有线型和无线型，有金属环和橡筋导电丝混编环。这款产品属于其中的防静电腕带有线型，用以泄放人体的静电。它由防静电松紧带、活动按扣、弹簧软线、保护电阻及夹头组成。防静电有线手腕带的原理是通过腕带及接地线将人体的静电导入大地。使用时腕带与皮肤接触，并确保接地线直接接地，这样才能发挥最大功效。

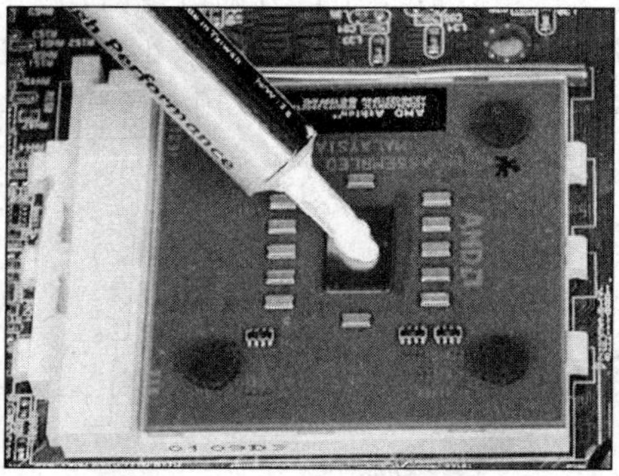

图2-6　导热硅胶

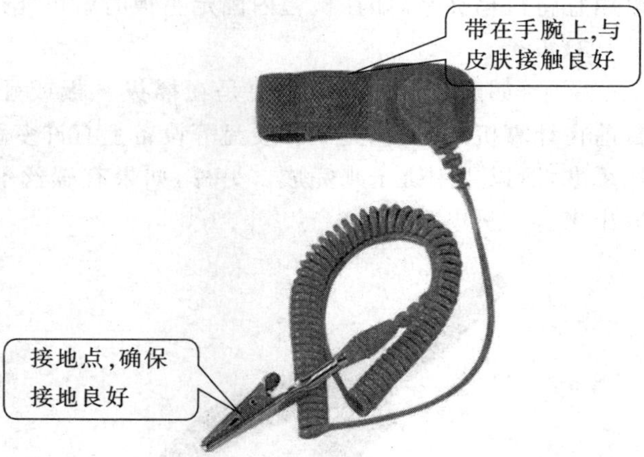

图2-7　防静电腕带

10）剪刀

剪刀（如图2-8所示）用来剪断产品的包装带、数据线残留的绑扎带等。剪刀的尺寸大小没有特殊要求，只要好用就行。

11）螺丝钉盒

在装机的过程中，用螺丝钉盒（如图2-9所示）把所有装机螺丝都装起来，使用起来也显得井然有序。

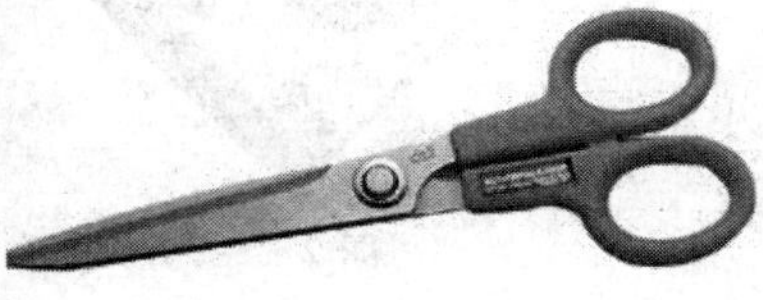

图7-8　剪刀

图2-9　螺丝钉盒

12)绑扎带

在装机完毕后,机箱内各种数据线、电源线都会显得很零乱,这时可以用绑扎带(如图 2-10所示)把它们扎好,使得机箱内部漂亮美观,并且有利于散热。

13)电源插座

在装机完毕后,某些整机设备需要通电测试。所以,一个好的多插口电源插座(如图 2-11 所示)是非常有必要的。

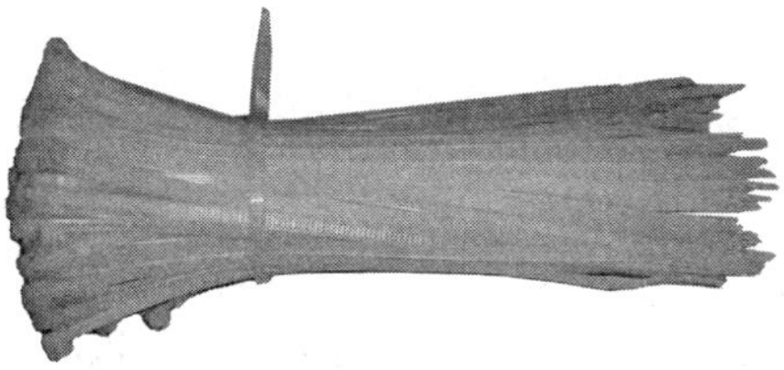

图 2-10　绑扎带

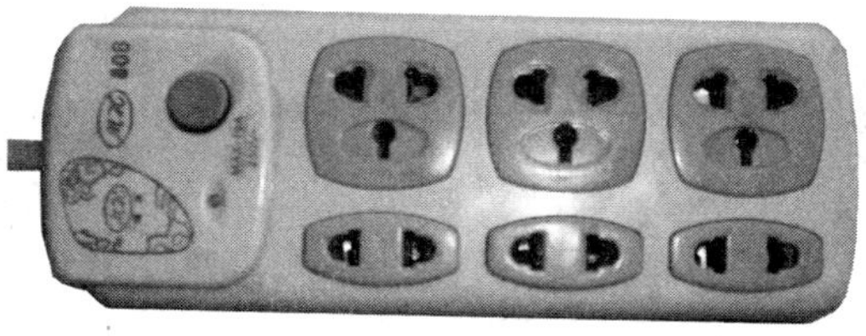

图 2-11　电源插座

14)清洁剂

用来清洗显示器屏幕上的污物。显示器屏幕太脏会影响用户查看计算机信息。

15)清洗盘

用来清洗光驱光头的光盘。光驱光头太脏会带来读盘能力下降等问题。

16)电路板泡棉胶垫

用来垫主板,主要起到防震、防滑、绝缘、防水的作用。

3. 注意事项

在装机的时候,要保证人和物的安全,所以在装机前务必要注意以下注意事项,避免不必要的麻烦与损失。

1)防静电

计算机的配件很容易损坏,人体所带的静电可能会对电脑配件造成一定的损坏,例如内部短路、损坏。在组装计算机之前,应该释放身上的静电。可通过洗手、用手触摸一下接地良好的导体、佩戴防静电腕带等方法,把人体自带的静电导出,再进行安装。

2)环境干燥

选择干燥、通风的环境安装计算机,保证计算机内部干燥。在安装计算机元器件时,严禁液体进入计算机内部的板卡。要保持双手干燥,避免手汗与器件接触或洗手后双手潮湿即进行操作,这样会很容易腐蚀元器件和造成短路,导致配件的损坏。

3)安装力度与方法

在组装计算机时,一定要防止用力过度,不要用蛮力,用力要平衡和均匀。因为计算机配件的许多接口都有防止反插的防呆口设计,如果安装不到位、方向不对,或者用力过大,都有可能造成配件的折断或变形。插接数据线时,要认清红线标识,对准插入,如果需要拔出时,要注意用力方向,切勿生拉硬扯,以免将接口插针拔弯,造成再次安装时的困难。

4)断电

在组装计算机的过程中,在未组装完毕前,不要连接电源。另外,在检查故障时,如需要做拔插操作也应该先断电，然后再操作，之后再通电检查。由于计算机的很多接口是不支持热插拔的，所以带电操作，很容易烧坏元器件。带电操作，人手也很容易与元器件接触，造成短路。

5）对配件应轻拿轻放

不要发生碰撞、挤压、扭折等。在拧螺丝时，不能拧得太紧，避免损坏。

6）组装结束后，一定要进行全面的检查

对机箱内部进行清理和整理，不要在机箱内部遗留下金属裸露物，如螺钉、螺帽、裸露金属线等，以免发生短路事故。

任务2　微机硬件组装过程

1. 安装电源

目前市场上机箱和电源一般是搭配出售的，也就是说，电源一般都已经装到机箱上了，不用再安装了。这里再简单介绍下机箱电源的安装方法。

具体操作

①确定好电源放入机箱的位置及方向，如图2－12所示。机箱上的螺丝孔是一一对应的，如果放入的方向不正确，就无法固定螺丝。

②按照确定的位置将电源装入机箱，使电源上的螺孔和机箱上的螺孔对齐，如图2－13所示。

图2－12　确定电源位置

图2－13　对准螺孔

③对准螺孔后把螺丝拧紧即可，如图2－14所示。

图2－14　拧紧螺丝

2. 安装CPU、散热器及内存条

1）CPU插槽

CPU需要通过某个接口与主板连接才能进行工作。目前CPU的接口以针脚式和触点式居多，对应到主板上就有相应的插槽类型。本文以Socket插槽为例，无论是触点式还是针脚式的CPU，安装的方法和步骤都大同小异。

Socket 插槽大都采用拉杆设计，如图 2－15 所示，把插槽拉杆拉起，就可以看到插槽了，如图 2－16 所示。

图 2－15　打开拉杆及盖子

图 2－16　Socket 插槽

2)CPU 的安装

具体操作

①在安装 CPU 时，要特别注意。大家要仔细观察 CPU 一角上的三角形标识要与主板上印有三角标识的那个角对齐，然后再把处理器放到位，使其触点完全接触良好，如图 2－17 所示。

②再把盖板和拉杆按照打开的反方向扣上，CPU 就安装完毕了。

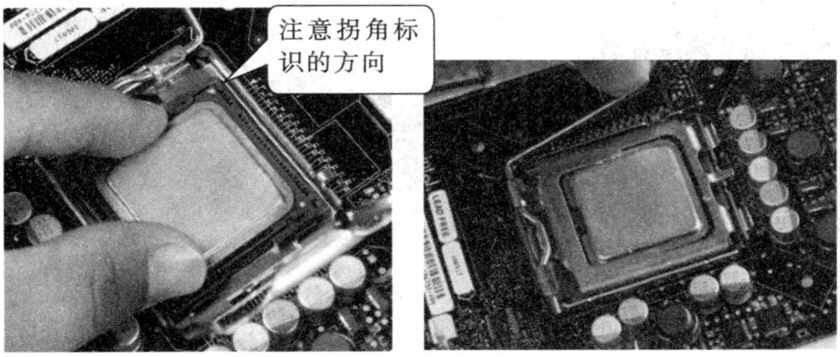

图 2－17　安装 CPU

3)安装散热器

由于 CPU 发热量较大，在安装好 CPU 后，还必须为其安装散热器。散热器一般包括风扇和散热片，根据不同的需要，可选择合适的散热器。如果散热器上没有散热硅胶，还必须使用散热硅胶。

具体操作

①在 CPU 固定后，在 CPU 的正中间位置上挤一滴硅胶，有黄豆粒那么大就可以了。

②把散热器与 CPU 相接的一面对好位置后，向下平压，散热硅胶就会均匀地散开。

③把散热器固定。为了保证效果，建议大家买好一点的硅胶产品。散热器的固定设计有很多，常见的有扣具设计和四角固定设计。早期的散热器的固定以扣具设计为主，卡子一端是固定端，另一端是活动端，在安装的时候先把固定端卡牢后，再把活动端卡上，如图 2－18 所示。本文用例是采用四角固定方式安装的散热器，如图 2－19 所示。

图 2－18　散热器卡扣

图 2－19　四角固定的散热器

④将散热器的四角对准主板相应的位置，然后用力压下四角固定装置即可，如图 2－20 所示。

⑤固定好散热器后，再将散热器风扇电源接口连接到主板的供电接口上或者电源供电接口上即可。如是主板供电，找到主板上安装风扇的电源接口（主板上的标识一般为 CPU_FAN），将风扇插头插好即可，如图 2－21 所示。

图 2－20　散热器固定

图 2－21　散热器电源的连接

注意

方向不要插反了，一般都有防呆口设计，安装时要注意观察。

4）内存条的安装

具体操作

①在主板上找到内存插槽，先用手将内存插槽两端的扣具打开，然后将内存平行放入内存插槽中，将内存的凹口对准内存插槽上的凸起部分，如图 2－22 所示。

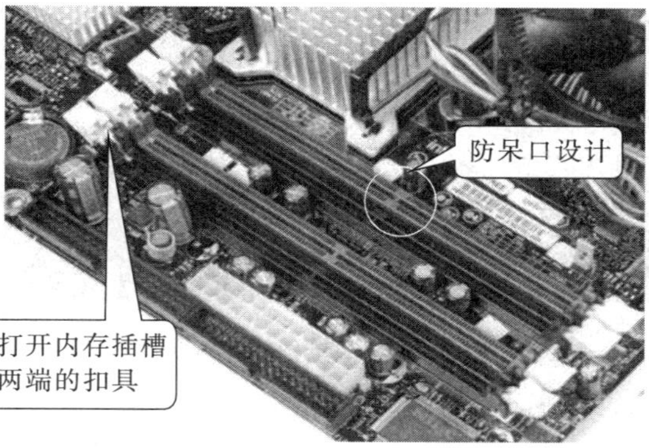

图 2-22 内存插槽

提示

内存插槽也使用了防呆口设计，反方向无法插入，大家在安装时可以对应一下内存与插槽上的缺口。

②用两拇指按住内存两端，平衡垂直向下用力，轻微向下压(切忌不要先按进去一端再按另一端)，听到"啪"的一声响后，两端同时进去，即说明内存安装到位，此时两边的卡扣会自动扣上，如图 2-23 所示。

图 2-23 内存条的安装

3. 安装硬盘及光驱

具体操作

①硬盘和光驱的安装比较简单，也非常相似。找到相应的托架，把硬盘和光驱放进去，再用螺钉把相对应于硬、光驱及支架上的螺钉孔对齐，拧紧固定即可，如图 2-24 所示。

②在安装硬盘的时候，要注意避免碰撞及摔打，以免损坏硬件。

4. 安装主板及可选插卡

1)主板的安装

①在安装主板之前，先将装机箱提供的主板垫脚螺母安放到机箱主板托架的对应位置，

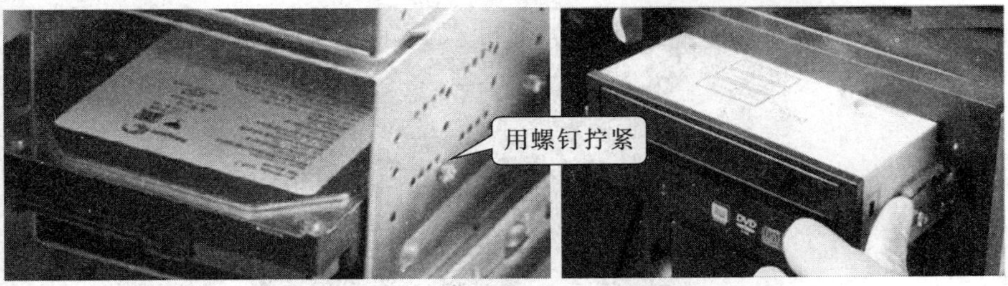

图 2-24　硬盘、光驱的安装

有些在购买机箱时就已经安装好了，如图 2-25 所示。

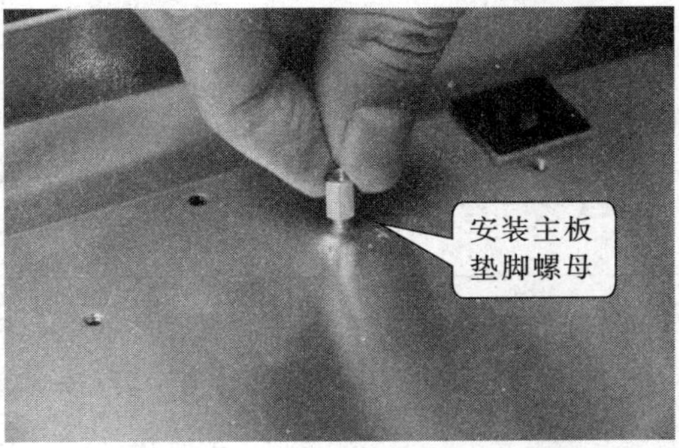

图 2-25　主板垫脚螺母

注意

主板上都有专门用于固定的小孔，称为固定孔或安装点。有些小孔边缘镀有金属，如图 2-26 所示，可使用金属螺丝固定，以便主板良好接地。有些小孔边缘没有镀金属，如图 2-27 所示，则不能用金属螺丝固定，需使用机箱中附带的塑料卡（软螺丝）固定，因为这些小孔周围的线路离孔比较近，用螺丝固定后，螺帽可能会压在线路上形成短路，轻则造成计算机工作不稳定或经常死机，重则加电后会烧毁主板。

图 2-26　金属边缘固定孔

图 2-27　无金属边缘固定孔

②用双手平托主板，将其放入机箱，如图 2－28 所示。

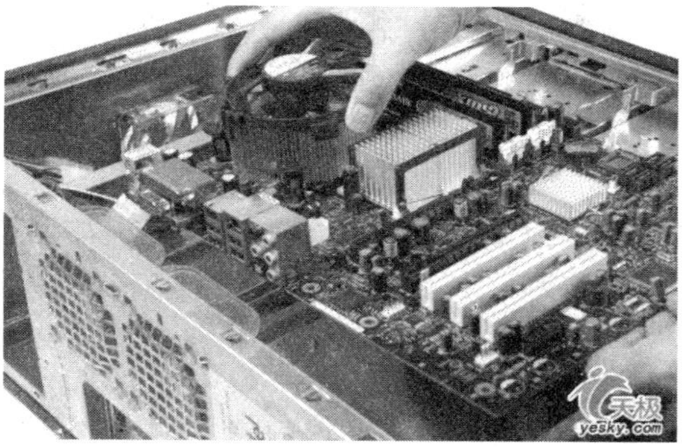

图 2－28　主板平放入机箱

注意

主板 I/O 位置与机箱相应位置的挡板对应，对准放入，如图 2－29 所示。

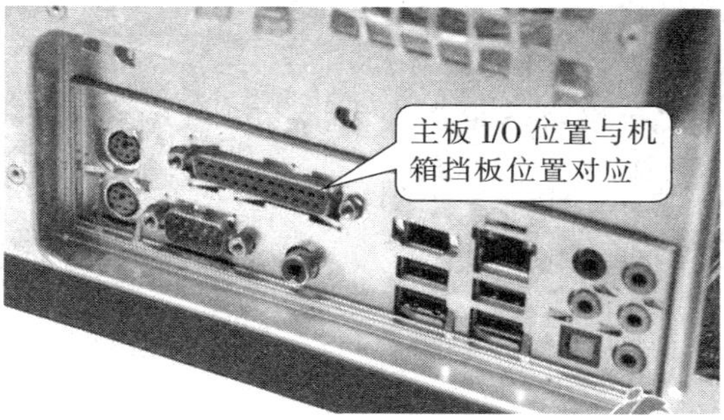

图 2－29　主板 I/O 安装位置

③把主板放好后，对齐主板的固定孔与机箱的固定孔对，拧紧螺丝即可，如图 2－30 所示。

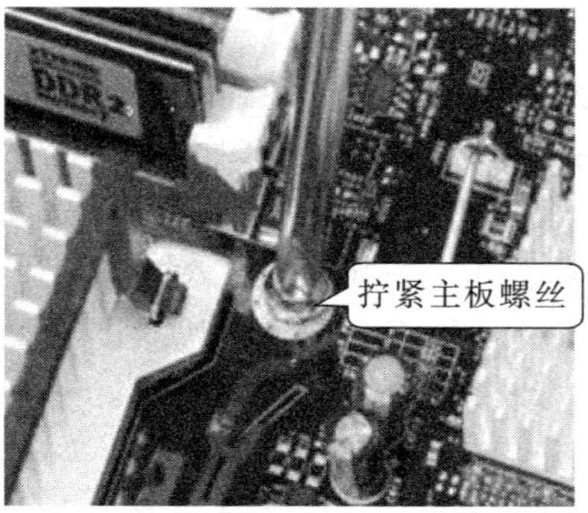

图 2－30　安装主板螺丝

注意

金属螺钉和塑料软螺钉不可用错。在装螺丝时，注意每颗螺丝不要一次性拧紧，等全部螺丝安装到位后，再将每粒螺丝拧紧，这样做的好处是随时可以对主板的位置进行调整。

2)安装可选卡

显卡、声卡和网卡等可选卡的安装比较简单，有很多主板都集成了这些功能卡，并提供了相应的I/O接口。显卡、声卡和网卡的安装与内存条的安装注意事项类似。

具体操作

①找到相应的主板插槽，把相应的卡片平放进去，两端垂直平衡用力，轻微按下，使其金手指与插槽接触良好，并插到底部。

②用卡具或螺钉固定即可。以显卡安装为例，把显卡插到相应的插槽中即可，如图2-31和图2-32所示。

图2-31 显卡的插入

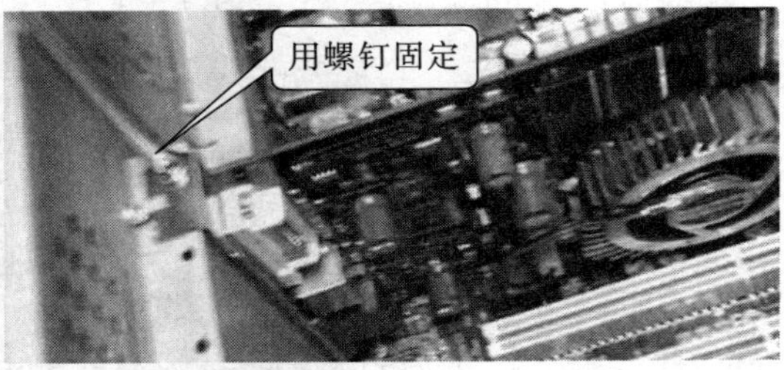

图2-32 显卡的固定

5. 机箱内部连线

机箱内的基本配件全部装好后，接下来就是把数据线及电源线接好。在做机箱内部连线时，特别要注意的是电源线和数据线接口的方向。不过大家不用担心，现在的硬件大多有防呆口设计，插反了是插不进去的，除非是人为盲目地破坏。

1)硬盘及光驱连接线

具体操作

硬盘和光驱的连线方法很类似，这里以硬盘连线为例说明。

①将数据线一端连接主板，另一端连接硬盘，如图2-33所示。

②把相应的电源线连接到硬盘电源接口上，如图2-34所示。SATA接口硬盘连线如图2-35所示，右边红色的为数据线，黑、黄、红交叉的是电源线，安装时将其按入即可。接口全部采用防呆式设计，反方向无法插入。硬盘跳线的设置如图2-36所示，以IDE接口的硬盘为例，对于连接单个硬盘，只需使用出厂默认值Master or single drive即可。对于单个光驱，只要使用出厂默认值Slave即可。但在实际工作中需改变硬盘或者光驱的跳线模式，(比如双硬盘的连接，或者连接多个设备时)就需要把相应的设备更改为相应正确的工作模式，否则将导致设备无法正常的工作。更改跳线模式时，可以使用镊子，把相应的跳线帽拔下或者改变位置。参照相应硬盘跳线设置指示说明图(如图2-37所示)注意一定要在断电

的情况下操作。

图 2-33　IDE 硬盘数据线的连接

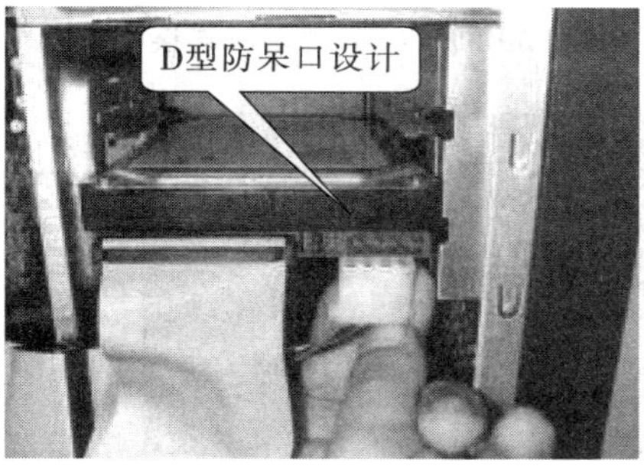

图 2-34　IDE 硬盘电源的连接

图 2-35　SATA 接口硬盘连线

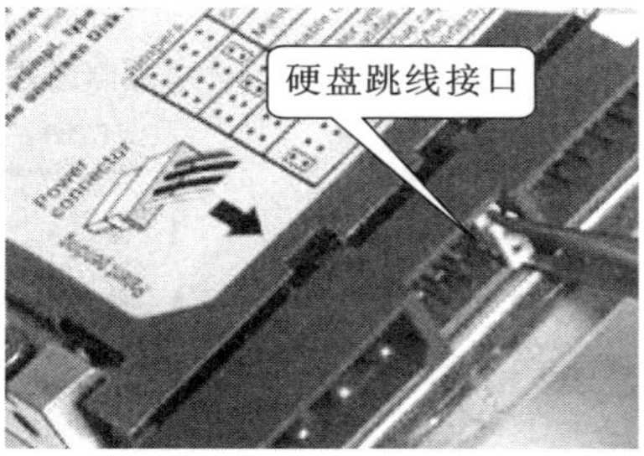

图 2-36　IDE 硬盘跳线接口

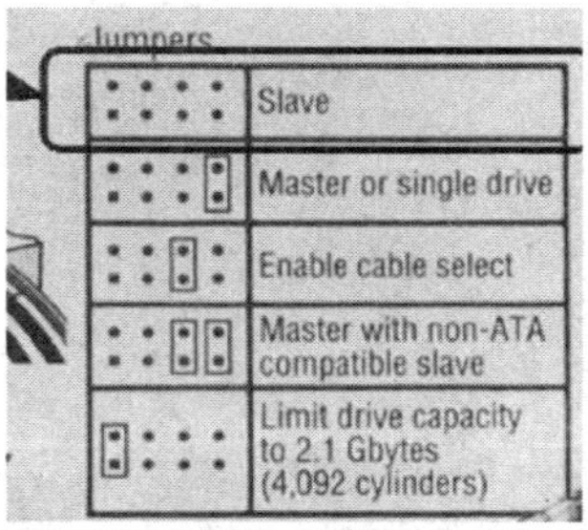

图 2-37　IDE 硬盘跳线设置指示图

2)主板电源及 CPU 电源的连接

具体操作

①主板供电电源接口,目前市场上主要有 24 针和 20 针的供电电源设计,以 24 针为主,如图 2-38 所示。

② CPU 供电接口,主要有 4 针的加强供电接口设计和 8 针设计,8 针设计(如图 2-39 所示)能为 CPU 提供更为稳定的电压。

3)机箱面板线的连接

在机箱面板内还有许多线头,它们是一些开关、指示灯和 PC 喇叭、USB 等的连线,如图

2-40 所示，需要接在主板上。这些信号线的连接最好要参看主板的说明书，上面都有详细的说明，并且要使线头上的标识和主板上的标识及位置相对应，如图 2-41 所示。

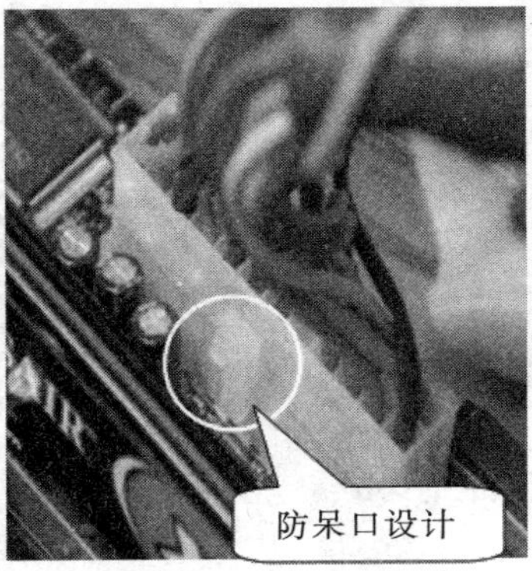

图 2-38　主板电源的连接

图 2-39　CPU 电源的连接

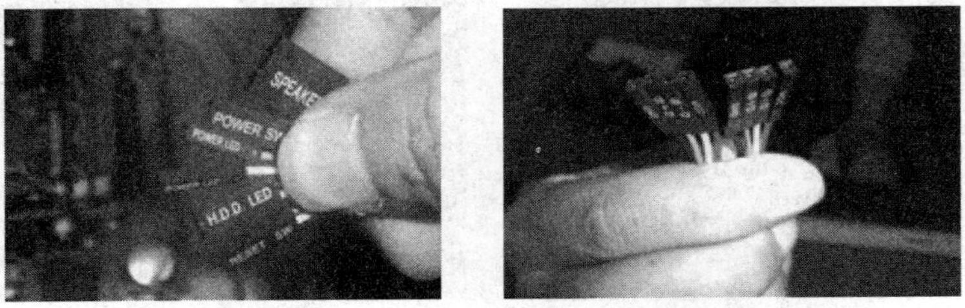

图 2-40　机箱面板线

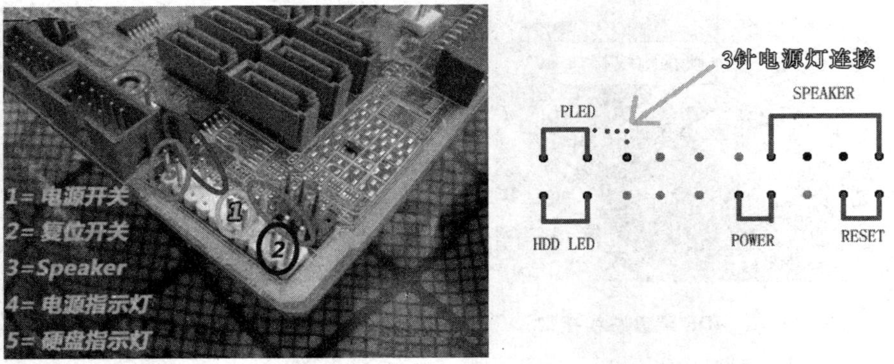

图 2-41　机箱面板线主板标识

提示：

在实际生活中，由于硬件生产厂商不同，可能会存在一些硬件不兼容的情况，给我们的工作带来了一定的麻烦。比如，会遇到线头上的标识和主板上的标识不相符。这就需要我们仔细阅读主板说明书和查阅相关材料，掌握一定的方法和技巧。如果实在拿不准，把关键的几根连线连好就可以了，千万不要盲目地连接，因为这其中有些线的连接是分方向的，如果插反了，会导致故障。

下面给大家简单介绍常见线头的标识及作用。

(1)电源开关:常见的标识有 PWR ON/OFF、PWR switch、PWR SW、S/B SW、PWR BT、PW2、p－sw 等,不同的厂家可能有不同的标识,找到后对应就可以了。插针的位置如果在主板上标记不清,最好参看主板说明书。

(2)复位按钮:RESET/ RESET SW。"Reset"按钮是一个开关,按下时产生短路,松开时又恢复开路,瞬间的短路就可以使计算机重新启动。偶尔会有这样的情况:当按下"Reset"按钮然后松开,如果按钮没有弹起来,一直保持着短路状态,这样计算机就会不停地重新启动。

(3)电源指示灯:PW LED,连接电源指示灯。电源指示灯的接线只有 1、3 位,1 线通常为绿色,在主板上接头通常标为"POWER LED"。连接时注意绿线对应第一针,当它连接好后,计算机一打开,电源指示灯就一直亮着,表示电源已经打开了。

(4)硬盘指示灯:HDD LED,连接硬盘指示灯。在主板上这样的接头通常标着"IDE LED"或"H. D. D LED"字样。硬盘指示灯为两芯接头,一线为红色,另一线为白色,一般红色(深颜色)表示正,白色表示负。在连接时要使红线对应在第一针上。

(5)扬声器:SPEAKER,连接 PC 喇叭。PC 喇叭的 4 芯接头,实际上只有 1 和 4 两根线,它主要接在主板的"SPEAKER"插针上,这在主板上有标记。在连接时注意红线对应"1"的位置,但该接头具有方向性,必须按照正负连接才可以。

(6)前置 USB(FR USB)。

①机箱前置 USB 接线的定义如图 2－42 所示:

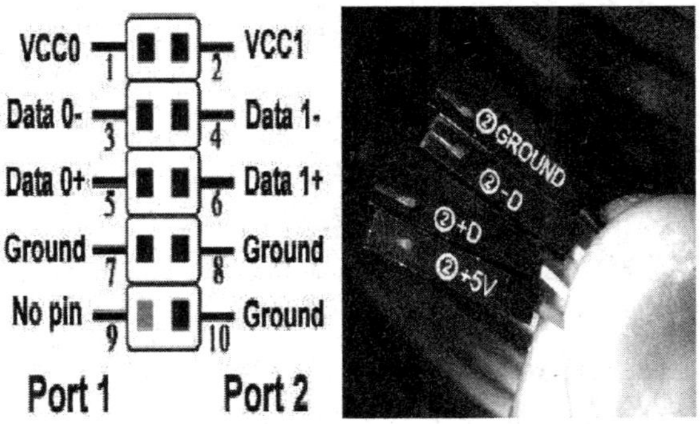

图 2－42　机箱 USB 线及主板针脚

- 红线:电源正极(标识为:＋5V 或 VCC)。
- 白线:负电压数据线(标识为:Data－或 USBPort－)。
- 绿线:正电压数据线(标识为:Data＋或 USB Port ＋)。
- 黑线:接地(GROUND 或 GND)。

②主板 USB 针脚的定义:

USB 连线只有 4 或者 5 条线连接到每个端口,接好一个 USB 接口只需要这 4 根线标着不同的符号。4 条线的定义:

- ＋5V:负责供应电流给 USB 设备。
- 两条 DATE 线:负责数据传输及交换。

● Ground:地线。

一部分的 USB 数据线会多出一条额外的地线,这是为了能更好地引导如何连接。

6. 机箱外部连线

具体操作

①主机安装完成以后,为了最后开机测试时方便地检查出问题的所在,此时可以盖上机箱盖,但不必拧紧螺丝。

②把键盘、鼠标、显示器等外设同主机连起来,要注意接口的类型和方向的区分。

③把显示器的电源连上,如图 2-43 所示。

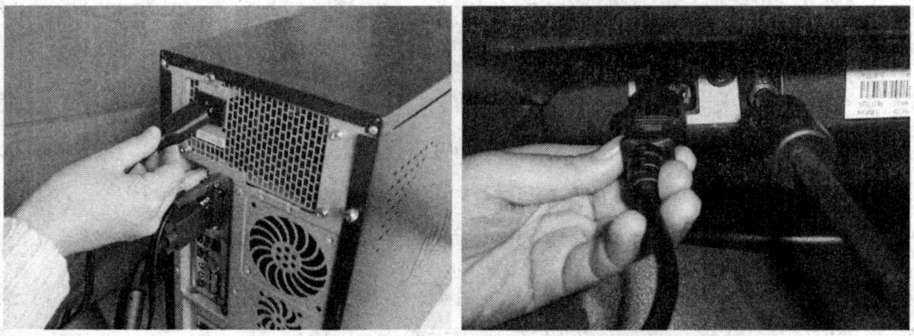

图 2-43 机箱外部连线

任务 3 组装后的检查与调试

1. 整理内部连线,清理内部杂物

机箱内部的空间并不宽敞,加之设备发热量都比较大,如果不整理内部连线,会影响空气流动与散热,同时容易发生连线松脱、接触不良或信号紊乱的现象。用绑扎带把电源线、数据线及信号线进行整理和绑扎,使其整洁。这样做不仅有利于散热,而且方便日后添加或拆卸硬件的工作。整理机箱的连线还可以提高系统的稳定性。另外,还要对机箱内部的一些杂物进行清理,仔细检查安装过程中所遗留下的杂物,比如:螺钉、螺帽、裸露导线、工具等,以免造成短路等故障。

2. 对硬件系统的安装进行全面检查

检查 CPU、风扇、电源是否接好;检查内存条及各种板卡的安装是否到位;检查所有的电源线、数据线和信号线是否已连接好,方向是否正确;检查各设备是否都与主机连接(如键盘、显示器的电源电缆和信号电缆等)无误,插头上的固定装置是否固定好,避免开机调试时因插头松动,接触不良而产生故障。

3. 对电源进行检查

将电源插座置于 OFF 状态,将电源线一头插入主机,另一头插入电源插座。确保市电电压是 220 V,如不能确定则要用万用电表测量。

4. 通电热检及故障排除

(1)将电源插座开关置于 ON,电源插座上的指示灯应亮或电压指示应在 220 V 处。

(2)打开显示器开关,如显示器电源电缆接在电源插座上,则显示器的电源指示灯就会亮,如接在主机电源上则不会有任何变化。

(3)将主机通电,机箱电源风扇应转动,面板上的电源指示灯应亮,否则关机检查主机电源电缆是否连接好。

(4)显示器电源指示灯应亮,否则关机检查显示器电源电缆是否连接好。

(5)观察显示器屏幕是否显示。如果能点亮,并听到"嘟"的一声,启动后,显示器开始显示开机画面,并且屏幕上显示自检信息,这表示计算机的硬件工作正常。

(6)如主机没有异常的响声而显示器不显示,则应关机检查显示器信号电缆是否连接好。

(7)如信号电缆连接可靠,显示器仍不显示(确保显示器是好的),则应关机检查安装的全过程,重点检查主板的跳线、CPU 的安装、内存条的安装、显示卡和其他适配卡的安装、软驱、硬盘及光驱信号电缆的连接。

(8)若显示器正常显示,则应检查主机箱面板上的各种指示灯是否正常,如电源指示灯(POWER LED)、硬盘灯(HDD LED)等,如指示灯不亮则要调整其连线插头与主板跳线连接的位置及方向。

(9)按下复位按钮,观察主机是否重新启动,否则检查复位按钮连接是否正确。

5. 组装计算机常见故障

故障 1　不能继续加电试机的故障

(1)开机后出现打火、冒烟、焦糊味。

(2)开机后硬盘或其他设备出现严重异常声响。

(3)机箱电源的散热风扇不转。

(4)显示器无任何显示。

故障 2　可以继续加电的故障

BIOS 自检响铃,可根据不同类型主板的响铃提示,进行逐步解决。如:Award BIOS 自检响铃含义:

(1)1 短:系统正常启动。恭喜,你的机器没有任何问题。

(2)2 短:常规错误,请进入 CMOS Setup,重新设置不正确的选项。

(3)1 长 1 短:RAM 或主板出错。换一条内存试试,若还是不行,只好更换主板。

(4)1 长 2 短:显示器或显示卡错误。

(5)1 长 3 短:键盘控制器错误。检查主板。

(6)1 长 9 短:主板 Flash RAM 或 EPROM 错误、BIOS 损坏。换块 Flash RAM 试试。

(7)不断地响(长声):内存条未插紧或损坏。重插内存条,若还是不行,只有更换一条内存。

(8)不停地响:电源、显示器未与显卡连接好。检查一下所有的插头。

(9)重复短响:电源有问题。

(10)无声音无显示:电源有问题。

实训4 正确组装一台微型计算机

实训目的

(1)掌握微型计算机的组装方法、技巧及注意事项。

(2)掌握微型计算机通电热检的方法及常见故障排除。

实训设备与工具

(1)每组一套螺丝刀、尖嘴钳、镊子、防静电手套、毛刷等工具和一个工作台、电源插座及器皿等。

(2)根据具体情况,任选一套或者多套微型计算机设备零配件。

实训内容与步骤

❶材料、工作环境及工具的准备。

❷熟悉并掌握装机流程及注意事项。

❸准备并打开机箱。

❹安装电源。注意电源在机箱中的位置及方向。

❺在机箱外安装主板上相关部件。掌握正确的安装方法,爱惜器材,避免由于操作不当导致的损失。同时掌握导热硅胶的正确使用方法:

(1)安装CPU:

①拉起CPU插座边的拉杆,使其呈90°。

②将CPU安装到主板上,安装时注意观察CPU与主板底座上的针脚接口相对应。

③稍用力压CPU的对角,使之安装到位,最后压下底座旁的拉杆,直到听到"咔"的一声轻响,表示安装完成。

(2)在CPU背面涂抹散热硅胶,如果买的是盒装CPU,原配的散热器已经涂好了硅胶,这一步可以省略。

(3)安装散热器:

①将CPU散热器对准主板相应的位置。

②安装卡具或者固定装置。

③连接CPU散热风扇电源。

(4)安装内存条:

①将需要安装内存的内存插槽两侧的塑胶夹脚(通常也称为"保险栓")往外侧扳动,使内存条能够插入。

②拿起内存条,然后将内存条引脚上的缺口对准内存插槽内凸起的位置。

③垂直地将内存条插到内存插槽,稍微用点力将内存压紧,用力必须平衡、垂直、均匀,直到内存插槽两侧的保险栓自动卡住内存条两侧的缺口,并保证内存条两端都插入到了底部。

❻在机箱内安装各相关部件。

❼连线。连线的时候一定要注意方向和方法,切不可想当然行事,否则会酿成严重的后

果。特别是机箱前置面板线是实训的重点，关键是掌握解决问题的方法，而不是死记硬背。

⑧检查、整理。完成组装后，要对机箱内部进行检查整理，做到优化空间，有利于散热和排除安全隐患。

⑨通电热检。通电之前一定要全面检查，确保安装牢靠、连接正确、接触良好。

实训总结

写出实训报告，记录组装计算机的过程并详细分析在实训中遇到的问题及解决方案。

习　题

1. 组装计算机前应该进行哪些准备工作?
2. 计算机组装的流程是什么? 应该注意些什么问题?
3. 为什么要先安装 CPU 和内存再安装主板?
4. 安装后的初检应该注意哪些问题?

项目3 BIOS 设置

任务1 了解 BIOS 相关知识

1. BIOS 的概念及主要功能

1)BIOS 的概念

BIOS(Basic Input/Output System)是计算机的基本输入输出系统,也是计算机中最基础、最重要的程序。该程序存放在主板的一个只读存储器(ROM)芯片(如图 3－1 所示)中,通常称之为 BIOS 芯片,又称为 ROM BIOS。

图 3－1 Phoenix、Award 和 AMI 公司的 BIOS 芯片

2)BIOS 的功能

BIOS 的主要功能包括三大方面:

(1)自检和初始化。开机自检程序是 BIOS 在开机后最先启动的程序,启动后 BIOS 将对计算机的全部硬件设备进行检测,这一过程称为开机自检。该过程一般包括对 CPU、系统主板、640 kB 的基本内存、1 MB 以上的扩展内存、系统 ROM BIOS 的测试,对 CMOS 存储器中系统配置的校验,初始化视频控制器,测试视频内存,检验视频信号和同步信号,对 CRT 接口进行测试,对键盘、软驱、硬盘及 CD－ROM 子系统的检查,对并行口(打印机)和串行口(RS232)进行检查。

在开机自检过程中,如果发现问题,BIOS 会做出判断和处理。通常情况下,BIOS 对检测出来的错误分两种情况进行处理:一种是在发现轻微故障时,以屏幕提示或声音报警等方式通知用户,并等待用户处理;另一种是在发现严重故障时自动停机,并给出大写字符的错误信息提示。

BIOS 在完成 POST 自检后启动磁盘引导扇区的引导程序,ROM BIOS 按照系统 CMOS 中设置的启动顺序信息,首先搜索软盘、硬盘驱动器、CD－ROM、网络服务器等有效的启动驱动器，将操作系统盘的引导扇区记录读入内存，然后将系统控制权交给引导记录，并由引导程序装入操作系统的核心程序，以完成系统平台的启动过程。

(2)程序服务。程序服务主要为应用程序和操作系统等软件服务。BIOS 直接与计算机的 I/O(Input/Output，输入/输出)设备打交道，通过特定的数据端口发出命令，传送或接收各种外部设备的数据。软件程序通过 BIOS 完成对硬件的操作，例如，将磁盘上的数据读取出来并将其传输到打印机或传真机上，或通过扫描仪将素材直接扫描、输入到计算机中。

(3)设置中断。设置中断也称硬件中断处理程序。在开机时，BIOS 就将各硬件设备的中断信号提交到 CPU，当用户发出使用某个设备的指令后，CPU 就会暂停当前的工作，并根据中断信号使用相应的软件完成中断的处理，然后返回原来的操作。从这个意义上说，中断是 CPU 与外设之间交换信息的一种方式。BIOS 是计算机系统中软件与硬件之间的一个可编程接口，完成计算机软件与硬件之间的沟通与衔接。操作系统对软盘、硬盘、光驱、键盘、显示器等外围设备的管理就建立在系统 BIOS 的中断功能基础上。

3. 开机自检响铃代码含义解析

我们在每次开机或重启时，BIOS 都负责对各种硬件进行检测和初始化设置。如果发现硬件不正常就会发出不同的声音提示，我们称之为自检响铃。根据不同的声音我们能了解计算机硬件的基本情况，下面列出常见 BIOS 的自检响铃表示的含义：

1)Award BIOS 自检响铃的含义

- 1 短：系统正常启动。表示机器没有任何问题。
- 2 短：常规错误，要求进入 CMOS Setup，重新设置不正确的选项。
- 1 长 1 短：RAM 或主板出错。换一根内存条试试，若还是不行，只好维修或更换主板。
- 1 长 2 短：显示器或显示卡错误。
- 1 长 3 短：键盘控制器错误，检查主板相关电路。
- 1 长 9 短：主板 Flash RAM 或 EPROM 错误、BIOS 损坏。更换一块 Flash RAM 试试。
- 不断地响(长声)：内存条未插紧或损坏。清理一下内存条的金手指再重插，若还是不行，必须更换内存。
- 不停地响：电源、显示器未与显卡连接好。检查一下相关插头。
- 重复短响：电源有问题。
- 无声音无显示：电源有问题。

2)AMI BIOS 自检响铃的含义

- 1 短：内存刷新失败。更换内存条。
- 2 短：内存 ECC 校验错误。在 CMOS Setup 中将内存关于 ECC 校验的选项设为 Disabled 就可以解决，不过最根本的解决办法还是更换一根内存条。
- 3 短：系统基本内存(第 1 个 64 kB)检查失败。换内存。
- 4 短：系统时钟出错。
- 5 短：中央处理器(CPU)错误。
- 6 短：键盘控制器错误。
- 7 短：系统实模式错误，不能切换到保护模式。
- 8 短：显示内存错误。显示内存有问题，更换显卡试试。
- 9 短：ROM BIOS 检验错误。

- 1 长 3 短：内存错误。内存损坏，更换即可。
- 1 长 8 短：显示测试错误。显示器数据线没插好或显卡没插牢。

3）Phoenix BIOS 开机自检响铃含义

- 1 短：系统启动正常。
- 1 短 1 短 1 短：系统加电自检初始化失败。
- 1 短 1 短 2 短：主板错误。
- 1 短 1 短 3 短：CMOS 损坏或者电池失效。
- 1 短 1 短 4 短：ROM BIOS 校验失败。
- 1 短 2 短 1 短：系统时钟错误。
- 1 短 2 短 2 短：DMA 初始化失败。
- 1 短 2 短 3 短：DMA 页寄存器错误。
- 1 短 3 短 1 短：RAM 刷新错误。
- 1 短 3 短 2 短：基本内存错误。
- 1 短 4 短 1 短：基本内存地址线错误。
- 1 短 4 短 2 短：基本内存校验错误。
- 1 短 4 短 3 短：EISA 时序器错误。
- 1 短 4 短 4 短：EISA NMI 口错误。
- 3 短 1 短 1 短：从 DMA 寄存器错误。
- 3 短 1 短 2 短：主 DMA 寄存器错误。
- 3 短 1 短 3 短：主中断处理寄存器错误。
- 3 短 1 短 4 短：从中断处理寄存器错误。
- 3 短 2 短 4 短：键盘控制器错误。
- 3 短 3 短 4 短：显示内存错误。
- 3 短 4 短 2 短：显示错误。
- 3 短 4 短 3 短：未发现显示只读存储器。
- 4 短 2 短 1 短：时钟错误。
- 4 短 2 短 2 短：关机错误。
- 4 短 2 短 3 短：A20 门错误。
- 4 短 2 短 4 短：保护模式下中断错误。
- 4 短 3 短 1 短：内存错误。
- 4 短 3 短 3 短：时钟 2 错误。
- 4 短 3 短 4 短：实时时钟错误。
- 4 短 4 短 1 短：串行口错误。
- 4 短 4 短 2 短：并行口错误。
- 4 短 4 短 3 短：数字协处理器错误。

4）兼容 BIOS

- 1 短：系统正常。
- 2 短：系统加电自检失败。
- 1 长：电源错误。如果同时屏幕无显示，则为显卡错误。

- 1 长 1 短：主板错误。
- 1 长 2 短：显卡错误。
- 1 短 1 短 1 短：电源错误。
- 3 长 1 短：键盘错误。

4. 常见主板 BIOS 出错信息的含义及解决方法

故障 1　CMOS battery failed——CMOS 电池失效。

解决方法：CMOS 电池已经快没电了，只要更换新的电池即可。

故障 2　CMOS check sum error－Defaults loaded ——CMOS 执行全部检查时发现错误，要载入系统预设值。

解决方法：一般来说出现这句话都是说电池快没电了，可以先换块电池试试，如果问题还是没有解决，那么说明 CMOS RAM 可能有问题，需要维修。

故障 3　Press ESC to skip memory test——正在进行内存检查，可按 ESC 键跳过。

解决方法：这是因为在 CMOS 内没有设定跳过存储器的第二～第四次测试，开机就会执行四次内存测试，可以按 ESC 键结束内存检查。不过每次都要这样太麻烦，可以进入 COMS 设置后选择 BIOS FEATURS SETUP，将其中的 Quick Power On Self Test 设为 Enabled，保存设置后重新启动即可。

故障 4　Keyboard error or no keyboard present——键盘错误或未连接键盘。

解决方法：检查一下键盘的连线是否松动或者损坏。

故障 5　Hard disk install failure——硬盘安装失败。

解决方法：这是因为硬盘的电源线或数据线可能未接好或者硬盘跳线设置不当。检查一下硬盘的各根连线是否插好，看看同一根数据线上的两个硬盘的跳线的设置是否一样，如果一样，只要将两个硬盘的跳线设置成不一样即可(一个设为 Master，另一个设为 Slave)。

故障 6　Secondary slave hard fail——检测从盘失败。

解决方法：可能是 CMOS 设置不当，比如说没有从盘但在 CMOS 里设为有从盘，就会出现这样的错误。可以进入 COMS 设置选择 IDE HDD AUTO DETECTION 进行硬盘自动侦测。也可能是硬盘的电源线、数据线未接好，或者硬盘跳线设置不当，解决方法参照故障 5。

故障 7　Floppy disk(s)fail——无法驱动软盘驱动器。

解决方法：系统提示找不到软驱，如果主机中没有安装软驱，进入 COMS 设置将软驱设置项设置成 NONE 即可，否则看看软驱的电源线和数据线有没有松动或者是接错，或者是把软驱放到另一台机子上试一试，如果这些都不行，那么只好更换软驱。

故障 8　Hard disk(s)diagnosis fail——执行硬盘诊断时发生错误。

解决方法：出现这个问题一般是硬盘本身出现故障了，可以把硬盘放到另一台机子上试一试，如果问题还是没有解决，只能去修硬盘了。

故障 9　Memory test fail ——内存检测失败。

解决方法：重新插拔一下内存条，看看是否能解决。出现这种问题一般是因为内存条互相不兼容，换一根再试试。

故障 10　Override enable－Defaults loaded——当前 CMOS 设定无法启动系统，载入 BIOS 中的预设值以便启动系统。

解决方法：一般是 COMS 内的设定出现错误了，只要进入 COMS 设置选择 LOAD

SETUP DEFAULTS,载入系统原来的设定值然后重新启动即可。

故障 11　Press TAB to show POST screen——按 TAB 键可以切换屏幕显示。

解决方法:有的 OEM 厂商会以自己设计的显示画面来取代 BIOS 预设的开机显示画面,可以按 TAB 键来显示 BIOS 预设的开机画面。

故障 12　Resuming from disk,Press TAB show POST——从硬盘恢复开机,按 TAB 显示开机自检画面。

解决方法:这是因为有的主板的 BIOS 提供了 Suspend to disk(将硬盘挂起)的功能,如果我们用 Suspend to disk 的方式来关机,那么在下次开机时就会显示此提示消息。

故障 13　Hareware Monitor found an error,enter POWER MANAGEMENT SETUP for details,Press F1 to continue,DEL to enter SETUP ——监视功能发现错误,进入 POWER MANAGEMENT SETUP 察看详细资料,按 F1 键继续开机程序,按 DEL 键进入 COMS 设置。

解决方法:有的主板具备硬件监视功能,可以设定主板与 CPU 的温度监视、电压调整器的电压输出准位监视和对各个风扇转速的监视。当上述监视功能在开机时发觉有异常情况,便会出现上述这段提示,这时可以进入 COMS 设置选择 POWER MANAGEMENT SETUP,在右面的 * * Fan Monitor * *、* * Thermal Monitor * * 和 * * Voltage Monitor * * 等选项查看是哪部分发生了异常,然后再有针对性地加以解决。

2. BIOS 的种类

常见的用于设置 CMOS 的 BIOS 芯片都来自 AMI、Award 和 Phoenix 等三大厂商,还有一些兼容厂商。由于不同厂家各自都有不同版本,所以实际应用中界面各不相同,但基本功能相似,所需的设置项目也差不多,不同的是增减一些项目或改变一下名称。如上图 3-1 所示,在 BIOS 芯片上都能看到厂商的标记,易于识别。实际应用中 AMI BIOS 常见于国外品牌的电脑中,而 Phoenix BIOS 一般用于笔记本电脑,台式电脑的主板 BIOS 主要是 Award BIOS。

3. BIOS 与 CMOS 的区别与联系

BIOS 与 CMOS 是既有联系又有区别的两个概念,前者是用来配置计算机硬件的一组程序(中断指令系统),这些程序保存在主板上一块 EPROM 或 EEPROM 芯片中,称为 BIOS 芯片,有时简称为 BIOS。BIOS 包括系统的重要程序,以及设置系统参数的设置程序(BIOS Setup 程序)等。CMOS 则是计算机主板上的一块可读写的 RAM 芯片,用来保存当前系统的硬件配置及设置信息和用户对 BIOS 参数的设定,其内容可以通过程序进行读写。CMOS 芯片由系统电源和主板上的可充电电池供电,而且该种芯片的功耗非常低,即使系统断电,也可以由主板上的备用电池供电,能维持它保存的数据在几年内不丢失。

BIOS 是计算机系统中断控制指令系统只读存储器;CMOS 是计算机硬件系统的配置及设置可改写的存储器。BIOS 中的系统设置程序用来完成系统参数设置与修改;CMOS RAM 是系统参数设置后的存放场所,是设置的结果。它们都与系统设置有密切的关系,因而也就有了笼统的 BIOS 设置和 CMOS 设置的说法。准确地说法应该是"通过 BIOS 中的设置程序对系统参数进行设置与修改,并将这些数据保存到 CMOS 中"。因此,BIOS 与 CMOS 是两个不同的概念,要注意加以区别。

任务 2　CMOS 参数的设置过程详解

CMOS 参数的设置是通过 BIOS 芯片中的设置程序来进行的，下面以 AMI 当前流行的 BIOS 的一个版本为例重点介绍菜单项的名称及其各子项的设置方法。AMI BIOS 其中一款的设置程序的主界面包括 6 个主菜单项，分别是 Main、Advanced、Power、Boot、Tools 和 Exit。这是最基本的，主板厂商经常会根据需要自己添加一些主菜单项或子项来实现一些较为特殊的功能。

1. BIOS 设置程序的调用方法

BIOS 设置程序都是在计算机开机的最初几秒钟内按下键盘上的某(几)个键进入设置界面的，不同的主板及 BIOS 按键各不相同，一般在开机画面中都有提示(类似图 3－2 所示)，表 3－1 给出当前常见的几种进入方法。

表 3－1　常见 BIOS 进入方法

Award BIOS	按“Del”键
AMI BIOS	按“Del”或“ESC”键或按回车，等出来菜单时再按“F1”键
Phoenix BIOS	按“F2”键
Phoenix－Award BIOS	按“Del”键

2. AMI BIOS 设置程序详解

BIOS 设置中经常会提到 3 个单词：Disabled、Enabled 和 Auto，其中 Disabled 意思为“关闭，禁用”，反之 Enabled 意为“启用，开启”，而 Auto 则表示自动的意思，也就是让 BIOS 自己来控制。下面以华硕的 P5K/EPU 主板 BIOS 为例介绍 AMI BIOS 设置程序的用法。

1)“Main”菜单的设置

“Main”菜单如图 3－2 所示，显示的是一些系统基本信息，并可在其中修改一些很基本的项目，比如系统时间、界面语言、驱动器的选择等。

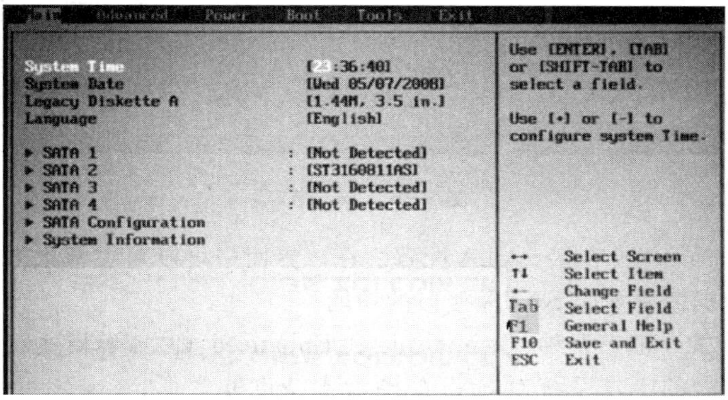

图 3－2　“Main”菜单

这个菜单中,实际上没有什么特别重要的资料,第一项是调节系统时间,第二项是调节系统日期,这两个操作在 Windows 中也能很方便地进行。

菜单里的第三行"Legacy diskette A"如图 3-3 所示,这个是配置软盘驱动器的一个选项。由于目前绝大多数用户装机时不需要软驱,所以这里要设置成 Disabled,关闭开机时对软驱的检测。对特殊用户如果安装了软驱,可以在这里选择软驱的类型,常见的是"1.44 M 3.5 in"这一项。

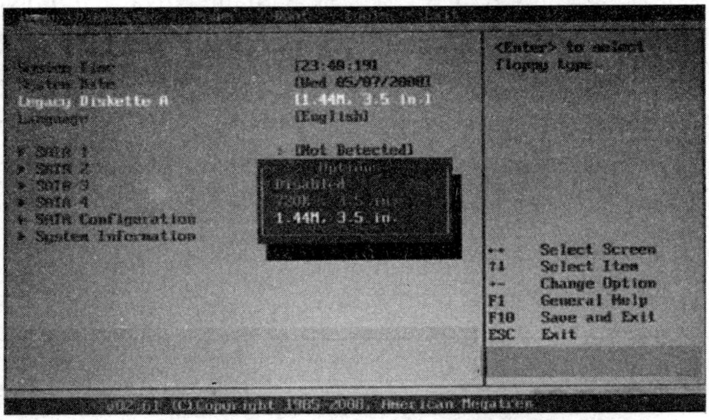

图 3-3 "Legacy diskette A"项

再往下的菜单中,有 4 个 SATA 配置,如图 3-4 所示,这实际上是直接关联主板上 SATA 接口的。一般来说,SATA 接口可以自动识别安装到此端口的设备,所以需要设置的时候非常少,当然不排除特殊情况。

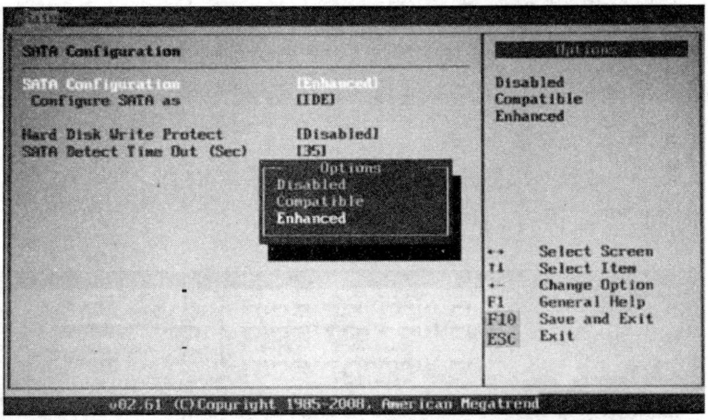

图 3-4 "SATA"项

SATA Configuration 表示 SATA 配置。在该界面中可以对主板上 SATA 的工作模式进行设置,也可根据需要关闭 SATA 接口的功能。

SATA 工作模式一般有两种: Compatible 和 Enhanced,即"兼容模式"和"增强模式"。一般来说,一些比较老的操作系统对 SATA 硬盘支持度非常低,在安装系统之前,一定要将 SATA 的模式设置成"Compatible"。Compatible 模式时 SATA 接口可以直接映射到 IDE

通道，也就是 SATA 硬盘被识别成 IDE 硬盘，如果此时计算机中还有 SATA 硬盘的话，就需要做相关的主从盘跳线设定了。在增强模式下，每个设备都拥有自己的 SATA 通道，不占用 IDE 通道，适合 Windows XP 以上的操作系统的安装。

下面一项如图 3-5 所示，是硬盘的写保护设定。这里设定的主要是防止 BIOS 对硬盘的写入，实际上就是防范多年前有名的 CIH 病毒。不过现在已经很少有 BIOS 病毒，所以硬盘写保护也没有什么用处，建议设置为 Disabled。

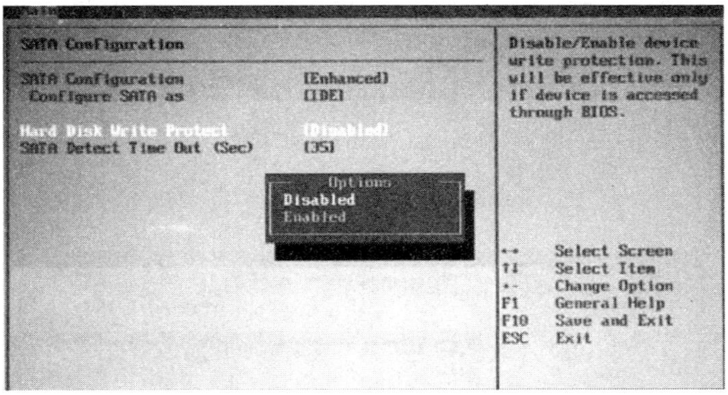

图 3-5　硬盘写保护设定

返回"Main"主菜单中，最后一个项目是"System information"，如图 3-6 所示。这个项目显示了当前计算机的一些基本配置。比如 BIOS 版本、CPU 型号、频率、线程数、内存容量等信息。

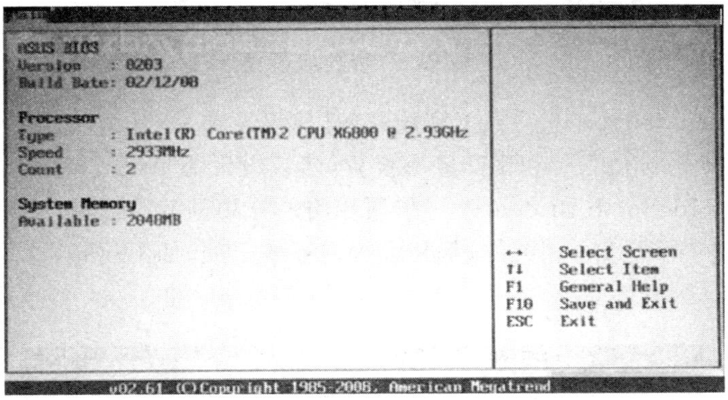

图 3-6　显示系统信息

2)"Advanced"菜单的设置

"Advanced"是 BIOS 设置中的高级设置选项，如图 3-7 所示。一般来说，设置 CPU 超频、内存、电压调节等选项都会在"Advanced"菜单下完成。

"Advanced"菜单中项目非常多，其中一些设置很少用到，这里主要针对菜单中的重点子项进行介绍。

(1)"JumperFree Configuration"（免跳线配置）。第一项是免跳线设置，进入"JumperFree Configuration"后，可以看到如图 3-8 所示的界面，内容繁多。下面一一介绍

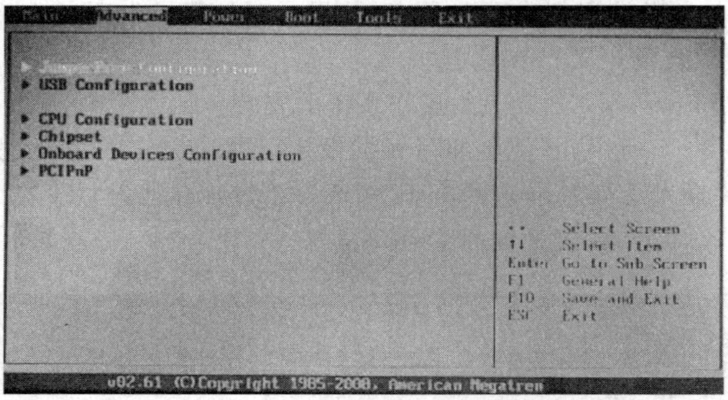

图 3-7 “Advanced”菜单

各子项的具体含义：

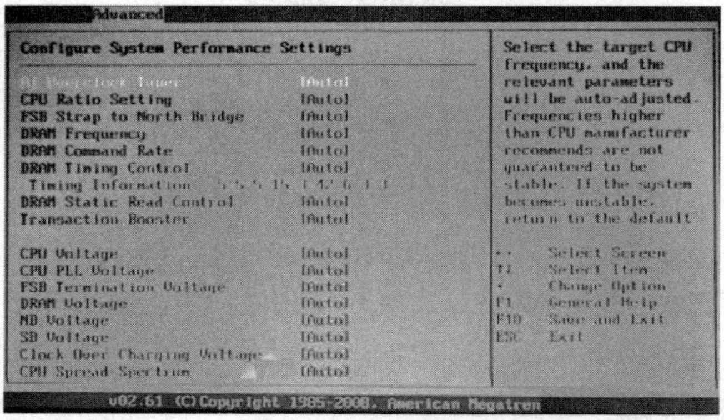

图 3-8 免跳线设置

- “Ai Overclock Tuner”——人工智能超频(建议设置为 Auto)。
- “CPU Ratio Setting”——CPU 频率设置(建议设置为 Auto,超频时需设定)。
- “FSP Strap to North Bridge”——华硕专用的分频调节(建议设置为 Auto)。

下面的几项是与 DRAM 相关的,都是设置内存的子项,如不超频,这几项建议都设置成 Auto 状态,如图 3-9 所示。

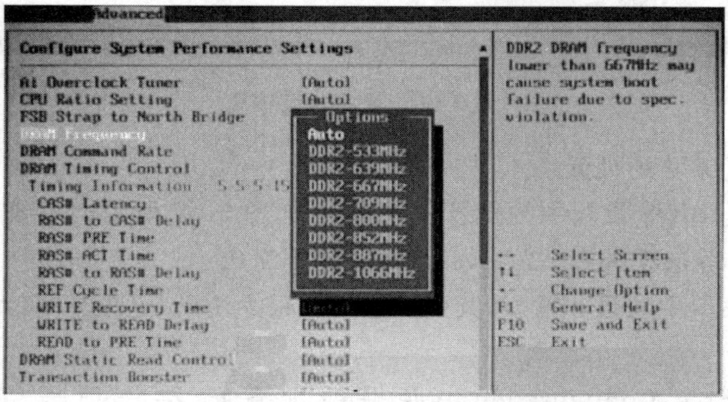

图 3-9 设置内存

再往下是调节 CPU、南北桥、内存等设备电压的子项，这些都是要在超频时才能用到，这里不做过多讲述，如遇到超频的场合请参考相关资料。

第二项“USB Conguration”里的内容如图 3－10 所示。

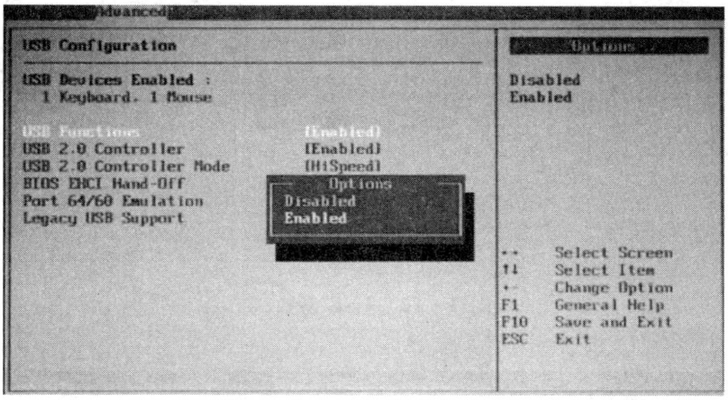

图 3－10　USB 设置(1)

(2)“USB Configuration”(USB 配置)。“USB Conguration”中的第一项“USB Functions”是配置是否开启 USB 功能的子项，对于普通用户来说，一般应该开启(Enabled)此功能。不过在网吧，为了方便管理，这里就应该选择“Disabled”了。

第二项是 USB 2.0 控制器设置，如图 3－11 所示。如果选择“Enabled”，USB 接口就会工作在 USB 2.0 的传输模式下；如果选择“Disabled”，就会被降级为 USB 1.1，速度会慢很多。

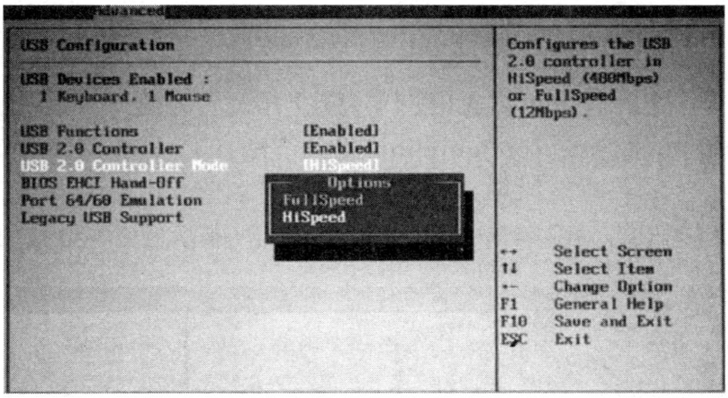

图 3－11　USB 设置(2)

下一个是 USB 2.0 控制器工作模式，有高速模式和全速模式两种选择，不过此项意义不大。

第四项和第五项如上图 3－12 所示，对于普通用户来说没有什么用处，保持默认值就可以了。第六项“Legacy USB Support”，意思是“传统 USB 设备支持”，这里一定不要设置成“Disabled”，否则连接的 USB 键盘可能会出现无法在 BIOS 和 DOS 中识别的情况。建议选择“Auto”，则在计算机连接有传统 USB 设备时会开启；反之则自动关闭。

(3)CPU Configuration(CPU 配置)。下面再次返回 BIOS 设置程序的“Advanced”菜单，选中第三项进入 CPU 设置子项，如图 3－13 所示。

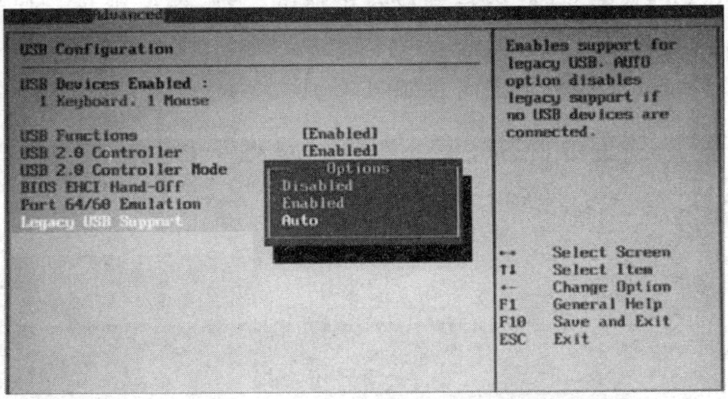

图 3-12　USB 设置(3)

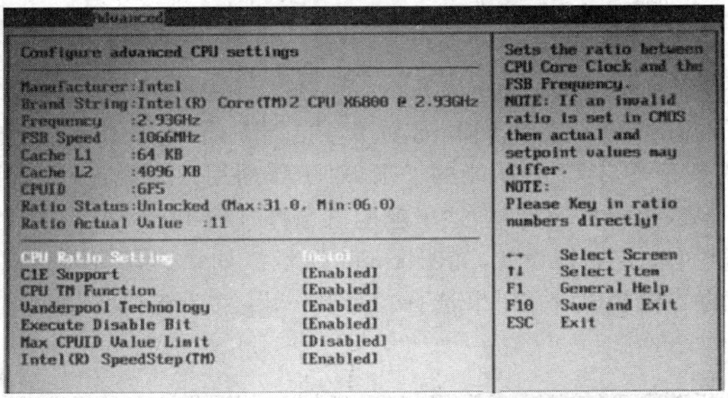

图 3-13　CPU 设置子项

CPU 设置页面中的内容对于普通用户来说,没有太大的用处。第一项是设置 CPU 频率的,这在上面的“JumperFree Configuration”里就已经有了,只有超频爱好者才能用得着。

最后一个选项是 Intel 有名的 SpeedStep 技术,如图 3-14 所示,如果开启此技术的话,可以实现 CPU 在空闲时自动降频,从而节省电能。强烈推荐笔记本电脑用户开启此选项。

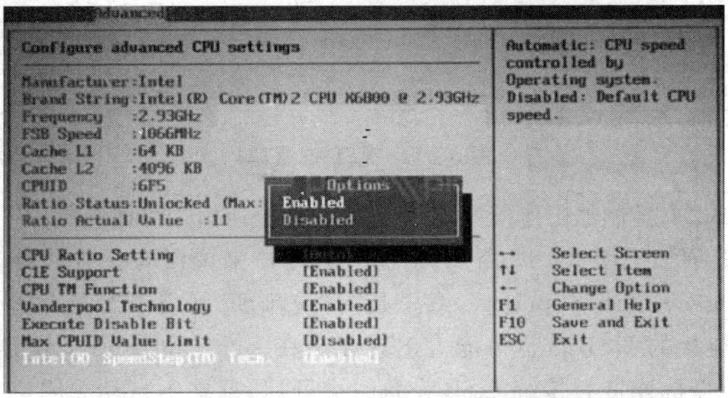

图 3-14　启用 SpeedStep 技术

(4) Chipset（芯片组）。由于北桥芯片的相关设置已经在“Advanced”菜单的“JumperFree Configuration”中介绍过，所以这里的 Chipset 主要介绍对南桥芯片的设置。对一般用户来说，经常设置的只有第二项“Initiate Graphic Adapter”，即从什么图形卡（显示卡）启动。也就是说，当计算机中有一块 PCI 显卡和一块 PCI－E 显卡同时存在时，到底让哪一块显卡工作来引导系统。一般来说，集成主板中这里的选项为 PCI－E 与 On board，也就是选择从独立显卡引导还是从集成显卡引导系统，如图 3 - 15 所示。

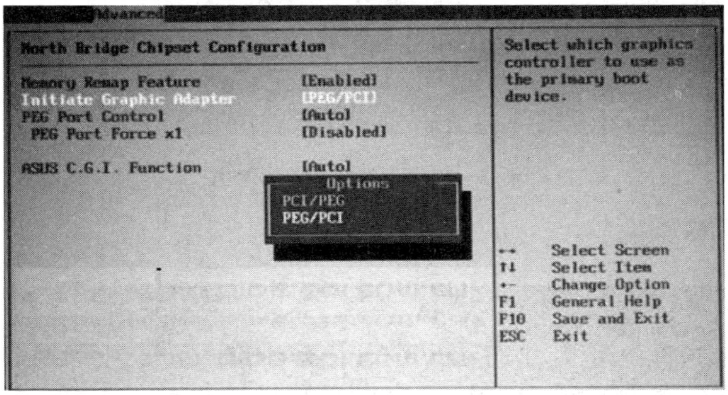

图 3 - 15　设置首选显卡

(5)Onboard Devices Configuration（板载设备配置）。在此子菜单里主要设置集成在主板上的设备，包括声卡、1394 控制器、网卡等设备。如果发现系统中声卡突然消失了，或者网卡消失了，那么就应该进入 BIOS 里看看相关子项是不是被屏蔽了。图 3 - 16 是正在调节高保真音频，如果机箱中没有独立声卡的话，就必须选择 Enabled。

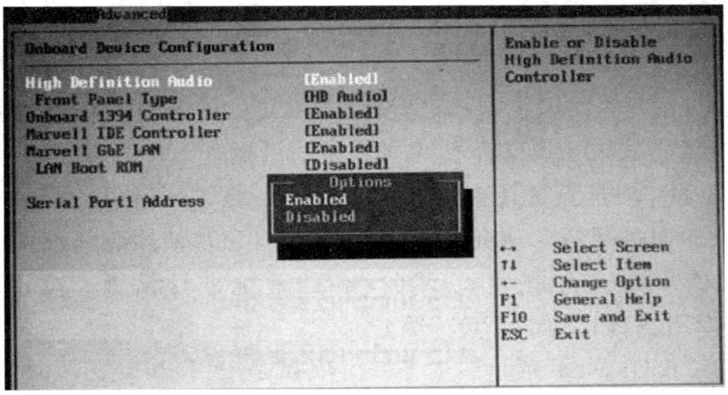

图 3 - 16　调节高保真音频

“Front Panel Type”子项是设置前置音频的类型，如图 3 - 17 所示，可以设置成 AC’97 或者是 HD Audio。如果没有 5.1 声道以上音响设备，建议设置成 AC’97，因为这样前后的音频才是独立的。如果选择“HD Audio”话，则前置音频只能作为 5.1 声道系统中的两个小音箱使用。

“Marvell IDE Controller”是 Marvell 公司提供的一颗 IDE 控制芯片，通过这颗芯片提供了一个 IDE 接口的支持。如果计算机没有连接 IDE 硬盘或光驱的话，可以将此项选择为

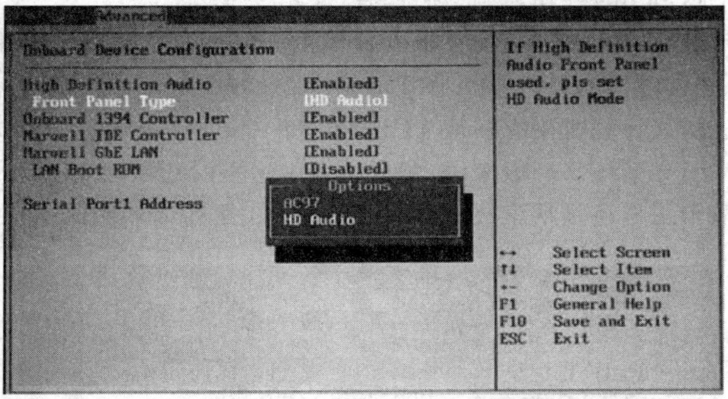

图 3－17　设置前置音频类型

Disabled，如图 3－18 所示。

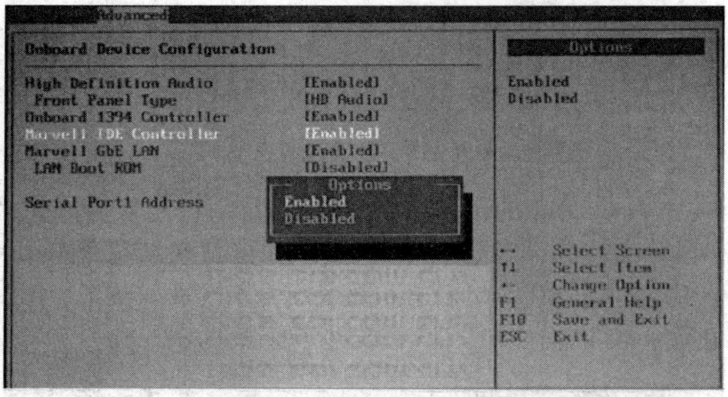

图 3－18　设置 IDE 控制芯片

下一项是 Marvell 千兆网卡控制器设置，除非系统中安装有性能更加强劲的独立网卡，否则此选项建议设置成 Enabled，表示使用主板集成的网卡。

“LAN Boot ROM”项是设置是否通过网络启动系统。开启(Enabled)表示通过网络寻找并启动系统。除非通过网络启动机器才设置为开启，正常使用时都设置成 Disabled。

“Serial Port1 Address”项是对串行端口 1 的地址进行设置。设置值有：“Disabled”“3F8/IRQ4”“3E8/IRQ4”和“2E8/IRQ3”等。

(6)PCI/PnP。“Advanced”菜单项中下一个项目是 PCI PnP 配置，如图 3－19 所示，主要是对硬件的中断请求等进行手动分配。设置稍有不当，就可能造成硬件无法运行，非高级用户建议不要尝试，保留默认值即可。

3)“Power”菜单的设置

“Power”项是关于电源的设置，如使用什么电源模式、高级电源管理、键盘/鼠标开机、网络开机等选项设置。

下面来看“Power”菜单中的各子项目，如图 3－20 所示。

“Power”菜单里第一项是挂起模式，对于 PC 机来说，建议选择“S3 only”或者“Auto”，而对于 POS 机来说，则建议选择 S1。

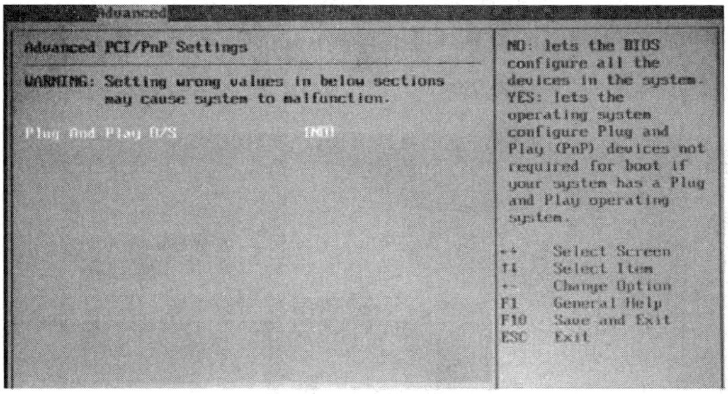

图 3－19　设置 PCI PnP 选项

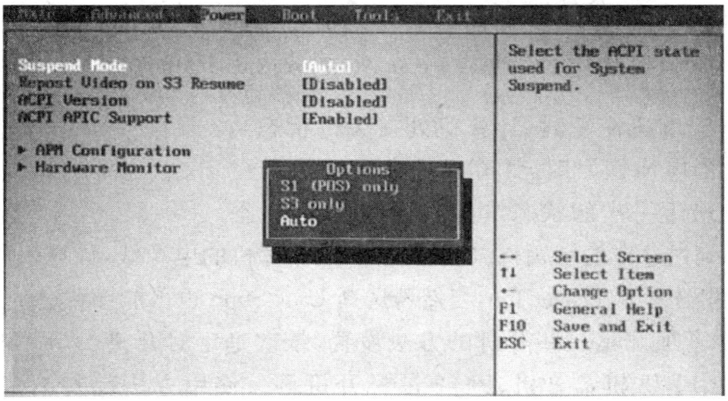

图 3－20　“Power”菜单

其他几个项目都可以保持默认值，其中“ACPI APIC Support”这一项一定要开启，如图 3－21 所示。很多人都遇到过，在 Windows 里单击“关机”按钮之后，计算机虽然注销了，但并没有关机，必须要再次按一下电源开关，计算机才会关闭。如果遇到这种情况，一般都是因为没有开启“ACPI APIC Support”这一项所致。

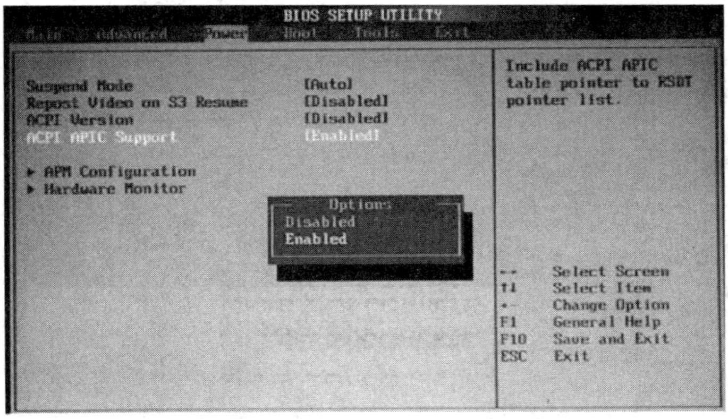

图 3－21　开启“ACPI APIC Support”功能

(1)APM Configuration。先来看看第一项“Restore on AC Power Loss”，意思是断开的AC电源恢复通电状态。亦即当计算机非正常断电之后，电流再次恢复时，计算机要处在什么状态。有3个选项，如图3-22所示：

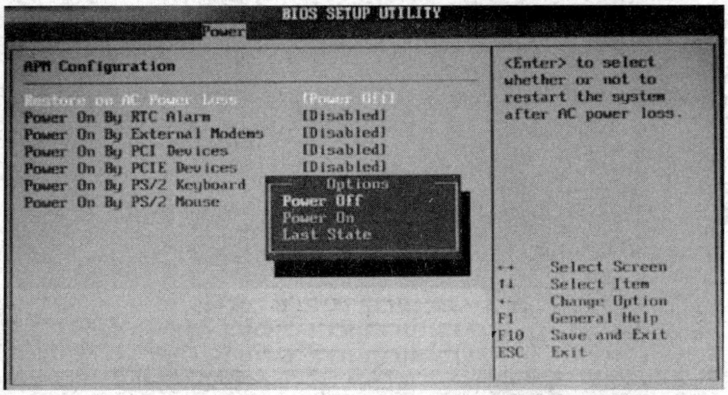

图3-22 “Restore on AC Power Loss”功能选项

- Power Off(当电流恢复时，计算机处在关机状态)。
- Power On(当电流恢复时，计算机处在开机状态)。
- Last State(最近一次的状态，也就是断电时的状态)。

大家可能都遇到过这样的问题：就是只要一插上计算机的电源线，计算机就会自动开机。其原因很可能就是这里选择了Power On，当然若选择Last State也可能导致这种情况出现。

接下来的几个子项都是一些开机的方法设置，依次是定时开机、远程Modem控制开机、PCI设备控制开机、PS/2键盘开机、PS/2鼠标开机等。使用方法都差不多。下面以键盘开机为例简单介绍。

键盘开机也就是通过键盘上的某个(组合)按键来开启计算机，不需要按机箱前面的Power按钮。要实现键盘开机，不仅主板要支持键盘开机，而且键盘也必须得支持此功能。目前几乎所有主板都支持此功能，而且绝大多数标准键盘也支持此功能。

另外，支持此功能的键盘和鼠标都必须是PS/2接口的产品，USB接口的键盘、鼠标是无法支持的。

图3-23所示就是键盘开机的设置界面，这里有3种选择，分别是Space Bar(空格键)、

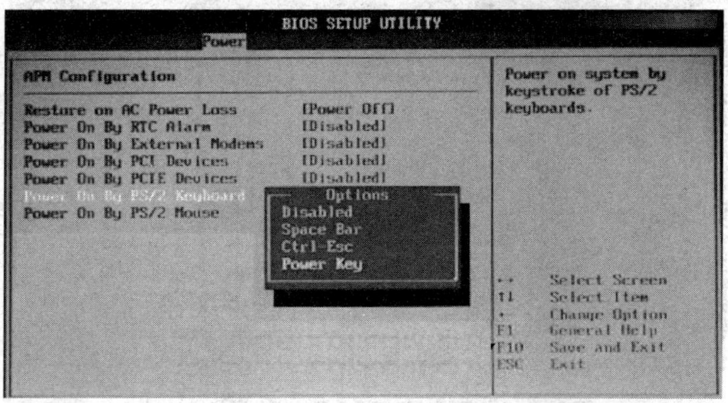

图3-23 设置键盘开机

Ctrl-Esc 和 Power Key(键盘上的 Power 键)。当选择相应的键(组合键)之后,下次开启计算机就可以直接通过键盘上相应的按键来开启了。

(2)Hardware Monitor。这是图 3-21 中的最后一个子项,是硬件监控的界面,如图 3-24 所示,其中显示了当前 CPU、主板等设备温度、电压、风扇转速等内容,在某些时候也可以根据这里的数据排除一些故障。

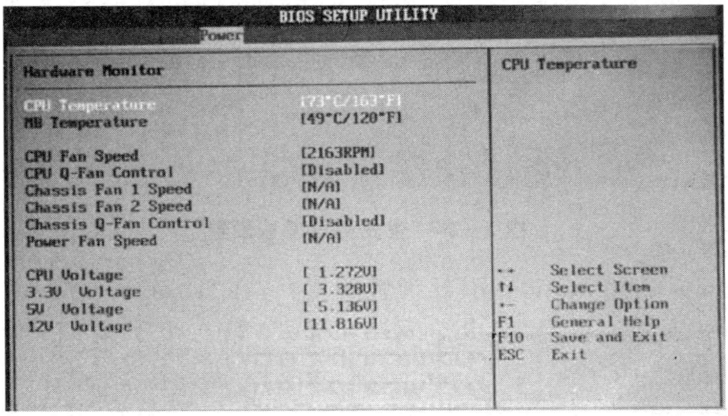

图 3-24　硬件监控界面

4)"Boot"菜单的设置

"Boot"菜单项是与引导计算机启动相关的一些设置,如图 3-25 所示。这里最常用的就是设置光驱/硬盘作为首引导设备,以及计算机引导过程中的一些基本设置。下面来看了解"Boot"菜单下面 3 个子项的重要功能。

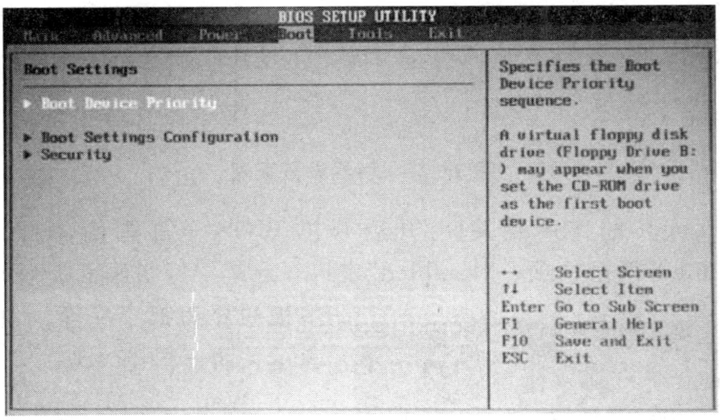

图 3-25　"Boot"菜单选项

(1)Boot Device Priority(优先引导设备)。这个子项里可以设置系统优先从哪个设备引导。"1st Boot Device"是首引导设备,"2nd Boot Device"是第二个引导设备,以此类推。当需要使用光盘安装系统的时候,在这里就要将"1st Boot Device"设置成光驱,如图 3-26 所示,在选单里找到所使用的光驱型号就可以了;如果要从硬盘启动系统,那么就需要在这里将相应的硬盘设置成"1st Boot Device",如图 3-26 中的"HDD:PM—ST3160811AS",表示希捷 160 G 硬盘。

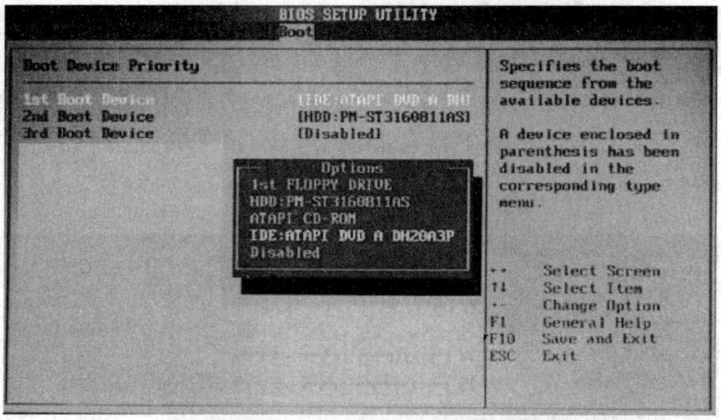

图 3-26　优先引导设备设置

(2)Boot Settings Conguration(引导设置配置)。在“Boot Settings Conguration”菜单(图 3-27)里,用得最多的就是“Full Screen Logo”(第二个子项)和“Wait For ‘F1’ If Error”(第六个子项)。

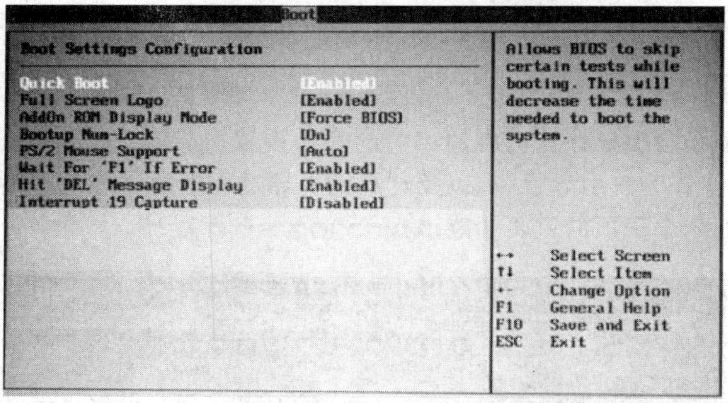

图 3-27　引导设置配置

“Full Screen Logo”的作用是关闭/开启开机 BIOS 全屏画面,如图 3-28 所示,有“Enabled”和“Disabled”两个选项。“Enabled”表示开启全屏开机画面(不同厂家的不同款式主板的界面都不完全一样),“Disabled”则表示关闭开机 Logo。

图 3-28　开机显示的 BIOS 画面

“Wait For ‘F1’ If Error”的作用是关闭/开启计算机遇到一些问题时的等待处理状态。当遇到每次开机都需要按 F1 键才能进入计算机,但又不能确定到底是什么地方出了问题的时候,就可以将此项设置成“Disabled”来解决问题,如图 3-29 所示。

其他几个子项设置非常简单,也不常

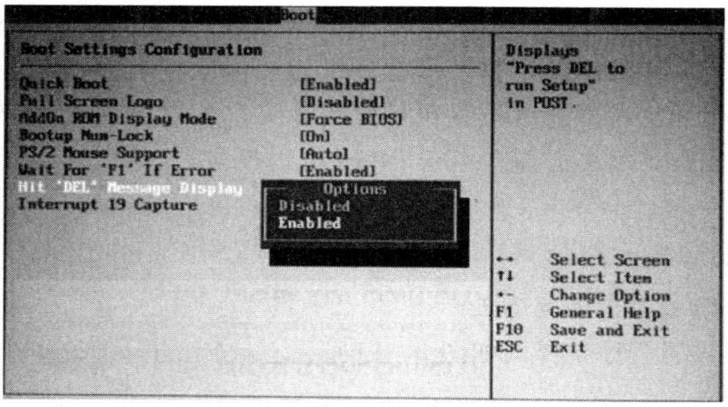

图 3－29　设置关闭/开启计算机时的等待处理状态

用，这里就不多说了。

5)“Tools”菜单的设置

“Tools”菜单里一般都是主板厂商自己提供的一些工具软件，比如华硕主板的 EZ Flash（主板 BIOS 刷写程序）。由于此菜单里的项目均为主板厂商自行加入的一些工具，不具备代表性，所以在此对这部分内容就不做介绍了。

6)“Exit”菜单的设置

“Exit”中文意思为退出，在其中主要设置退出 BIOS 的方式，如图 3－30 所示。从上至下分别为：

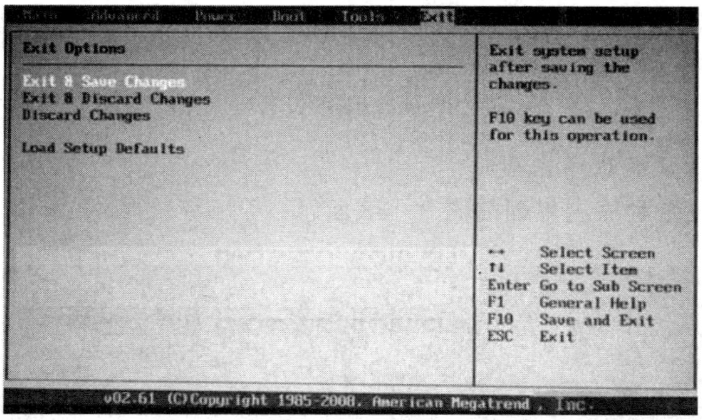

图 3－30　设置退出 BIOS 程序的方式

- “Exit & Save Changes”：保存设置并退出。
- “Exit & Discard Changes”：不保存设置，并退出。
- “Discard Changes”：仅仅撤销修改，不退出。
- “Load Setup Defaults”：载入默认设置。

提示

保存并退出 BIOS 设置界面也可以直接按 F10 功能键，再按 Y 键；不保存并退出 BIOS 设置界面可以直接按 ESC 键，再按 Y 键。

3. CMOS 参数优化设置

为了及时排除计算机故障和充分发挥计算机的最佳性能，我们经常要对主板的 CMOS 进行一些必要的设置和优化。这些设置包括提高计算机的启动速度、提高操作系统运行速度和方便操作系统安装等很多方面。由于 BIOS 版本很多，具体设置方法不一，在此不一一介绍了。

4. 其他 BIOS 设置程序简介

1)Phoenix BIOS 设置程序主界面

Phoenix BIOS 设置程序主界面如图 3－31 所示。

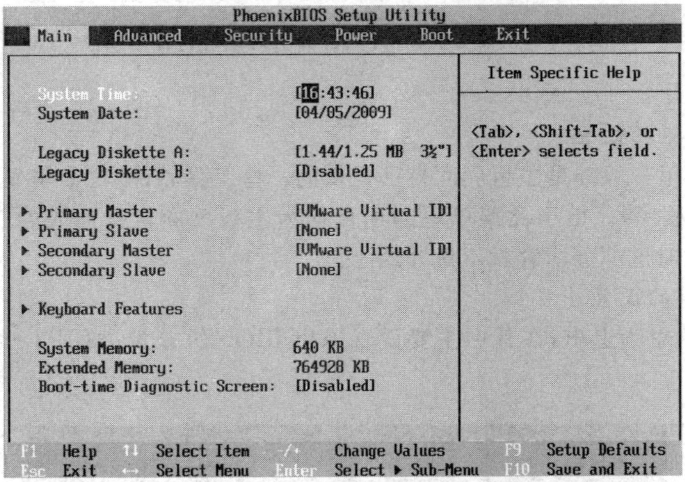

图 3－31 Phoenix BIOS 设置程序主界面

2)Award BIOS 设置程序主界面

Award BIOS 设置程序主界面如图 3－32 所示。

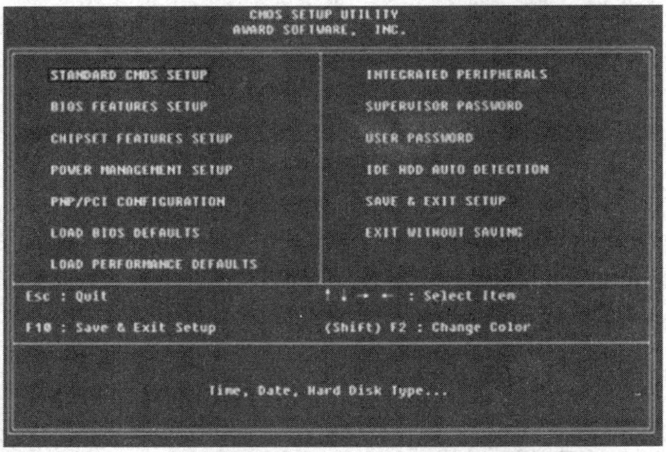

图 3－32 Award BIOS 设置程序主界面

任务 3　BIOS 的升级

1. 升级 BIOS 的准备工作

1）升级 BIOS 的原因

原因之一是一些老主板无法正确识别新式 CPU，也不支持大硬盘以及同某些声卡、显卡或网卡等兼容性不好。遇到这种情况就应该考虑刷新主板 BIOS 了。

原因之二是让主板支持一些最新功能，如让原来不支持调节 CPU 核心电压的主板支持调节电压，让原来不支持 ACPI 的主板支持高级电源管理等。

原因之三是计算机不幸感染了 CIH 病毒，它破坏了主板的 BIOS，使计算机无法启动，这时只有更换 BIOS 芯片或重写 BIOS 了。

总的来说，如果主板 BIOS 有了更新的版本，最好是及时将 BIOS 进行升级，因为更新主板的 BIOS 往往意味着兼容性的改善、功能的增强和稳定性的提高。

2）升级前需要准备的工作

（1）BIOS 程序包和刷新工具的下载。首先需要准备新的 BIOS 程序包和刷新工具。新的 BIOS 程序包一般是由主板厂商提供的，可以到相应的主板厂商主页上下载，也可以到驱动之家这类的第三方下载网站上下载。同时，在使用之前一定要详细地阅读说明，以免遇到一些不必要的麻烦。

每个主板厂商都会利用 Award/AMI 提供的工具，对 BIOS 升级文件作出修改和优化，以解决该主板在实际中遇到的新问题。这些新的 BIOS，主板厂商也都以文件的形式存放在自己的站点上，以供用户前来下载。由于主板生产商比 Award/AMI 更了解他们的主板，能提供更好的 BIOS 升级服务，因此，获取主板更新的 BIOS 版本的最直接途径是到主板生产厂商的主页站点去下载。另外，第三方的网站中也有专门的提供 BIOS 升级文件的网站，像国内著名的驱动之家网站（http://www.mydrivers.com）即是其中之一。

在下载新的主板 BIOS 程序包之前，需要确认当前使用的主板的型号和 PCB 版本号，不同型号的主板产品一般是不能混用 BIOS 的。另外，每一款主板产品从其最初设计到后期生产过程中，在技术方面也可能会有改变，因此，同一种型号的主板产品也可能使用不同版本的 BIOS，这时区别的方法就是看主板的 PCB 版本号（往往印在主板四角的位置上），主板厂商的主页上往往有发布版本区别的相关信息，根据这些信息来选择合适的版本来升级 BIOS。

刷新工具是用来更新 Flash ROM 所使用的程序，目前世界上较为知名的 BIOS 指令供应商主要有 3 家，它们是 Award、Phonix（已与 Award 合并）和 AMI，其中 Award 应用最广。Award 公司提供的刷新工具是 Award Flashware，常简写为 AWDFLS，它是一个可执行的 EXE 文件，需要在 DOS 实模式环境下使用。该软件通过网络很容易下载得到。

这两个文件准备好之后，首先在硬盘上建立一个独立的文件夹（不要使用中文命名），然后将这两个文件存放在该文件夹中。有些厂商主页提供的 BIOS 是压缩后的 ZIP 或 EXE 压缩包，所以在使用之前要先解压文件到新建的文件夹中。

（2）BIOS 及跳线的设定。有了更新程序后，还需要在 BIOS 设置程序中进行必要的设定工作。

具体操作

①关掉主板自动防病毒的相关设定。因为一些主板具有防止病毒攻击BIOS的功能，如果不关掉该功能，主板会把升级操作当做病毒入侵而拒绝执行，所以需要在“Advanced Bios Features”选项中找到“Anti Virus Protection”选项，将其状态设定为“Disable”。

②关闭掉一些缓存和镜像功能，这些选项打开时可以提高系统的处理性能并减少资源的占用，但在更新BIOS时则易产生负面影响，因此要暂时关闭它们。在“Advanced Chipset Features”选项中找到“System Bios Cacheable”选项，将其状态设定为“Disable”，设定完后保存BIOS设定并重新启动机器。

③确认主板上是否有BIOS防止写入的跳线。可以观察主板或查阅主板说明书，因为有些主板为了防止CIH病毒而设定了一个BIOS防写跳线，因此在升级之前需要将它设定为允许写入的状态，否则BIOS写入就无法完成。

注意

跳线的设定需要在关机状态下进行。

---

(3)软件环境。因为BIOS刷新需要在DOS实模式下进行，其不能够在Windows环境下进行，因此就需要为升级BIOS的软件环境做好准备。以往升级主板BIOS时都采用软磁盘的方式，软磁盘升级速度慢，而且可靠性差，现在又基本淘汰了，所以这里推荐采用硬盘更新BIOS的方式。

现在的操作系统对于DOS实模式大都不支持，所以需要事先制作一张系统启动盘来启动机器。这种做法对于那些刚刚接触计算机的用户而言有点过于高深。为此，有些公司开发出了让使用者能在Windows下方便地对其主板进行BIOS升级的程序。

2. BIOS升级过程举例

1)DOS环境下的升级过程

由于当前Windows系统都无实模式的DOS，所以要实现在DOS下升级BIOS极为不便，同时也不适合初学者，因此这里简单介绍一下升级过程。

具体操作

①启动计算机，进入DOS环境；将刷新程序Awdflash. exe和BIOS文件复制到硬盘(如C盘)中。

②直接运行Awdflash. exe，进入AwdFlash的界面，如图3-33所示，屏幕显示当前计算机主板的BIOS信息。在“File Name to Program:”后的文本框中输入刚才复制到C盘中的最新的BIOS程序文件所在的路径和名称。输入完后，按回车键。这时程序会检测新BIOS版本等相关信息，并在图3-34的下方显示“DO You Want To Save Bios(Y/N)”，为防止升级失败，当然要备份，所以要从键盘输入“Y”。这时屏幕出现图3-34所示的界面，在“File Name To Save”后的文本框中输入备份文件名，然后按回车键，程序将自动对旧的BIOS进行备份。

③当备份完成时屏幕下方会提示“Are you sure to program (Y/N)”，即询问是否确定

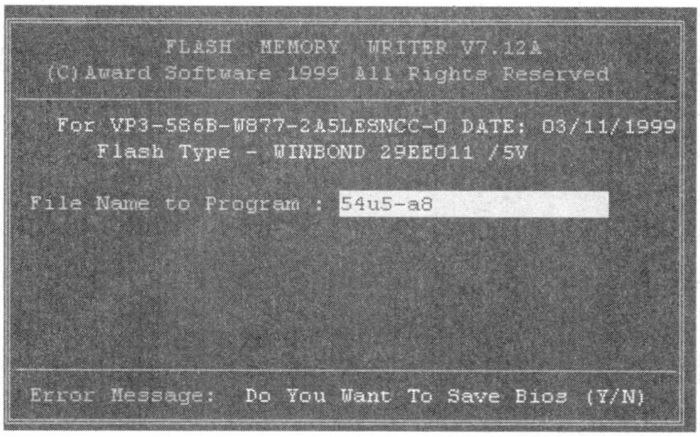

图 3－33　AwdFlash 界面

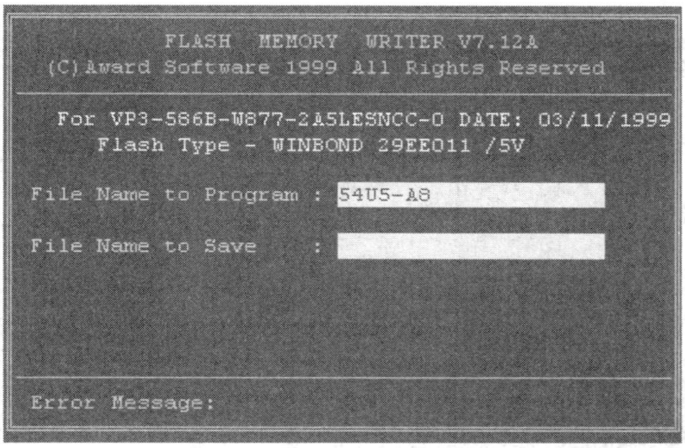

图 3－34　对旧版 BIOS 进行备份

要升级，如图 3－35 所示。选择“Y”，这时 BIOS 升级开始进行，稍微等待片刻 BIOS 就会升级完成。如果一切顺利，根据提示按 F1 键重新启动计算机，在自检的界面中就会观察到升级后的 BIOS 版本等信息了。

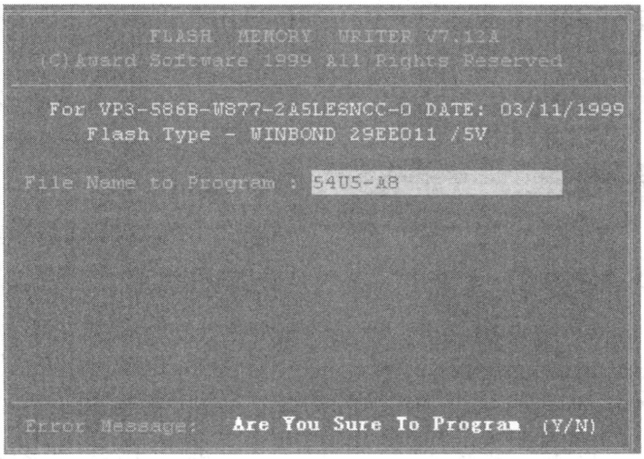

图 3－35　确认升级 BIOS 版本

2)Windows 环境下的升级过程

由于目前在 DOS 下升级 BIOS 极为不便,因此技嘉等公司开发出了专门针对其主板的@BIOS 程序,其可以在 Windows 下方便地进行 BIOS 升级。虽然该程序是针对技嘉主板的,但其他主板同样可以使用。下面介绍其升级过程。

具体操作

①根据主板型号下载升级文件。假设当前主板是建基(AOPEN)的 AX3S 主板,BIOS 类型为 AWARD 6.00。先到驱动之家的网页上下载 AX3S 的最新 BIOS,文件名为 AX3S120.zip,解压缩后得到 AX3S120.BIN 和 AX3S120.exe 两个文件,后一个是 DOS 状态下的刷新工具,这里用不上。

②下载技嘉的刷新工具并运行。在技嘉的主页上下载可以在 Windows 下刷新 BIOS 的软件 biosflash108q.exeB,下载完毕直接运行,即可进入程序的主界面,如图 3-36 所示。

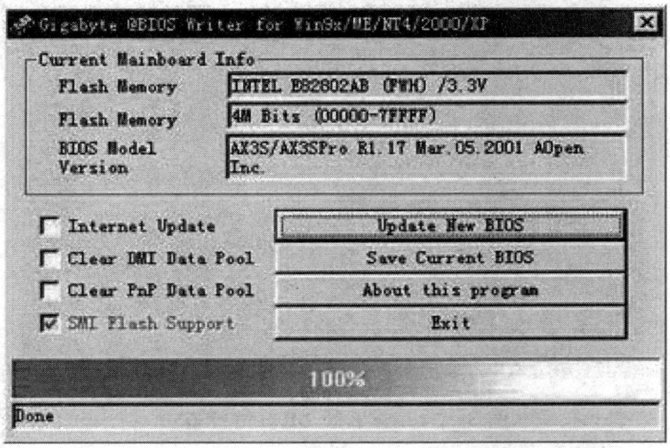

图 3-36 @BIOS 的主界面

从运行界面可以看到软件的一些基本信息,如软件适用于哪些版本的 Windows 操作系统,并且它还能自动侦测出主板的 BIOS 芯片类型、电压、容量和版本号等。在 BIOS 信息的左下方是默认的执行操作,共有 4 项:"Internet Update""Clear DMI Date Pool""Clear PnP Date Pool"及"SMI Flash Support"(此项不可更改)。选项右边有几个按钮,从上到下依次为:"Update New BIOS"(升级新的 BIOS)"Save Current BIOS"(保存现有的 BIOS)"About this program"(关于这个程序)"Exit"(退出)。

图 3-37 输入要保存的文件名

③对原有的 BIOS 进行备份。在开始升级前要对主板原有的 BIOS 进行备份,目的是防止升级失败进行恢复。单击图 3-36 中的"Save Current BIOS"按钮,在弹出的窗口中选择要保存的文件的路径并为要保存的文件命名为"Old",如图 3-37 所示,然后单击"保

存”按钮，程序完成保存工作后会出现提示框，如图 3-38 所示。

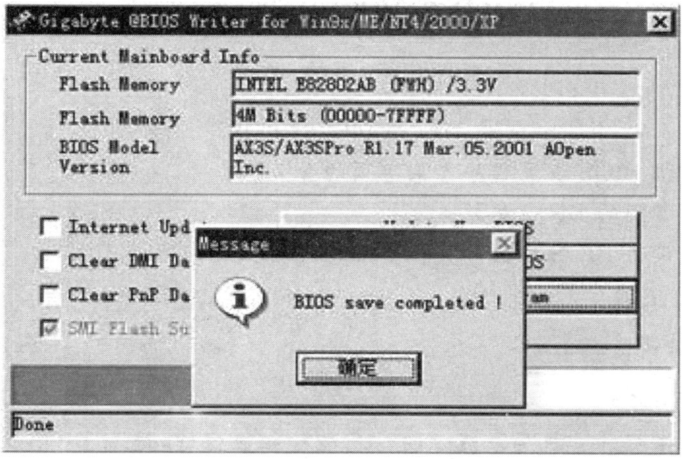

图 3-38 对当前的 BIOS 文件备份完毕

④开始升级 BIOS。单击图 3-36 中的“Update New BIOS”按钮，并在弹出的窗口中选择要刷新的 BIOS 文件 120.BIN，看到弹出的消息框提示是否要升级 BIOS 时，单击“确定”按钮，程序便会自动更新 BIOS。此时界面下方将会出现刷新进度条，完成后弹出提示框，如图 3-39 所示。

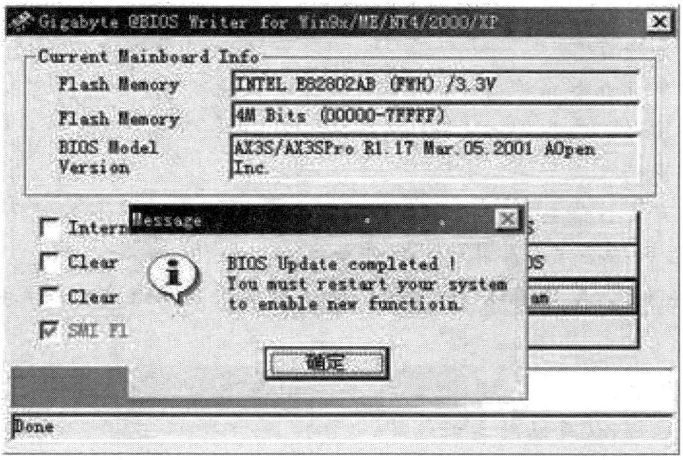

图 3-39 升级完成后，程序会给出提示

⑤刷新结束后单击“Exit”按钮退出程序后重新启动机器，验证升级是否成功。自检时观察到显示 BIOS 的最新时间，并顺利进入系统，说明升级顺利完成。

说明

在 Windows 下升级主板 BIOS 确实简单方便，但在升级前请注意检查周边的环境，以免发生意外断电等情况而带来不必要的损失。

实训5 BIOS常用菜单项的设置

实训目的

(1)熟悉计算机BIOS设置程序各菜单项的含义。

(2)能够设置常用的BIOS参数。

(3)掌握通过设置BIOS加快计算机启动速度的相关技巧。

实训设备与工具

计算机系统若干套。

实训内容和步骤

启动计算机,根据计算机屏幕提示的信息进行相应操作,进入BIOS设置程序完成以下各项的设置,并对部分任务进行验证:

(1)IDE硬盘的存取模式有哪几种?适用于何种情况?

(2)设置第一启动设备为CD－ROM,第二启动设备为HDD－0,第三启动设备为Floppy。

(3)设置数字小键盘开机状态为方向键。

(4)禁用USB接口。

(5)如何屏蔽板载(集成)声卡和网卡?

(6)如何屏蔽并行口?

(7)设置超级用户口令和普通用户口令,并体会两者区别(单独设置和同时设置有何不同)。

(8)设置开机密码。

(9)电源管理有几种节电模式?各自有哪些特点?

(10)了解自己正在操作的计算机的性能状态。

(11)根据所学知识,体会通过设置BIOS加快计算机启动速度的相关技巧。

实验总结

(1)完成实验报告。

(2)反思实训过程,认真总结实训成果。

习 题

1. 什么是BIOS?

2. 当前BIOS的类型主要有哪几种?

3. BIOS有哪几项主要功能?

4. BIOS与CMOS有什么异同点?

5. BIOS升级前的准备工作有哪些?升级方式有几种?

项目 4　搭建微型计算机软件系统

任务 1　硬盘分区与格式化

一块新的硬盘必须经过分区和格式化后，才能保存信息。格式化又分为低级格式化和高级格式化两种。低级格式化主要是对磁盘进行划分磁道、建立扇区、标记有问题扇区。磁盘的低级格式化一般由生产厂家完成，磁盘的分区和高级格式化则是由计算机使用人员根据实际情况完成。

1. 硬盘分区

硬盘的分区分为主分区、扩展分区和逻辑分区，如图 4－1 所示。主分区也称基本分区，是安装操作系统必不可少的分区。此分区包含了操作系统启动时所必须的引导文件和数据，一块硬盘最多支持 4 个主分区。扩展分区是以逻辑分区的方式来使用的，一块硬盘最多支持一个扩展分区，也可以没有扩展分区。逻辑分区是硬盘上一块连续的区域，因为扩展分区不能直接使用，所以将其划分成一个或多个逻辑驱动的区域，称之为逻辑驱动器。一块划分了分区的硬盘，一般情况下，主分区的盘符为 C，逻辑分区的盘符为 D 到 Z，盘符可以更改。

文件系统是操作系统与驱动器之间的一个接口，当操作系统从硬盘中读取文件时，会请求相应的文件系统（FAT 16、FAT 32、NTFS）打开文件。FAT（File Allocation Table）是文件分配表，用来记录文件所在位置的表格，它对于硬盘的使用非常重要，假如丢失文件分配表，那么硬盘上的数据就会因无法定位而不能使用。

文件系统是操作系统的重要组成部分，现在我们常用的 Windows 操作系统支持：FAT 16、FAT 32 和 NTFS 等几种文件系统。

1）FAT 16

FAT 16 文件系统格式采用 16 位的文件分配表，能支持的最大分区为 2 GB。FAT 16 分区格式的最大缺点是磁盘利用率低，因为在 Windows 系统中，磁盘文件的分配是以“簇”为单位的（FAT 16 每个“簇”占用 16 kB 的空间），一个“簇”只分配给一个文件使用，而不管这个文件占用整个“簇”容量的多少。

2）FAT 32

FAT 32 是 Windows 系统硬盘分区格式的一种。这种格式采用 32 位的文件分配表，使其对磁盘的管理能力大大增强，突破了 FAT 16 对每一个分区的容量只有 2 GB 的限制。

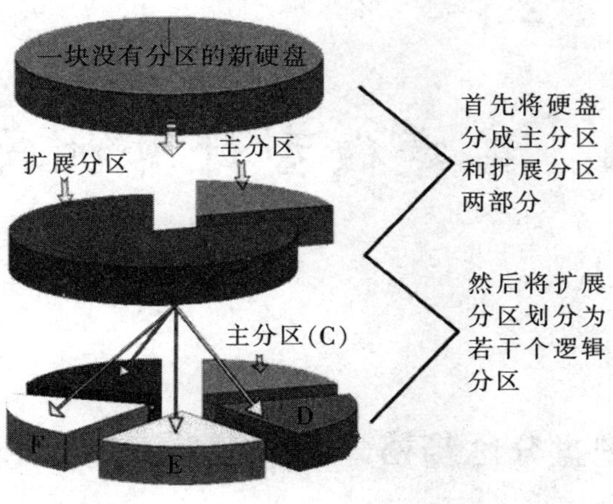

图 4-1　硬盘的主分区、扩展分区和逻辑分区结构示意图

FAT 有一个严重的缺点：当文件删除后写入新资料，FAT 不会将文件整理成完整片段再写入，长期使用后会使档案资料变得逐渐分散，而减慢了读写速度。硬盘碎片整理是一种解决方法，但必须经常整理来保持 FAT 文件系统的效率。

3)NTFS

NTFS (New Technology File System)是 Windows NT 操作环境和 Windows NT 高级服务器网络操作系统环境的文件系统。

NTFS 文件格式支持的分区可以到 2 TB，是一个可恢复的文件系统，当发生系统失败事件时，可以使用日志文件和检查点信息自动恢复文件系统的一致性。NTFS 还可以共享资源、文件夹以及设置访问权限等功能

2. 硬盘格式化

格式化是在磁盘中建立磁道和扇区，只有当磁道和扇区建立好以后，才能往硬盘里存放数据。

格式化通常是在磁盘的开端写入启动扇区的数据、在根目录记录磁盘标签、为文件分配表(FAT)保留一些空间，并检查磁盘上有无坏道，若有则在文件分配表中标记出损坏的记号，该扇区并不用来存储数据。

高级格式化就是要建立硬盘分区的文件系统，划分逻辑扇区，以便能够被操作系统识别和使用。在 DOS 系统下的格式化命令为 Format，其执行程序为 Format. com。

在高级格式化之前，必须为磁盘驱动器指定分区(Partition)，就是将一个磁盘分为数个分区，一般分为一个主 DOS 分区，一个扩展分区(包括若干个逻辑分区)，这个称为"磁盘分区"。

低级格式化的作用是将空白的磁片划分成一个一个的同心圆、半径不同的磁道，还将划分为若干个扇区，每个扇区的容量为 512 个字节。一般情况下低级格式化只有在硬盘出厂之前进行。低级格式化对硬盘的损耗很严重，因此，如果不是十分必要，建议不要进行低级格式化。

3. 使用专门软件进行分区与格式化

1)Fdisk、Format 简介

通常使用 Fdisk 对硬盘进行分区和使用 Format 对分区进行格式化。

具体操作

①将含有 Fdisk. exe 和 Format. com 程序的启动光盘或软盘置入光驱或软驱,并将第一启动设置为启动盘启动,然后启动 Fdisk 进入主菜单,如图 4－2 所示。

②根据需要选择是采用 FAT 32 格式还是采用 FAT 16 格式,先建立主分区,再建立其他扩展分区。

③用 Format 格式化分区。

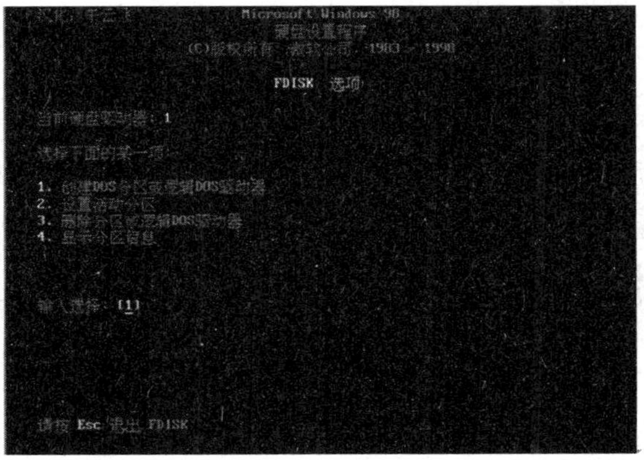

图 4－2　中文版 Fdisk 的主界面

2)使用 DM 软件进行分区格式化

具体操作

①将有 DM 工具的启动盘放入光驱,并设置第一启动项为光驱启动。启动 DM 后,进入 DM 的目录直接输入"dm"即可进入 DM。开始显示一个说明窗口,按任意键进入主画面。DM 提供了一个自动分区的功能,完全不用人工干预全部由软件自行完成。选择主菜单中的"(A)dvanced Options"即可完成分区工作。如图 4－3 所示。

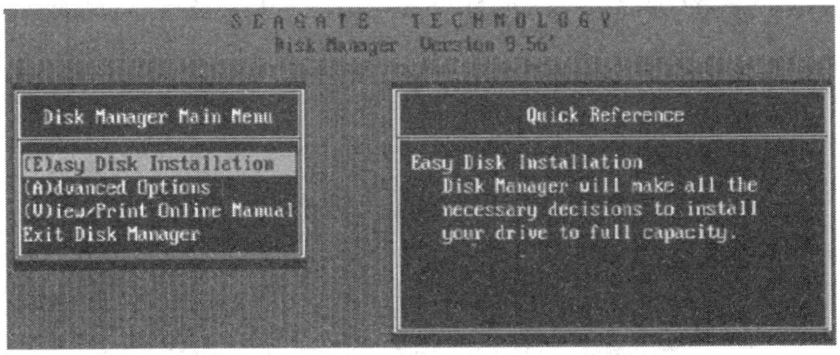

图 4－3　DM 窗口界面

说明

(1)Easy Disk Installation(简易磁盘分区):

此选项适用于初学者,选择该项后,DM会根据硬盘的大小,自动进行分区操作。由于自动分区无法按照我们的要求进行分区,建议一般不要使用。

(2)Advanced Options(高级选项):

此选项中提供手动分区功能。用户可以自定义磁盘分区的大小。

(3)View/Print Online Manual(查看/打印在线帮助)。

(4)Exit Disk Manager (退出)。

②根据自己的需要,手动建立分区并进行格式化,则选择"(A)dvanced Options"进入二级菜单,然后选择"(A)dvanced Disk Installation"进行分区。如图4-4所示。

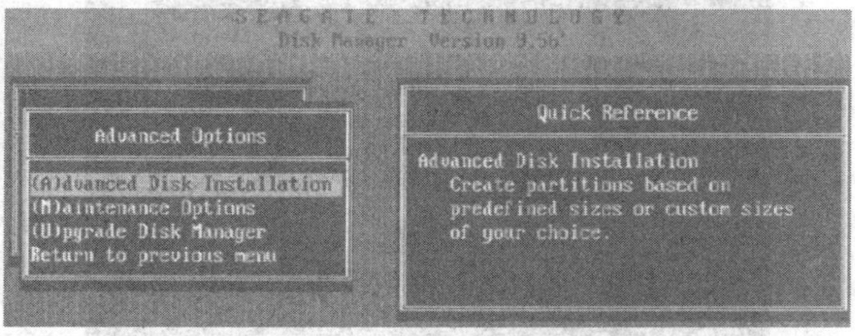

图4-4 高级磁盘分区信息

③显示硬盘的列表,提示发现一块硬盘。选择"(Y)ES"或直接回车键即可。如图4-5所示。

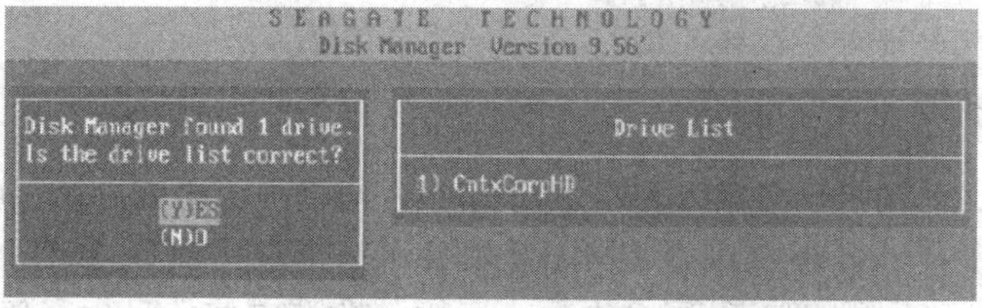

图4-5 磁盘信息列表

④接下来是分区格式的选择,一般选择FAT 32的分区格式。如图4-6所示。

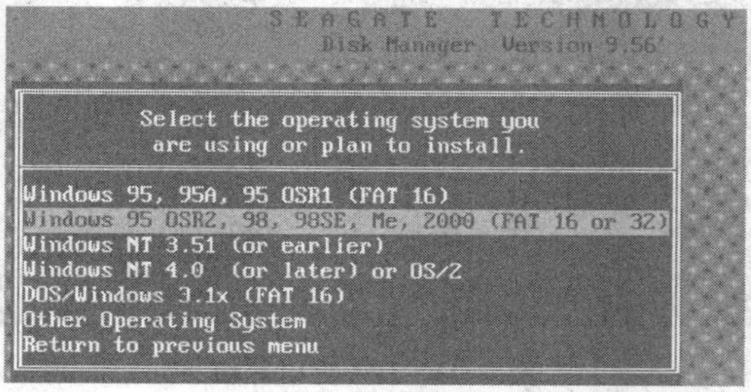

图4-6 文件系统格式选择

⑤显示是否使用 FAT 32 的窗口，选择“(Y)ES”后按回车键。如图 4－7 所示。

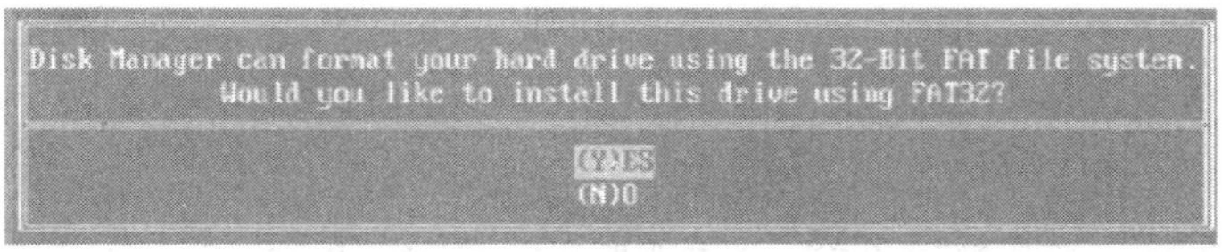

图 4－7　确认使用 FAT 32 格式

⑥显示分区大小选择窗口。DM 提供了一些自动分区方式让用户选择，也可以根据自己的需要按照自己的意愿进行分区。这里选择“OPTION (C)Define your own”，如图 4－8 所示。

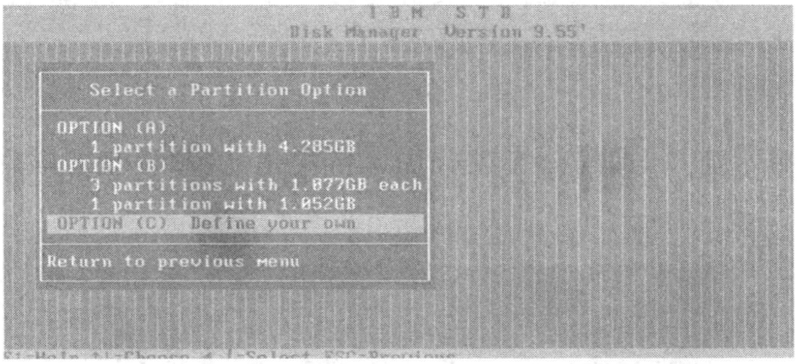

图 4－8　选择分区方式

提示：

- OPTION(A)：将硬盘空间划分 1 个分区，并将整个硬盘空间全部分配给它。
- OPTION(B)：将硬盘分 4 个区，并且每个分区大小一样。
- OPTION(C)：自定义分区，根据需要将硬盘分成若干个区，并且每个区的大小由用户自定义。

⑦接着会提示输入分区的大小，输入数字后回车，可接着继续分区，直至没有可供再分区的空间，最后选择“Save and Continue”(保存并继续)，如图 4－9 所示。

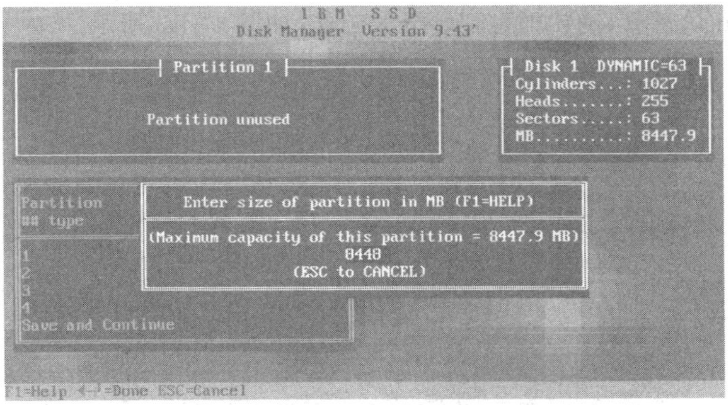

图 4－9　自定义分区界面

⑧接下来询问是否格式化，按“Alt+C”组合键开始，如图 4－10 所示。

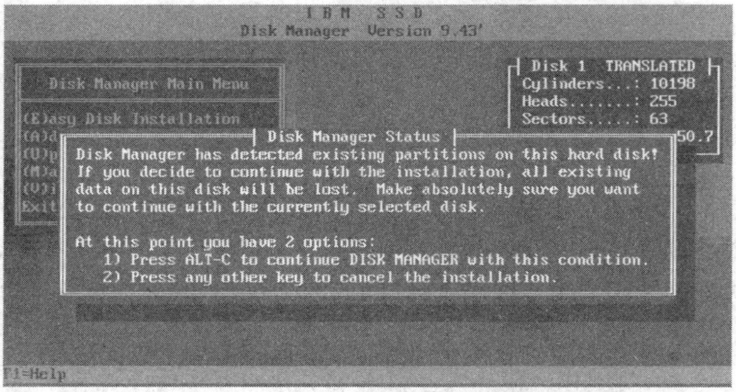

图 4－10　提示窗口

⑨接下来是提示窗口，询问是否进行快速格式化，除非硬盘有问题，否则建议选择“(Y)ES”，如图 4－11 所示。

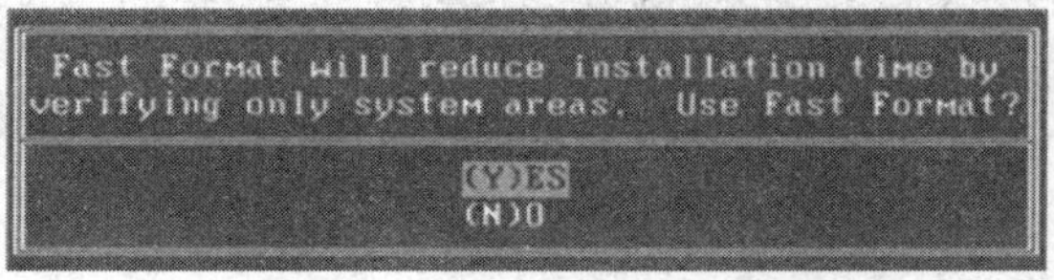

图 4－11　提示是否使用快速格式化

⑩接着还是一个询问窗口，询问分区是否按照默认的簇进行，选择“(Y)ES”，如图 4－12 所示。

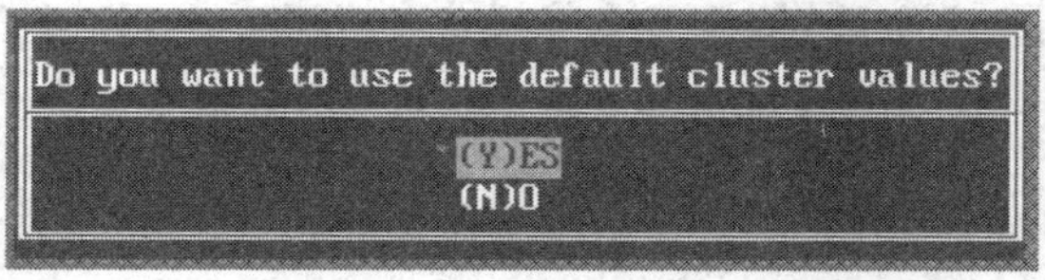

图 4－12　询问是否使用默认簇

⑪最终显示确认窗口，确认即可开始分区工作，如图 4－13 所示。

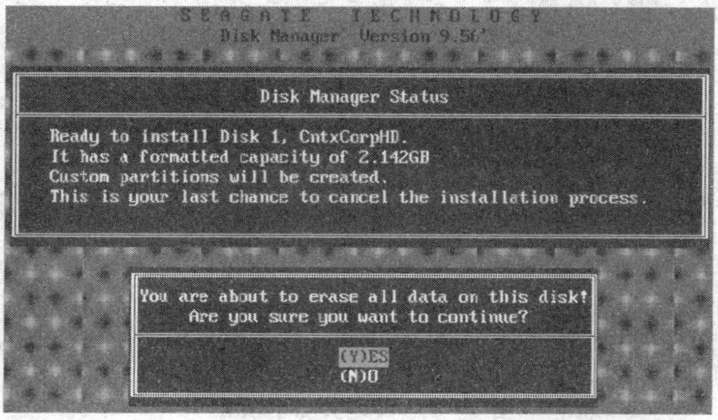

图 4－13　确认窗口

⑫开始格式化，如图 4－14 所示。

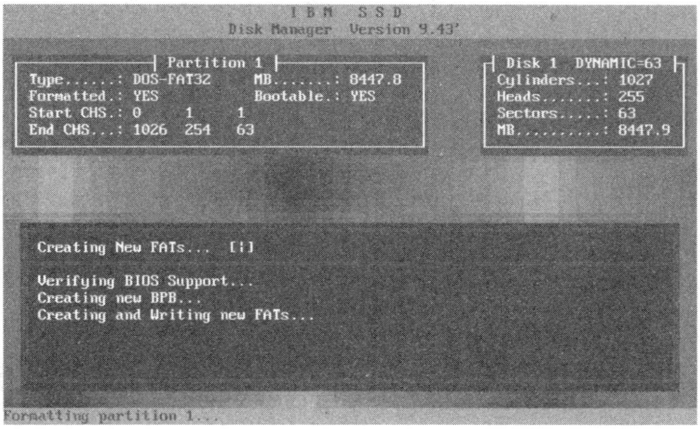

图 4－14　对分区进行格式化

⑬分区格式化完成后，按任意键继续，如图 4－15 所示。

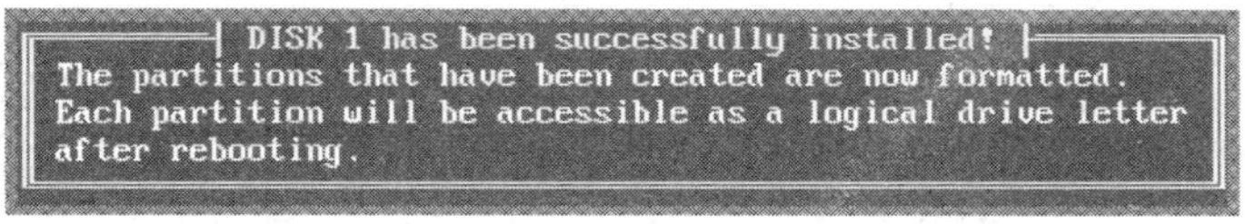

图 4－15　分区格式化结束后的提示窗口

⑭提示按“Reset”键或“Ctrl＋Alt＋Del”组合键重启计算机完成 DM 分区格式化的操作，如图 4－16 所示。

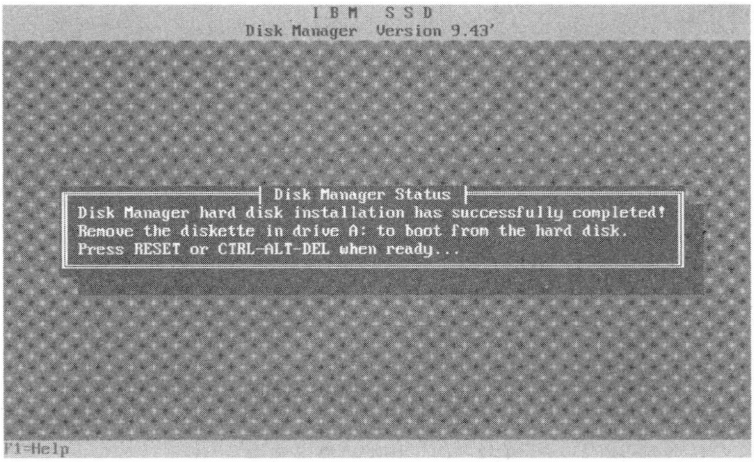

图 4－16　重启计算机

说明

DM 的主要功能：

①提供简易和高级两种安装模式，以满足不同用户的各种要求。其简易模式适合初级

用户使用,高级模式主要针对高级用户而设计。

②完全支持 FAT 32 文件系统,可以在一个分区上格式化大于 2 GB 的驱动器,当使用高级安装模式时,允许更改硬盘簇的大小。

③突破 8.4 GB 限制,在安装大于 8.4 GB 的 IDE/ATA 驱动器时,既可以使用多个 FAT 12/16 分区,也可以使用单一可引导的 FAT 32 文件系统分区。

④提供的硬盘诊断功能可以使您查找硬盘子系统中相互关联的问题。

⑤兼容多种操作系统,包括 Windows 98、Windows NT、Windows 2000、Windows XP 和 Windows 2003 等操作系统。

⑥支持 IDE 和 ATA 电源管理。

⑦对 IDE/ATA 驱动器的多扇区读写支持,加速数据传送。

⑧快速格式化 IDE/ATA/SCSI 驱动器。大多数情况下完全安装驱动器不超过 1 分钟。

⑨支持增强型 IDE/Fast ATA 的高速数据传送。

⑩提供的低级格式化程序比许多 BIOS 附的 Low Level Format 程序先进,甚至可以让某些 0 磁道出了问题的硬盘继续使用。

---

(2)用 DM 进行低级格式化

硬盘如果出现了物理故障是很难修复的,一般情况下就只能更换硬盘了,但是在更换之前可以试一下低级格式化功能,也许低格以后硬盘又可以使用了。

以前要进行低级格式化是通过 BIOS 中所支持的功能,但现在的主板一般都不再有此项功能。现在只能通过软件来进行低级格式化了。DM 就是一款比较好的软件。

在默认启动 DM 的情况下是无法进行低级格式化的,需要打开 DM 的高级菜单。可以在启动时加上参数“DM/M”或者在 DM 的主界面中按“Alt+M”组合键切换到高级菜单。

具体操作

❶启动 DM 进入主菜单,按“Alt+M”组合键进入高级菜单,选择菜单中的“(M)aintenance Options”,如图 4-17 所示。

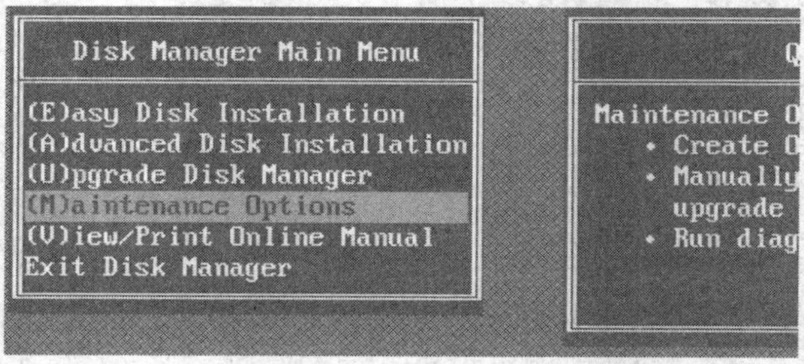

图 4-17 DM 的高级菜单

❷选择“(U)tilities”,进入低级格式化界面,如图 4-18 所示。

❸选择需要低级格式化的硬盘。如果只有一块硬盘直接回车即可,如果有多个请选择需要进行低级格式化的那个分区,如图 4-19 所示。

❹选择好硬盘后,再选择“Low Level Format”,进行低级格式化,如图 4-20 所示。

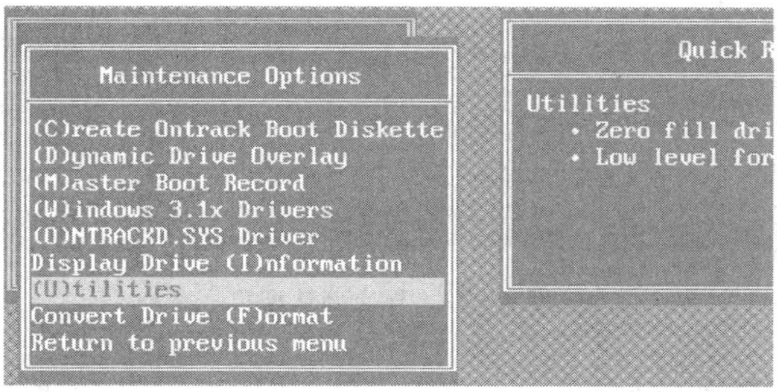

图 4－18　选择“Utilities”

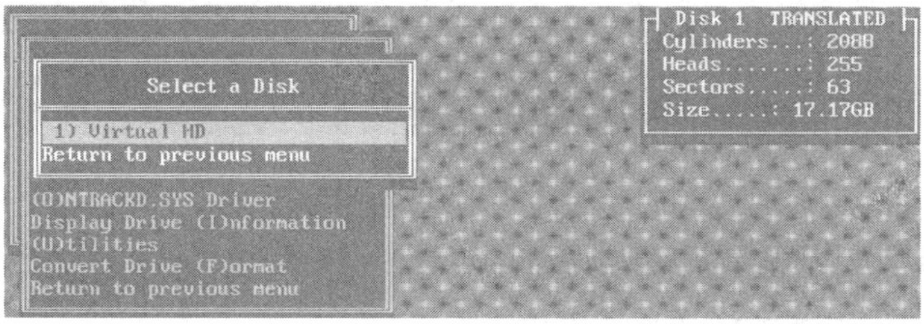

图 4－19　选择硬盘

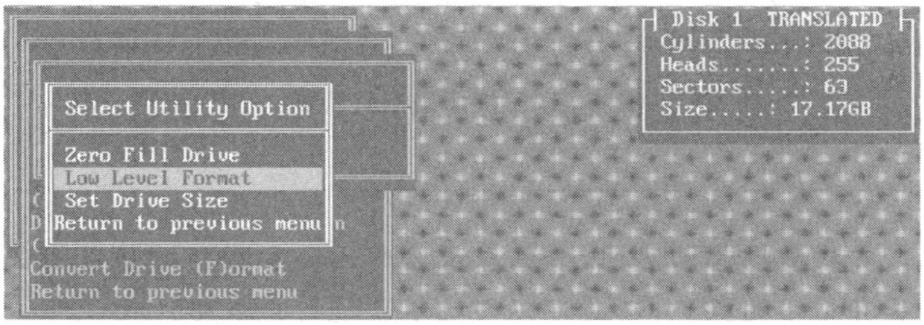

图 4－20　选择“Low Level Format”

⑤弹出警告窗口，按“Alt＋C”继续进行，如图 4－21 所示。

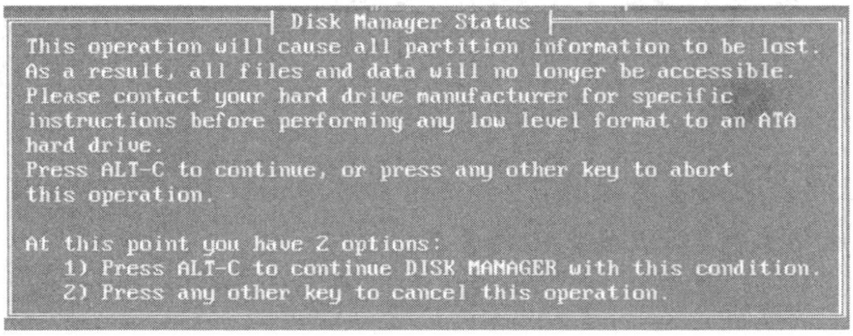

图 4－21　警告窗口

⑥再次显示确认窗口，选择“YES”继续，如图 4－22 所示。

⑦设置完毕，开始进行低级格式化，如图 4－23 所示。

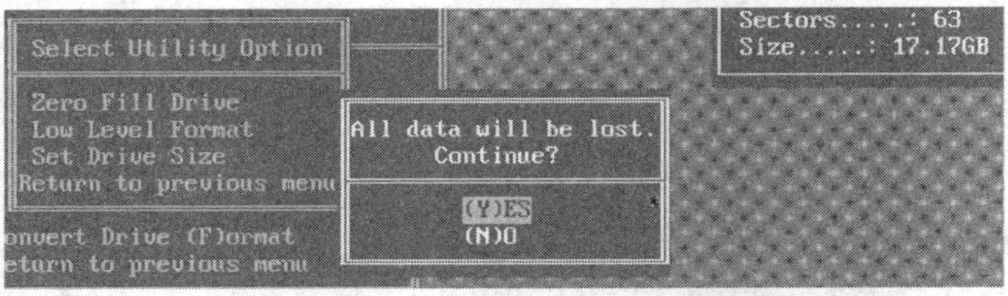

图 4-22　再次确认窗口

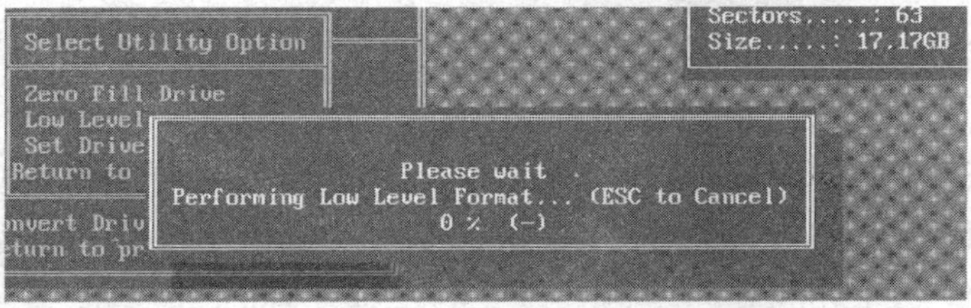

图 4-23　正在格式化

⑧格式化完成后，提示重新启动计算机，如图 4-24 所示。

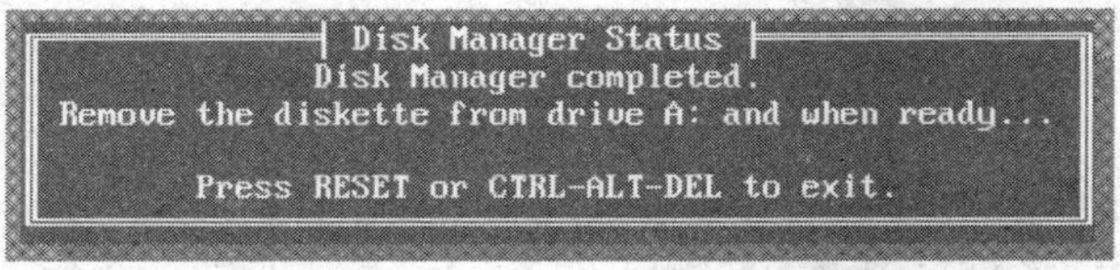

图 4-24　提示重启计算机

注意

低级格式化需要耗费很长的时间，并且与硬盘的大小和损坏的情况有关。再次提醒，低级格式化是对硬盘有损伤的操作，不是万不得已不要进行低级格式化。

实训 6　硬盘分区与格式化操作

实训目的

掌握硬盘分区格式化的基本操作，学会使用 DM、Smart FDISK、Partition Magic 等分区软件，了解磁盘低级格式化、高级格式化的含义。

实训内容

使用 DM、Smart FDISK 等软件对硬盘分区，并将其格式化。练习使用 Partition Magic 对分区大小进行调整。

任务 2 操作系统的安装

1. Windows XP 安装

操作系统(Operating System,简称 OS)是计算机中最重要的软件,是计算机工作的平台,其他所有的软件都要在这个平台上运行。

操作系统管理计算机系统的全部硬件和软件资源(包括数据资源),控制程序运行,改善人机界面,为其他应用软件提供支持等,使计算机系统所有资源最大限度地发挥作用,为用户提供方便、有效、友善的服务界面。

微软发行了两个版本的 Windows XP:家庭版(Home)和专业版(Professional)。家庭版主要的对像是家庭用户,专业版是在家庭版的基础上添加了面向商业设计的网络认证、双处理器等功能。

Windows XP 操作系统的安装方式有 3 种:升级安装、双系统共存安装和全新安装。下面介绍 Windows XP 的全新安装过程。

具体操作

①在 BIOS 设置中将第一启动项设置为光驱(CD-ROM),然后将 Windows XP 系统光盘放入光驱。

②重新启动计算机,屏幕出现“press any key to boot from CD...”提示符,按任意键即可从光盘引导,如图 4-25 所示。

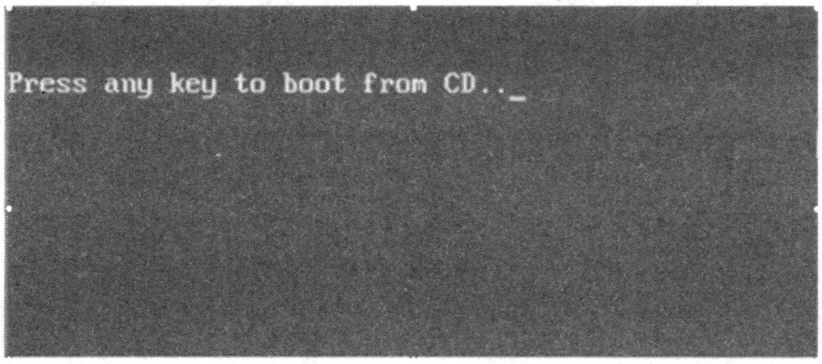

图 4-25 按任意键从光盘启动

③计算机启动后,安装程序开始检测硬件环境,随后会自动装载安装系统所必须的文件,稍后会进入安装 Windows XP 的欢迎界面。进入欢迎界面后,按“Enter”键开始安装 Windows XP,如图 4-26 所示。

④接着会看到 Windows XP 的用户许可协议,按“F8”键同意协议,继续安装,如图 4-27 所示。

⑤选择系统要存在的分区。如果是一块尚未分区和格式化的新硬盘,这里,根据第三个选项,先创建分区,键入“C”,如图 4-28 所示。

⑥选择创建分区的大小(以 MB 为单位,这里输入 20 000 MB≈20 GB),然后按回车键,如图 4-29 所示。

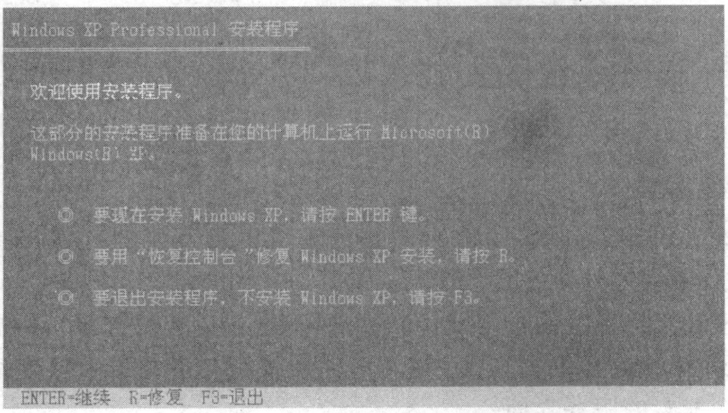

图 4－26 欢迎界面

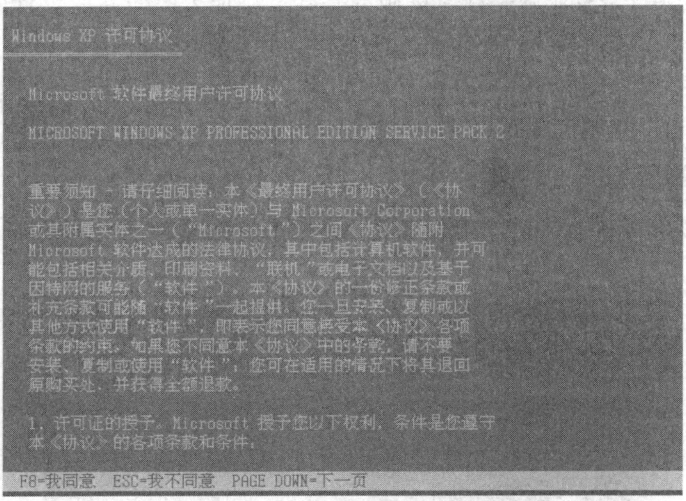

图 4－27 Windows XP 许可协议

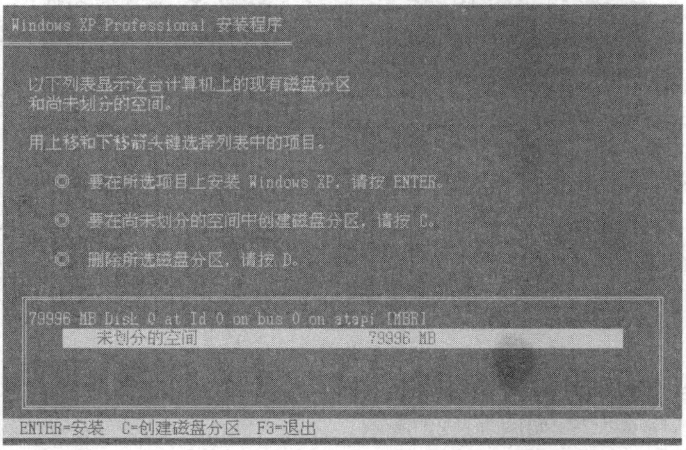

图 4－28 分区选项

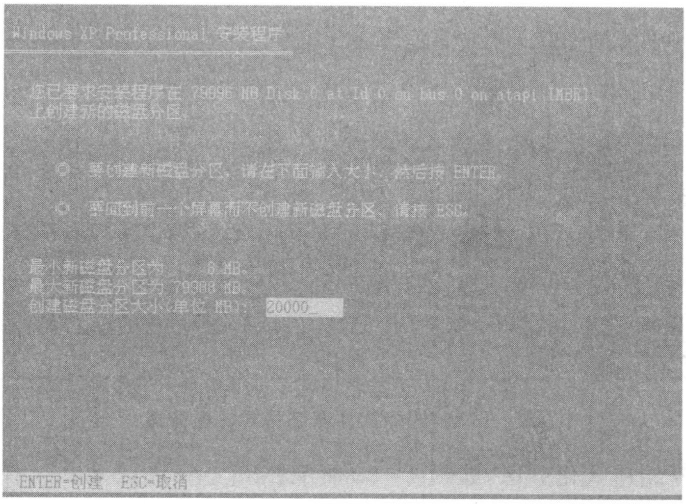

图 4－29　创建分区

⑦系统自动创建分区，然后就可以在创建的分区上安装操作系统了。用上、下方向键选择划分好的分区，这里按回车键选择第一分区，如图 4－30 所示。

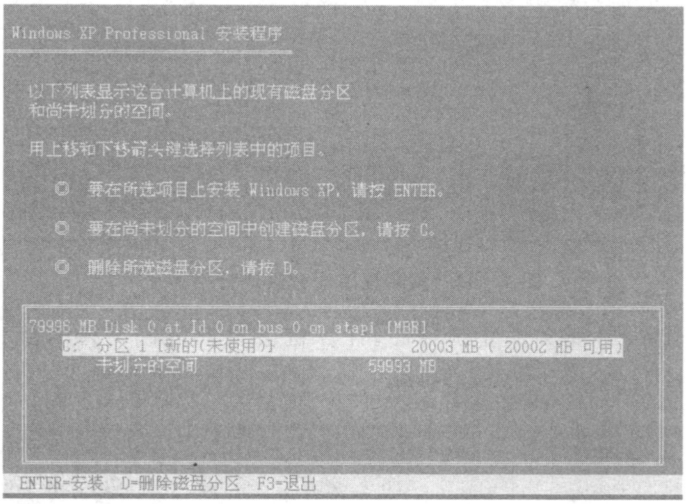

图 4－30　选择安装盘符

⑧选择文件系统和格式化方式，这里选择“用 NTFS 文件系统格式化磁盘分区(快)”，按回车键继续，如图 4－31 所示。

提示

建议使用 NTFS 文件系统格式磁盘再安装 Windows XP，因为 NTFS 文件系统比较安全，磁盘空间使用的效率也比较高。选择“用 NTFS 文件系统格式化磁盘分区(快)”，其中的“快”是快速格式化的意思。

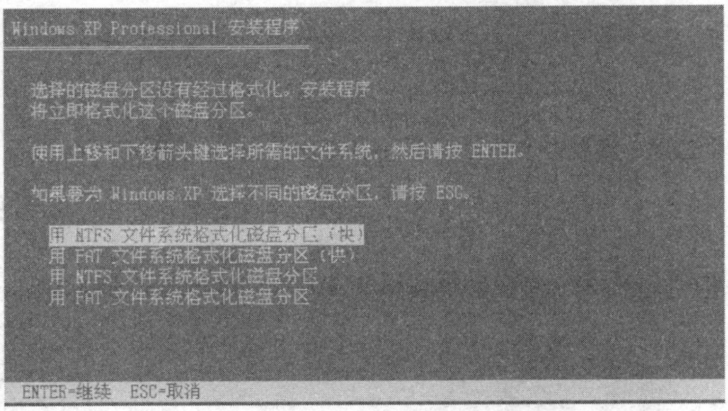

图 4-31　选择文件系统格式磁盘分区

⑨安装程序开始格式化分区，如图 4-32 所示。

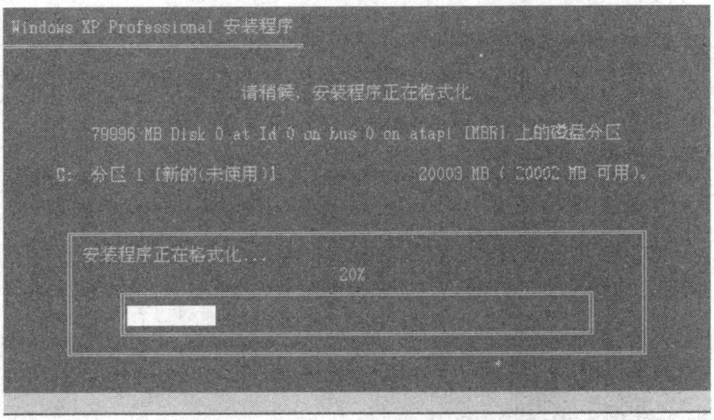

图 4-32　安装程序对分区进行格式化

⑩格式化完成后，出现文件复制界面，计算机会自动复制文件直到完成，如图 4-33 所示。

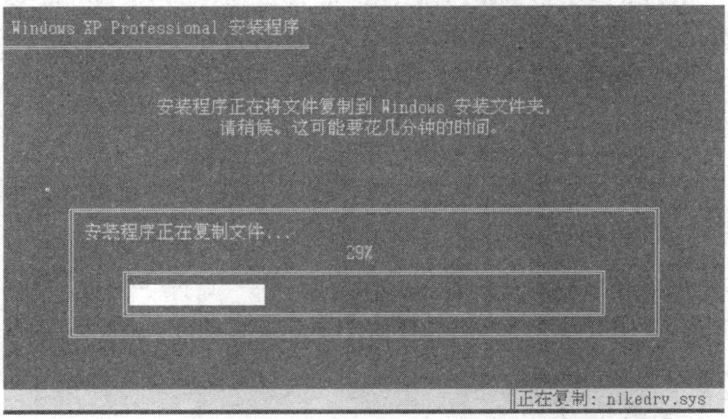

图 4-33　文件复制界面

⑪文件复制完 15 s 后计算机会自动重新启动，计算机重启后系统进行自动安装，如图 4－34 所示。

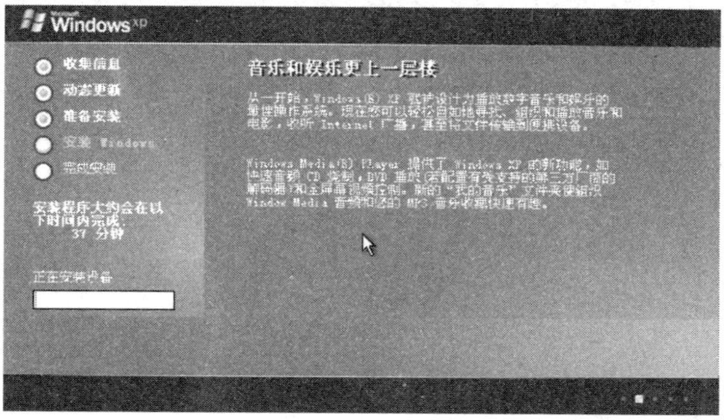

图 4－34　系统安装过程

⑫检测安装设备，并出现区域和语言设置菜单。直接单击“下一步(N)”继续安装，如图 4－35 所示。

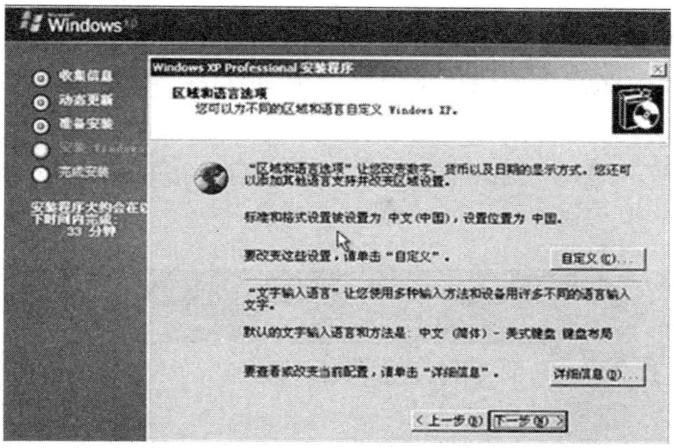

图 4－35　“区域和语言选项”对话框

⑬输入用户姓名和单位，单击“下一步(N)”按钮继续安装，如图 4－36 所示。

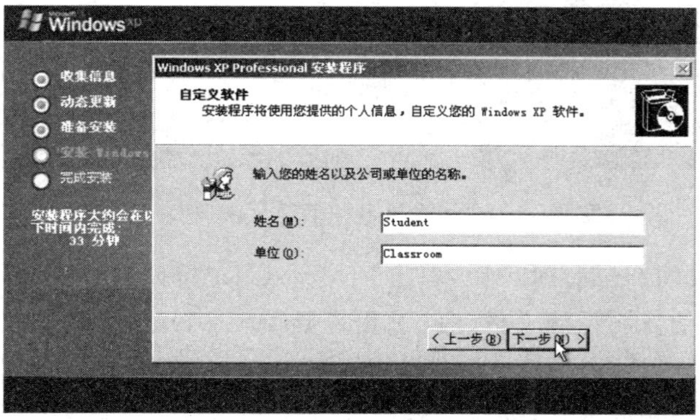

图 4－36　“自定义软件”对话框

⑭输入产品密钥(序列号),单击“下一步(N)”按钮继续安装,如图 4－37 所示。

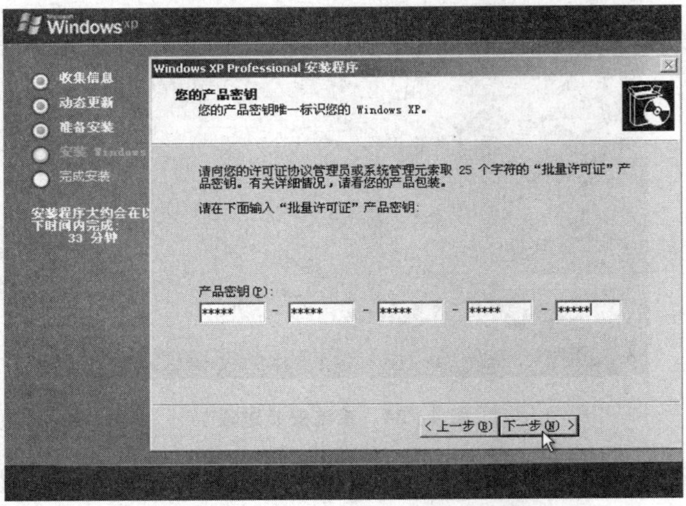

图 4－37 输入产品密钥

⑮设置计算机名和管理员密码,标准字符是从 0～9 的数字、从 A～Z 的大小写英文字母以及连字符(-)等。计算机名不能完全由数字组成,也不能包含空格。而且还不能包含以下特殊字符:“＜、＞、;、:、"、*、+、=、\、|、?、,、”,系统管理员密码是系统内置管理员账号 Administrator 的密码,若不填,则为空密码。设置好后单击“下一步(N)”按钮。如图 4－38 所示。

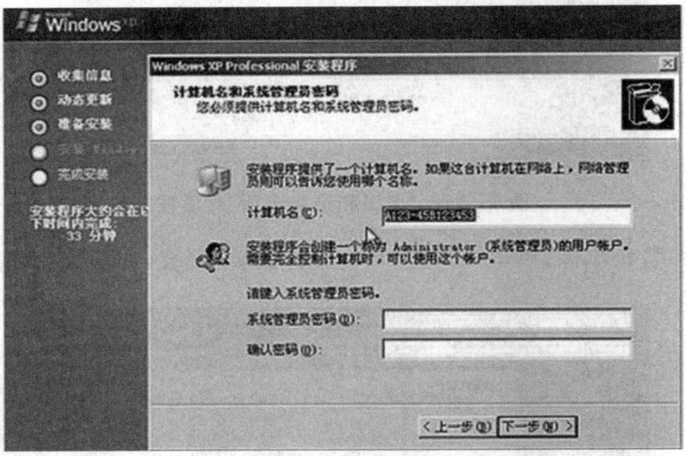

图 4－38 “计算机名和管理员密码”对话框

⑯设置当前的时间/日期/时区后,单击“下一步(N)”按钮继续安装,如图 4－39 所示。

⑰开始安装,自动复制系统文件。此过程需要 10～30 min。如图 4－40 所示。

⑱在“网络设置”对话框中,有“典型设置”和“自定义设置”两个选项。典型设置是系统默认的设置,采用动态获取方式,即自动获取 IP 地址等信息;自定义设置是根据所处的网络环境,手动配置 IP 地址等信息。一般选择“典型设置”,然后单击“下一步(N)”按钮即可,如

图 4 - 41 所示。

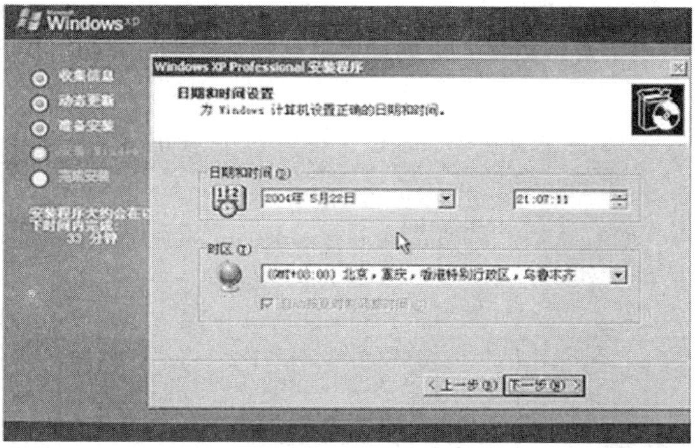

图 4 - 39　“时间和日期设置”对话框

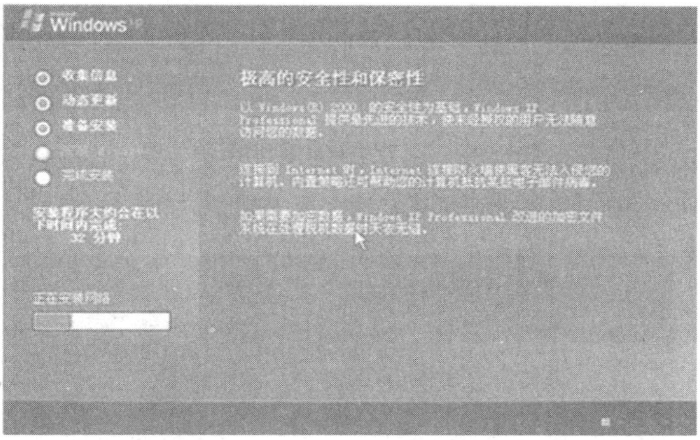

图 4 - 40　安装 Windows XP 组件

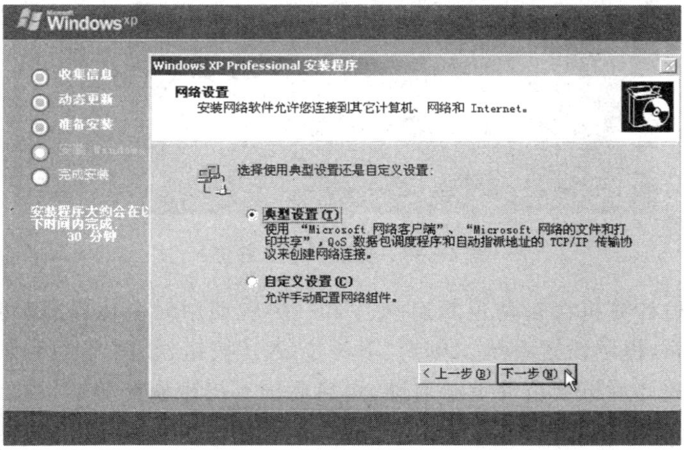

图 4 - 41　“网络设置”对话框

⑲接下来是“工作组或计算机域”的设置，要根据所处的网络环境选择，也可以先采用默认的工作组方式先完成系统的安装，然后在系统完成安装后，在“我的电脑”→“属性”→“计算机名”→“更改”选项下进行更改。这里选择默认的加入到工作组。单击“下一步(N)”按钮，如图 4－42 所示。

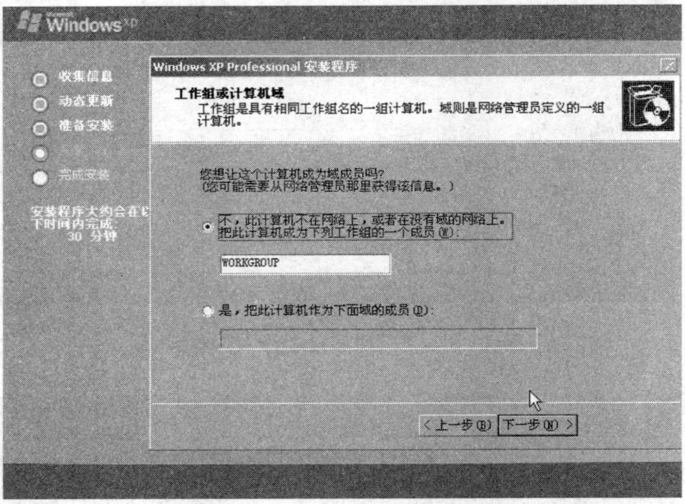

图 4－42 “工作组或计算机域”对话框

⑳继续安装，以后的工作就由计算机自动完成安装了，如图 4－43 所示。

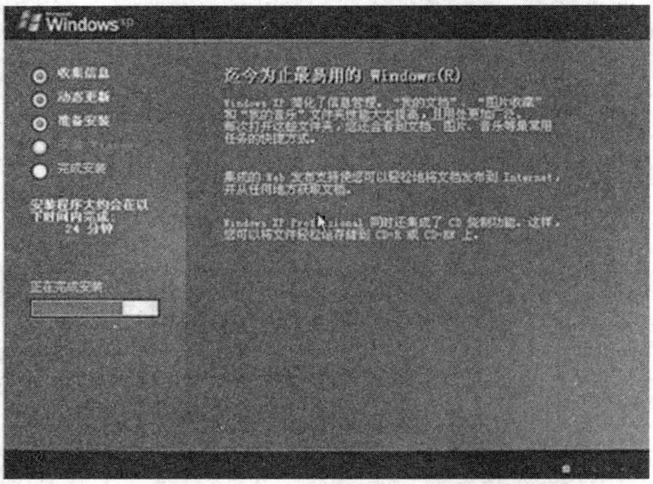

图 4－43 安装程序正在进行

㉑完成安装后计算机会自动重新启动。第一次启动用时会比较长，可耐心等待。接下来会出现欢迎界面，提示设置系统。单击“下一步(N)”按钮，如图 4－44 所示。

㉒完成安装后计算机会自动重新启动，重启后屏幕出现调整分辨率提示，单击“确定”按钮，进入 Windows XP 的设置向导。单击“下一步”按钮，根据向导完成初始配置。如图 4－45 所示。

图 4－44　Windows 欢迎界面

图 4－45　分辨率设置

㉓将 Windows XP 的分辨率和刷新率设置成你自己希望的大小，见到蓝天白云的桌面，到此完成了 Windows XP 操作系统的安装。如图 4－46 所示。

图 4－46　Windows XP 的桌面

2. Windows 7 安装简介

Windows 7 是由微软公司开发的操作系统。该系统旨在使人们的日常计算机操作更加简单和快捷，为人们提供高效易行的工作环境。Windows 7 针对不同用户研发了 5 个版本：Windows 7 简易版、Windows 7 家庭普通版、Windows 7 家庭高级版、Windows 7 专业版和 Windows 7 旗舰版。

Windows 7 的安装方法相对于安装 Windows XP 来讲，更容易些。下面简单介绍 Windows 7 旗舰版的安装。

具体操作

①在 BIOS 设置中将第一启动项设置为光驱(CD－ROM)，将 Windows 7 系统光盘放入光驱；重新启动计算机，系统启动后引导光盘上的安装程序进入安装操作，开始出现安装画面。

②根据安装向导接受协议开始安装。

③选择硬盘分区(分区格式为 NTFS 文件系统)。

④输入产品密钥，完成系统初始设置，直到安装完成。Windows 7 的启动界面如图 4－47 所示。

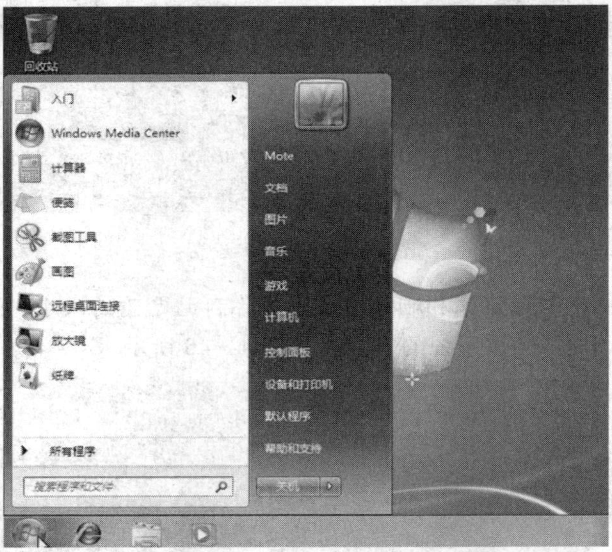

图 4－47　Windows 7 系统界面

3. 一键安装光盘简介

一键安装光盘也称克隆盘，是用 GHOST 工具和其他系统软件封装好的系统光盘，用于安装新的系统或恢复系统到先前的一个状态，因其使用方便和操作时间短而深受计算机使用者的喜好。常见的有比较流行的 GHOST XP，GHOST 版系统一般在十分钟左右基本可以安装完毕，而且最新 GHOST 版本集成了最新的系统补丁，保证了系统的安全。

实训 7　Windows XP 操作系统的安装

实训目的

(1)通过 Windows XP 的安装,掌握 Windows XP 安装的全过程。

(2)掌握 Windows XP 配置与优化的基本操作。

实训内容

(1)在新格式化的硬盘上安装 Windows XP。

(2)将 Windows XP 桌面设置为 Windows 精典方式。

任务 3　启动盘制作

1. 光盘的刻录

光驱可以用来刻录光盘,但是,并不是一般的光驱就可以刻录光盘,可以刻录光盘的光驱称为"光盘刻录机",CD－RW 和 DVD－RW 都是光盘刻录机,可以用来刻录光盘。所以,如果你要将重要资料制作成光盘,就必须买一部光盘刻录机。CD－RW 光盘刻录机只能使用 CD－RW 光盘,而且只能刻录一次;而 DVD－RW 光盘刻录机则可以使用 CD－RW 和 DVD－RW 光盘。除了买光盘刻录机外,还要安装光盘刻录软件,如 Easy－CD Pro、Easy－CD Creator、Nero 等,都是常用的刻录程序。通常购买光盘刻录机,都会附赠刻录软件。有了光盘刻录机和刻录程序后,就可以自己刻录光盘了。下面简单介绍用 Nero 软件如何刻录数据光盘。

具体操作

①运行 Nero 软件,如图 4－48 所示。

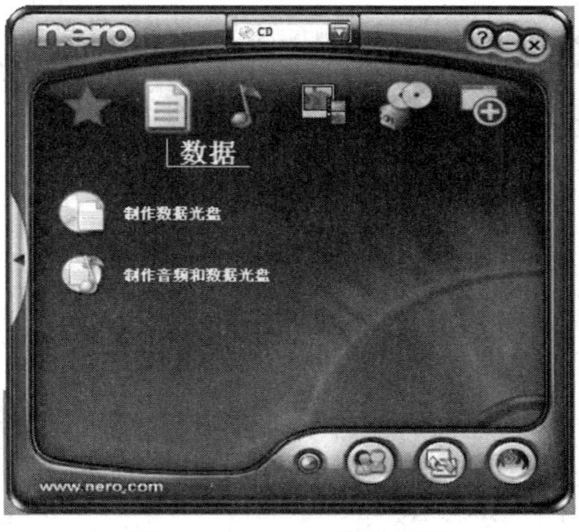

图 4－48　Nero 的主界面

②单击上面的下拉框,选择要刻录的光盘类型,如图 4-49 所示。

③选择“DVD”,将光标移动到“数据”选项上,单击“制作数据 DVD”继续,如图 4-50 所示。

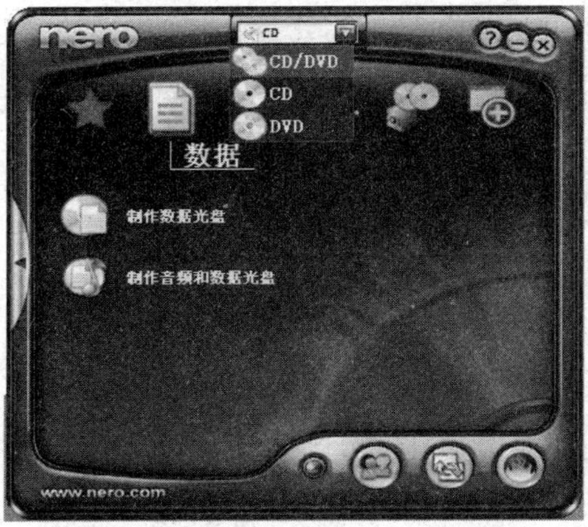

图 4-49 选择刻录光盘的类型

图 4-50 选择菜单

④单击“Add”按钮,添加数据,直到完成;单击“Next”按钮继续,如图 4-51 所示。

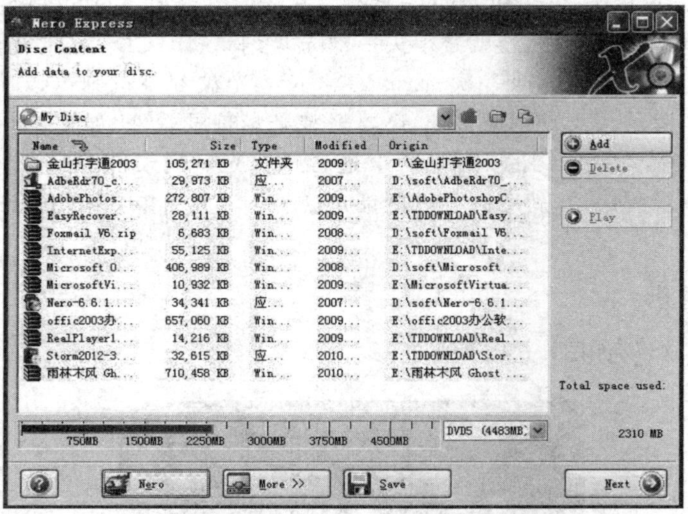

图 4-51 添加数据

⑤选择要使用的刻录机,更改光盘名称并设置要刻录光盘的张数,完成设置后单击“Burn”按钮开始刻录,如图 4-52 所示。

⑥完成 100%刻录后,刻录机会自动弹开,在刻录的时候不能取出光盘,否则光盘会刻坏,数据将不能使用。

2. 光盘启动盘的制作

用于制作启动光盘的软件很多,这里介绍怎样用 Easy Boot 工具制作启动盘。Easy Boot 是一款集成化的中文启动光盘制作工具,用它可以制作光盘启动菜单、自动生成启动文

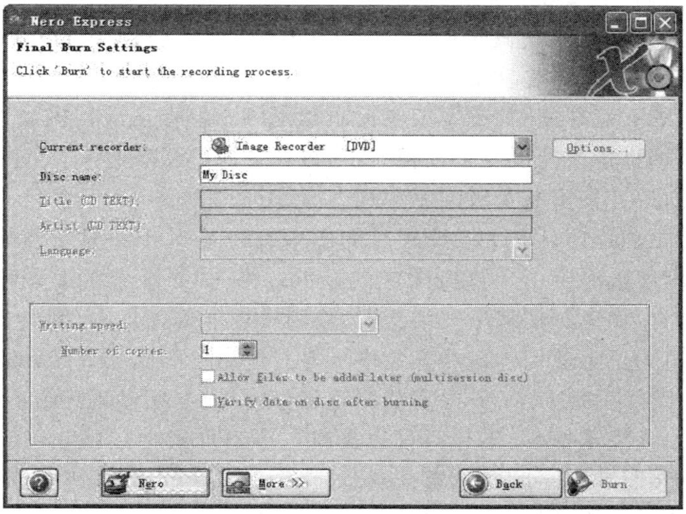

图 4-52 设置光盘名称等

件并生成可启动 ISO 文件。只要通过 CD-RW 刻录软件即可制作完全属于自己的启动光盘。

实训 8 使用 Nero 制作一张系统盘

实训目的

(1)掌握光盘刻录的基本操作。

(2)掌握如何刻录系统盘和制作数据光盘及影视光盘。

实训内容

(1)使用刻录软件复制一张系统盘。

(2)使用 Nero 软件制作一张影视光盘。

任务 4 设备驱动程序的安装

驱动程序英文名为“Device Driver”,是一种可以使计算机和设备通信的特殊程序,可以说相当于硬件的接口。操作系统只有通过这个接口,才能控制硬件设备的工作,假如某设备的驱动程序未能正确安装,便不能正常工作。因此,驱动程序被誉为“硬件和系统之间的桥梁”,它是操作系统控制硬件工作的必备工具。

从理论上讲,所有的硬件设备都需要安装相应的驱动程序才能正常工作。但像 CPU、内存、主板、键盘、显示器等设备却并不需要安装驱动程序也可以正常工作,而显卡、声卡、网卡等却一定要安装驱动程序,否则便无法正常工作。

每台计算机操作系统安装完毕后都必须安装驱动程序。目前最新的操作系统都内置了大量的驱动程序，当操作系统安装完成后，大部分的硬件已被驱动，可以正常使用。但为了更好地发挥这些硬件的功能，建议使用者手动安装随设备自带的硬件驱动程序。

硬件驱动程序的安装顺序：首先安装主板驱动程序。主板是计算机最重要的配件之一，计算机中各个部件都直接或间接与主板相连，它将各个配件联系起来，为它们提供发挥最佳性能的平台。因此，应首先安装主板的驱动程序。

其次安装显卡驱动程序，CPU 将处理后的图像通过显卡传到显示器显示多彩的画面，因此，显卡在很大程度上决定了计算机图像的显示效果，如果显卡的驱动程序未安装，会造成显示图像质量低劣，如果驱动程序安装错误，轻则出现屏幕闪烁，重则会造成花屏、无法显示图像，影响计算机的正常使用。最后安装声卡等其他设备的驱动程序，顺序无讲究。

在 Windows XP/2003/Vista/7 中安装驱动程序时，有些驱动程序没有经过微软公司的认证，在安装时会出现提示框，如果此时可以确信此驱动能够使设备正常工作，就单击“是”继续安装。对于安装驱动程序后要求重新启动计算机，有些人可能把全部的驱动程序装好后一次性重启，有些人可能是每装好一个驱动程序就重启一次。其实，这要看前后安装的驱动程序是否有冲突来分别对待。比如安装的是主板驱动程序，那就必须按要求重启计算机，如果装的是显卡或声卡之类的驱动程序，就可以等全部装好后再重启。不过建议在每装好一个驱动之后就重启一次计算机。

如果安装的驱动程序版本或型号不正确，系统不能正常运行，可以先把系统启动到“安全模式”下，把错误的驱动删除后再启动到正常模式下，重新安装驱动程序。

提示

在机器重启，BIOS 自检后，按 F8 键会出现启动模式选择。在安全模式下系统只启动必须的程序运行，像主板、显卡等驱动程序是不会运行的。

1. 主板驱动程序的安装

具体操作

①将机器自带的主板驱动光盘放入光驱中，找到主板驱动程序所在的文件夹（一般在“MOTHERBD”文件夹中）并打开，双击“Setup. exe”开始安装。

②选择安装的语言后单击“下一步（N）”按钮继续安装，如图 4－53 所示。

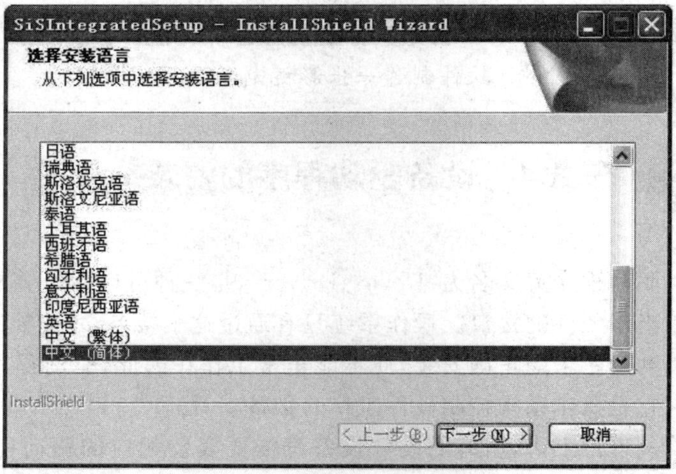

图 4－53 选择安装的语言

③单击“下一步（N）”按钮继续安装，如图 4－54 所示。

④更改好安装路径（一般不要改变路径）后单击“下一

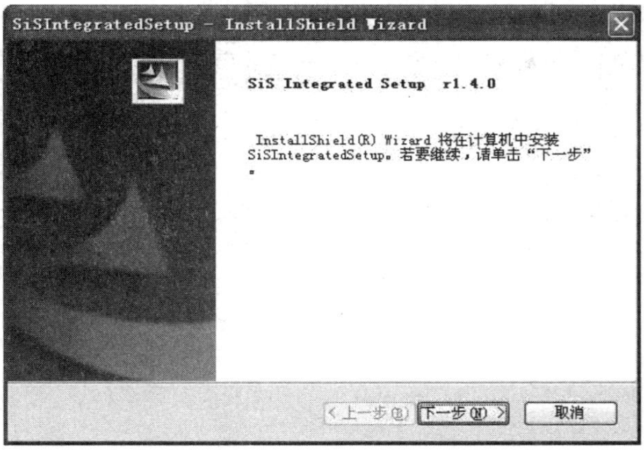

图 4-54　提示是否需要安装，不安装单击“取消”按钮

步(N)”按钮继续安装，如图 4-55 所示。

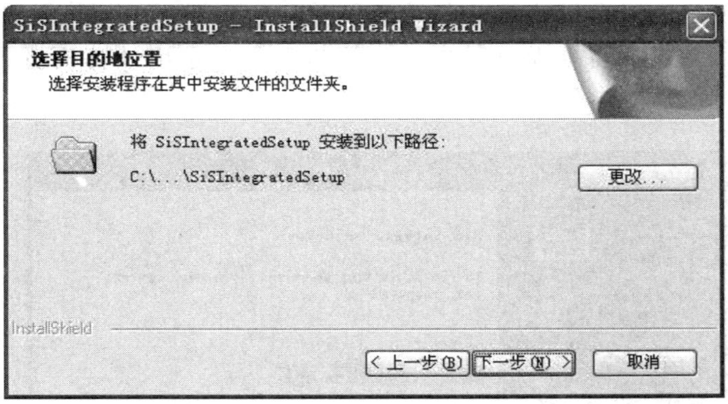

图 4-55　选择安装路径

⑤选择所要安装的程序后，单击“下一步(N)”按钮继续安装，如图 4-56 所示。

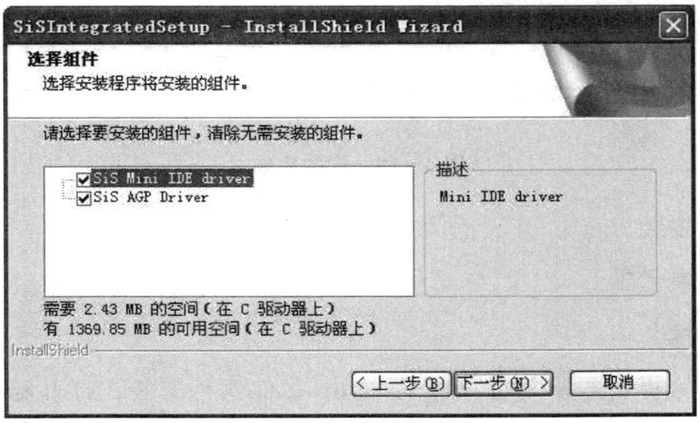

图 4-56　提示要安装主板的型号及所要求的磁盘空间

⑥正确设置后，单击“安装”按钮继续，如图 4-57 所示。

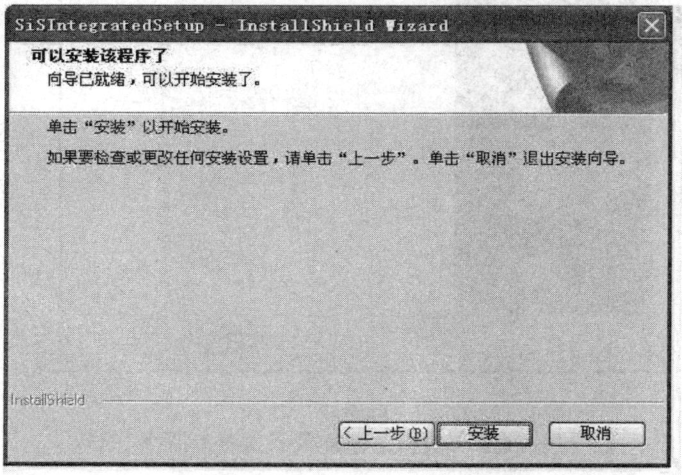

图 4-57 单击“安装”按钮开始安装

⑦安装完成后，单击“是，立即重新启动计算机”，只有重启计算机设置才能生效，如图 4-58所示。

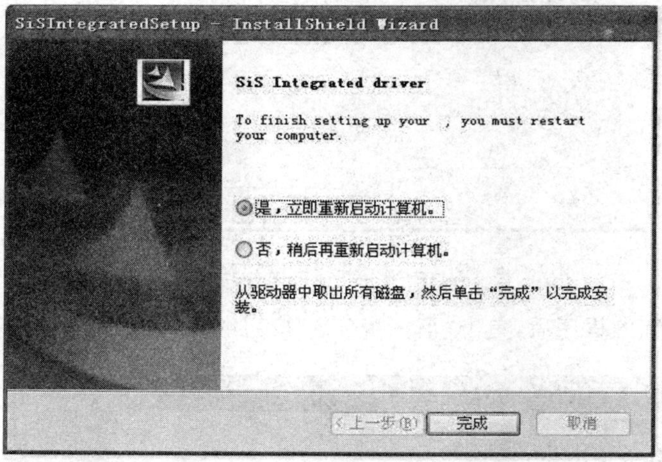

图 4-58 安装完成

2. 显卡驱动的安装

1)使用光盘全新安装

具体操作

①使用设备厂家提供的驱动程序中的 setup 文件执行安装。打开随机自带的显卡光盘，找到显卡驱动所在的文件夹(显卡驱动一般在“Video”文件夹下)，双击“Setup. exe”文件执行安装。单击“下一步(N)”按钮继续安装，出现欢迎安装界面，如图 4-59 所示。

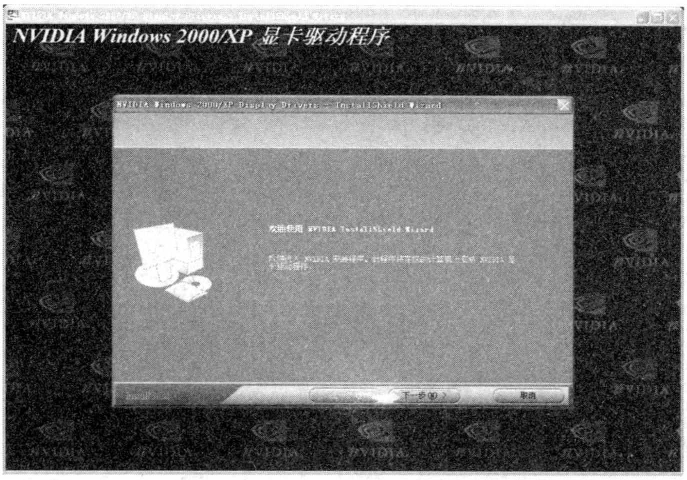

图 4-59　显卡安装的欢迎界面

②阅读显卡安装许可协议,单击“是(Y)”按钮继续安装,如图 4-60 所示。

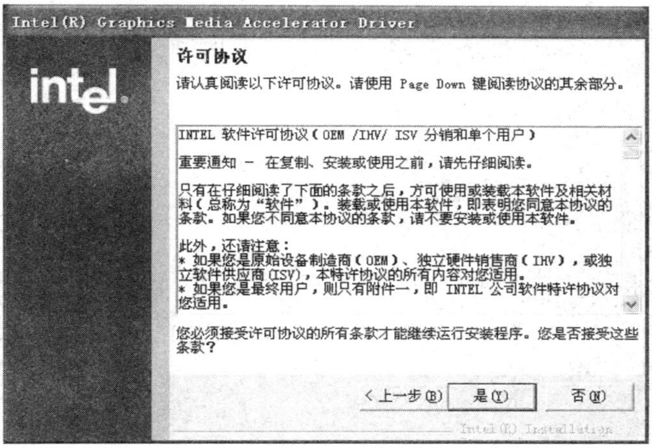

图 4-60　显卡安装许可协议

③正在安装驱动所需组件,如图 4-61 所示。

④显卡驱动程序安装完成后,必须重新启动计算机,设置才能生效,单击“是,立即重新启动计算机”,如图 4-62 所示。

2)查找法安装显卡驱动

查找法一般用于硬件驱动程序没有自动安装或硬件驱动程序需要升级的情况。下面介绍用查找法安装显卡驱动程序的步骤和方法。

具体操作

①主板驱动程序安装完毕后,重新启动计算机,会提示发现新硬件,或者在桌面上找到“我的电脑”图标,单击鼠标右键,从快捷菜单中选择“管理”,在打开的窗口中选择“设备管理器”,在右侧找到“显示卡”;单击鼠标右键,从快捷菜单中选择“更新驱动”安装驱动程序,如

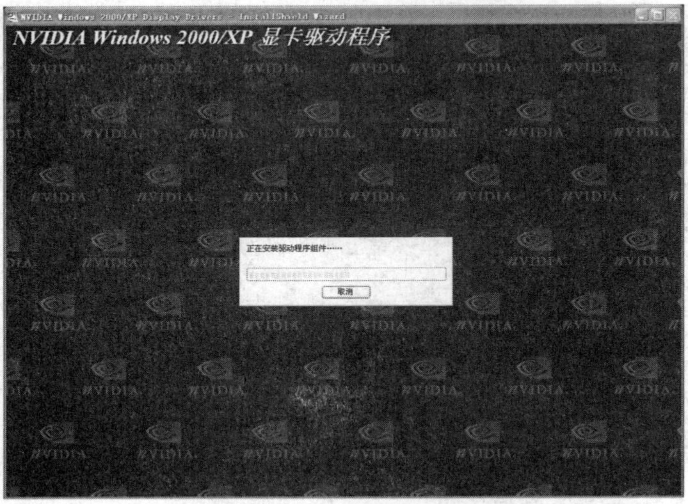

图 4－61　安装驱动组件

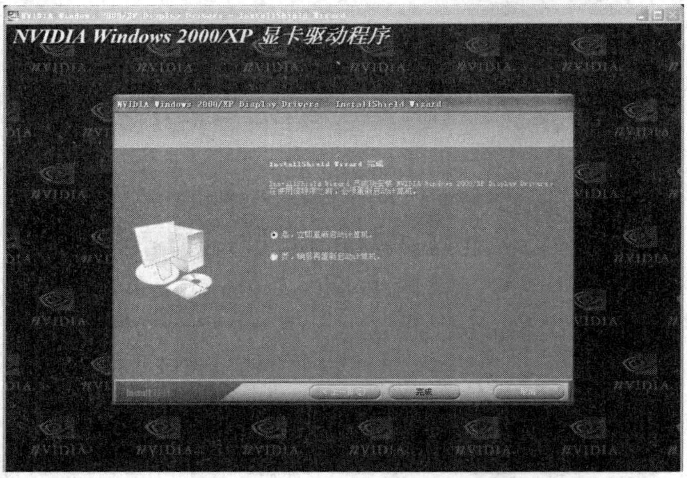

图 4－62　安装完成，立即重启计算机

图 4－63 所示。

②在更新向导中选择“否，暂时不(T)”，不通过网络查找驱动程序；单击“下一步(N)”按钮继续，如图 4－64 所示。

③选择“从列表或指定位置安装(高级)(S)”，单击“下一步(N)”按钮；如图 4－65 所示。

④单击“浏览(R)”按钮，找到驱动程序所在的位置，如图 4－66 所示；再单击“下一步(N)”按钮进行安装。

2. 声卡驱动程序的安装

具体操作

①将带有声卡驱动程序的光盘放入光驱中，打开光盘，找到声卡驱动所在的位置(一般声卡驱动程序在“Audio”或“Sound”文件夹中)，双击“Setup”出现安装向导，单击“下一步

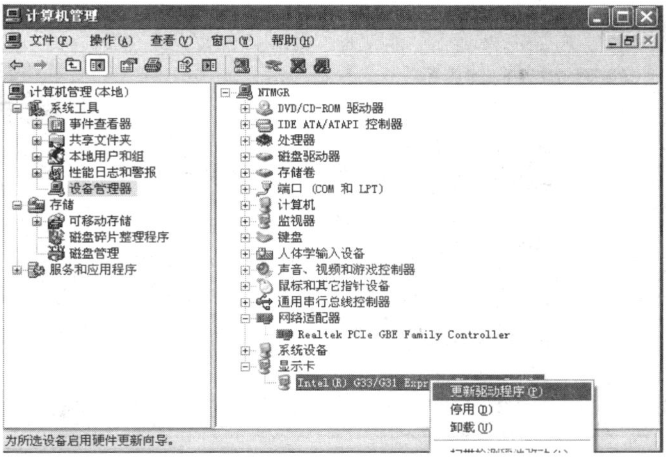

图 4-63 更新驱动程序

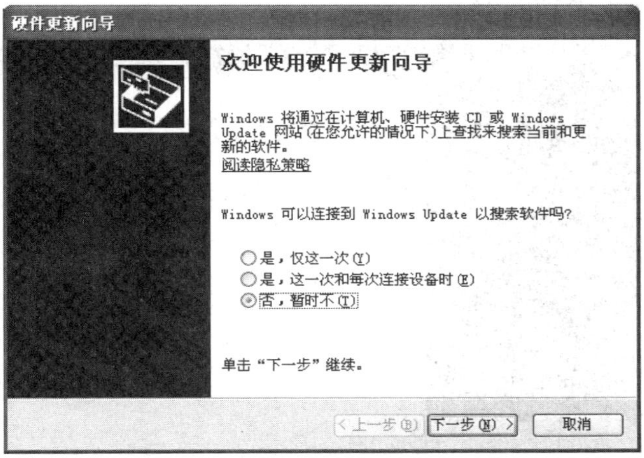

图 4-64 选择安装方式

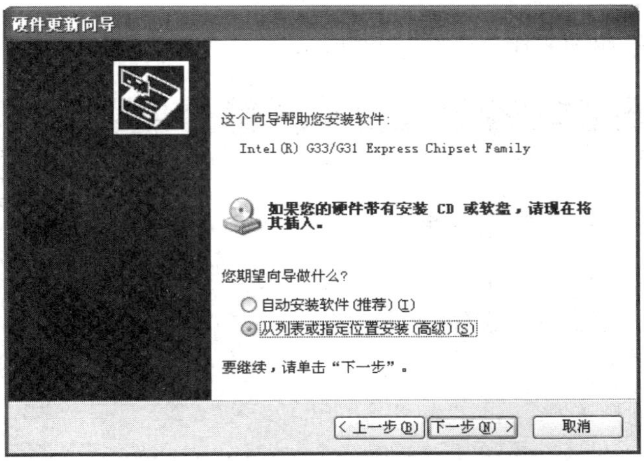

图 4-65 选择安装方法

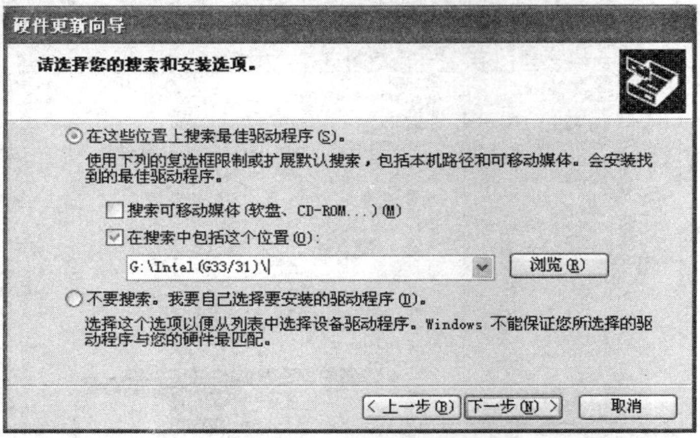

图 4-66　浏览驱动程序所在的存储位置

(N)”继续按钮，如图 4-67 所示。

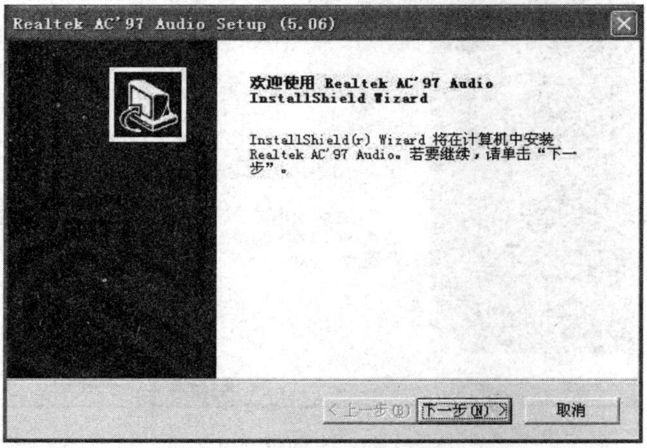

图 4-67　安装向导

②开始安装声卡驱动程序，如图 4-68 所示。

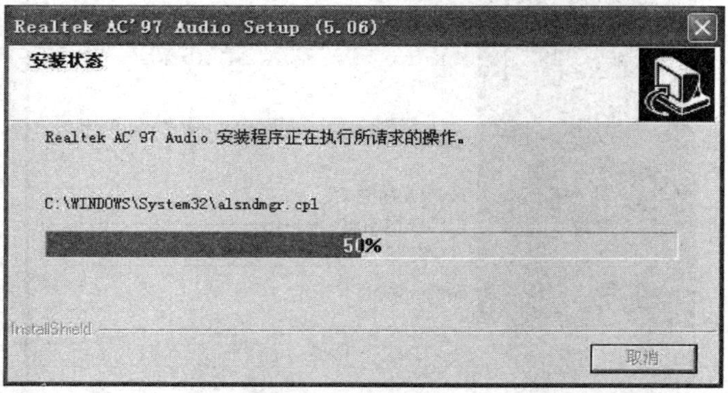

图 4-68　正在安装驱动程序

③完成安装，选择“是，立即重新启动计算机”，如图 4－69 所示。

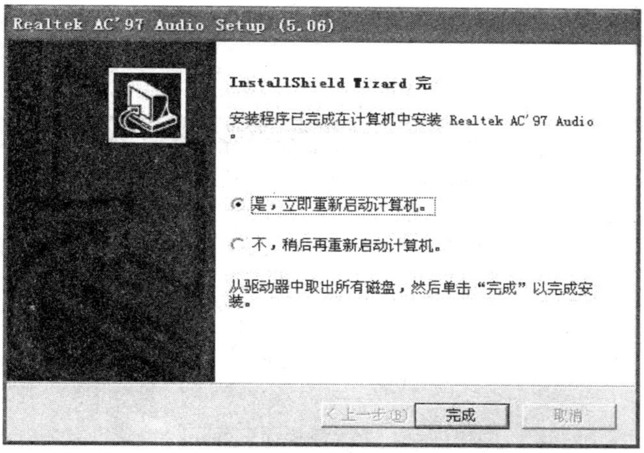

图 4－69　完成安装，重启计算机

实训 9　显卡、打印机、扫描仪、摄像头驱动程序的安装

实训目的

学习安装各种硬件的驱动程序。

实训内容

安装主板、显卡、声卡及各种外设的驱动程序。

任务 5　几种典型工作场景下微机软件的选择安装

1. 办公自动化工作场景

王二是公司的系统管理员。公司计划新购买一批计算机给新进员工使用，员工使用计算机主要是对公司的产品销售订单进行数字化加工。王二安装操作系统时，尽量选择市场流行并且能让员工熟练使用的版本，他还需安装功能尽量多的办公软件。王二作为系统管理员，应根据要求部署办公自动化环境。

目前市场上使用的操作系统中版本比较高的工作站系统是 Windows 7，但是相对于大多数计算机使用者来讲，没有使用 Windows XP 熟练，所以这里选择使用 Windows XP 操作系统；目前办公软件有金山 Office 和 MS Office 等软件，大多数人习惯用 MS Office；目前比较流行的是 Office 2003 版本，这里介绍如何安装 Office 2003。

具体操作

①打开 Office 软件,在安装界面中输入产品密钥,然后单击“下一步(N)”按钮,如图 4-70 所示。

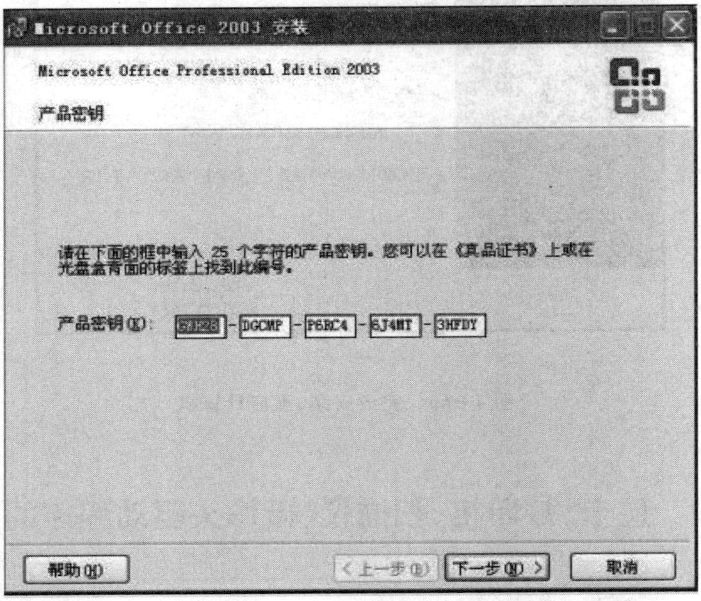

图 4-70　输入产品密钥

②设置“用户名”“单位”,然后单击“下一步(N)”按钮,如图 4-71 所示。

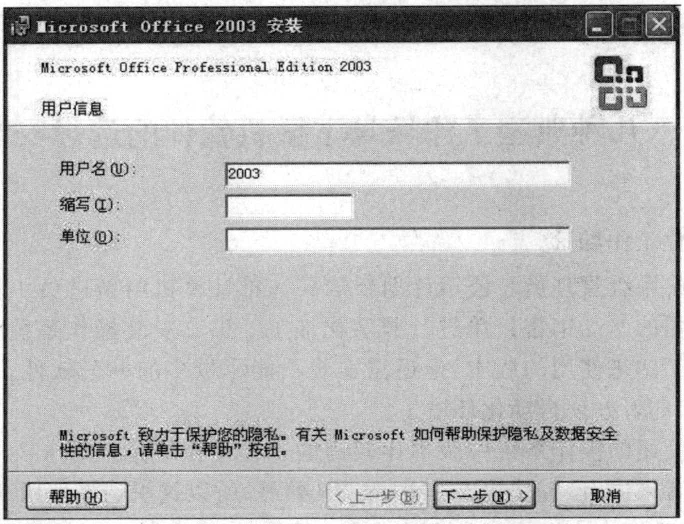

图 4-71　填写用户信息

③在用户许可协议界面,勾选“我接受《许可协议》中的条款(A)”,单击“下一步(N)”按钮,如图 4-72 所示。

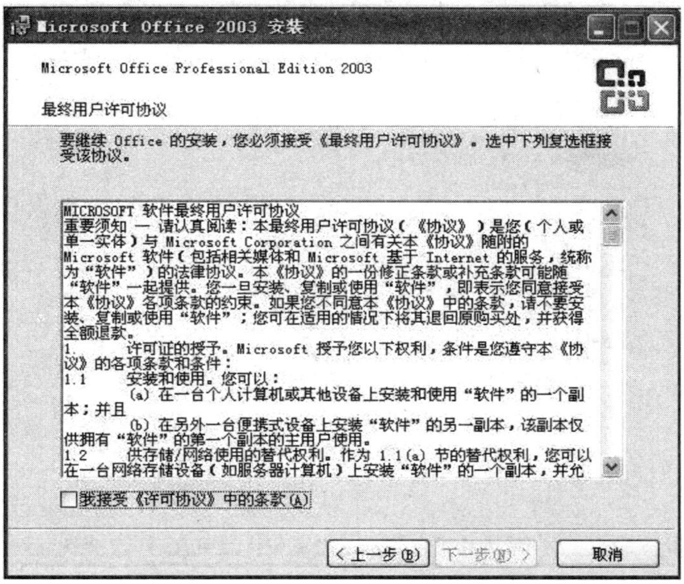

图 4－72　接受用户许可协议

④选择安装类型。一般情况下，选择“典型安装”，再选择安装路径，然后单击“下一步(N)”按钮，如图 4－73 所示。

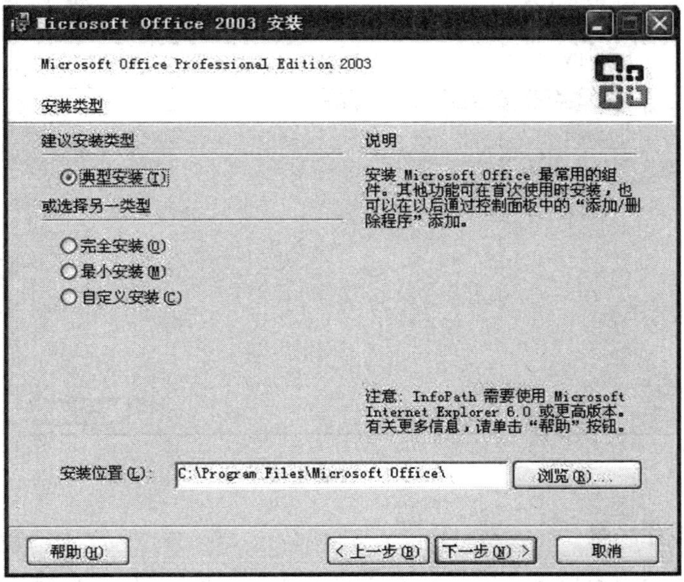

图 4－73　选择安装类型及安装路径

⑤选择在 Office 中安装哪些应用软件，然后单击“安装(I)”按钮，如图 4－74 所示。

⑥等安装进度条运行结束后，Office 就安装完成了。在这个过程中千万不要单击“取消”按钮，否则将不能完成 Office 的安装。如图 4－75 所示。

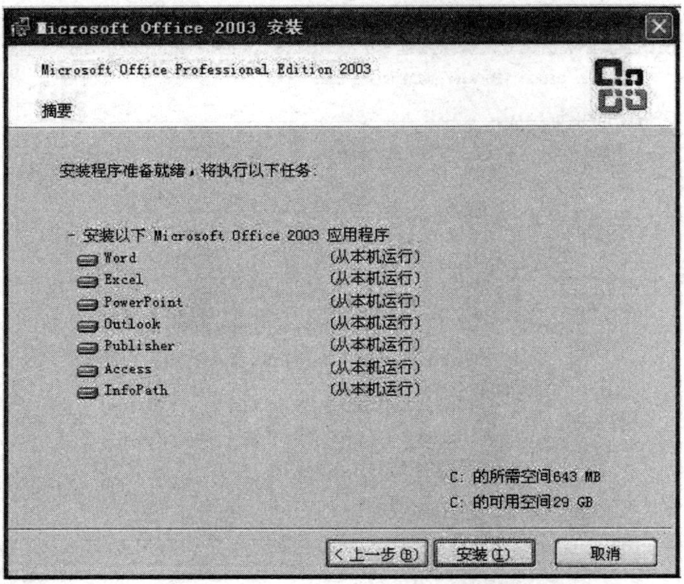

图 4-74　安装摘要

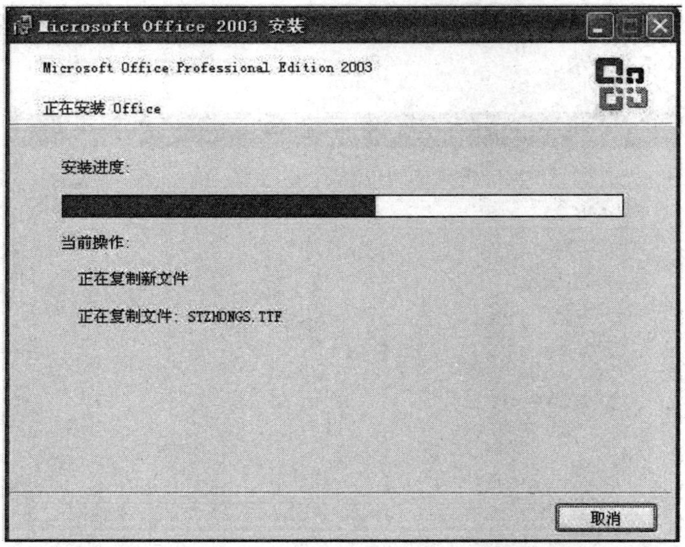

图 4-75　安装进度界面

2. 网页设计工作场景

一家网站设计公司邀请王二为其搭建网站设计与制作环境，要求设计师使用 Windows XP 作为工作站系统，安装 Dream weaver 8.0 网页制作软件，使用 Windows Server 2003 企业版作为网站测试服务器。要求王二根据要求，完成系统的部署。

具体操作

①根据前面所学知识，我们已经会安装操作系统。这里，首先完成 Windows XP 的安

装，再安装驱动驱动程序，接下来安装 Dream weaver 8.0。找到 Dream weaver 8.0 的安装程序，双击打开它，接受许可协议，然后单击“下一步”按钮，如图 4 - 76 所示。

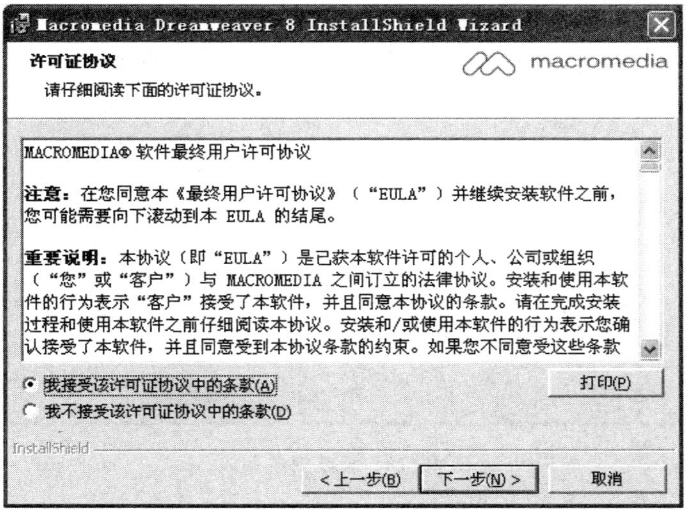

图 4 - 76　接受许可协议

②选择程序安装的目标文件夹后，单击“下一步(N)”按钮，如图 4 - 77 所示。

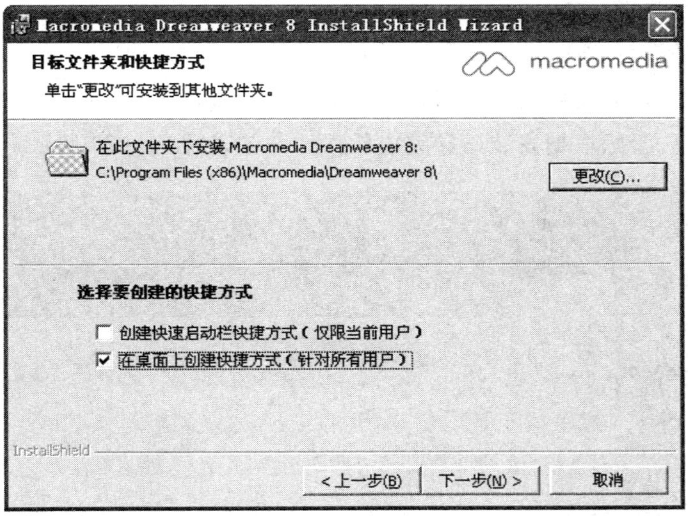

图 4 - 77　选择安装目录

③单击“完成(F)”按钮完成安装，如图 4 - 78 所示。

3. 下载、阅读、压缩软件

王二是某高校图书馆电子阅览室管理员，由于需要，图书馆新增了一批计算机，系统使用 Windows Vista。电子阅览室主要供学生上网学习、查阅图书资料使用，作为系统管理员，王二需要为新的计算机系统安装一款合适的阅读器软件，他在该环境下部署系统。

学生在电子阅览室学习，可能会从网上下载一些资料，直接用 IE 浏览器下载速度稍慢，

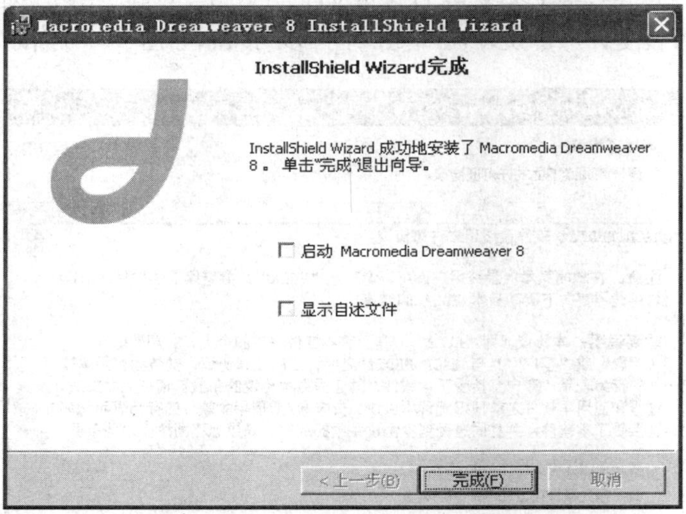

图 4-78　程序安装完成

选用下载工具就会快些。常用的下载工具有网络快车、迅雷等。有些下载的文件是经过压缩的，要想读取文件必须要先解压。王二决定选取超星阅读器作为学生的在线阅读工具，选取迅雷下载工具和 Win RAR 解压缩软件来部署电子阅览室。

1）下载并安装迅雷软件

具体操作

①登录迅雷官方网站（www. xunlei. com）下载迅雷软件。

②双击可执行文件，根据安装向导完成软件的安装，如图 4-79 所示。

图 4-79　迅雷运行界面截图

2)安装超星阅览器

阅读超星数字图书网图书需要下载并安装专用阅读工具——超星阅览器。用超星阅览器除可阅读图书外,还可用于扫描资料、采集整理网络资源等。

具体操作

①从网上下载超星阅览器程序,双击“setup. exe”开始安装。

②在超星阅览器安装向导中单击“下一步(N)”按钮,如图 4－80 所示。

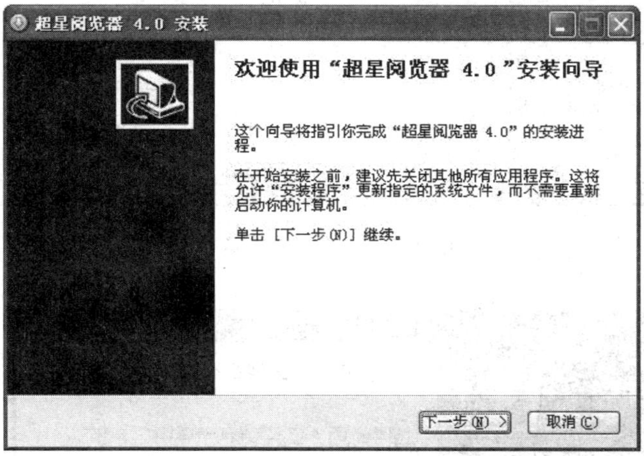

图 4－80　安装向导

③阅读“许可证协议”,然后单击“我接受(I)”按钮,如图 4－81 所示。

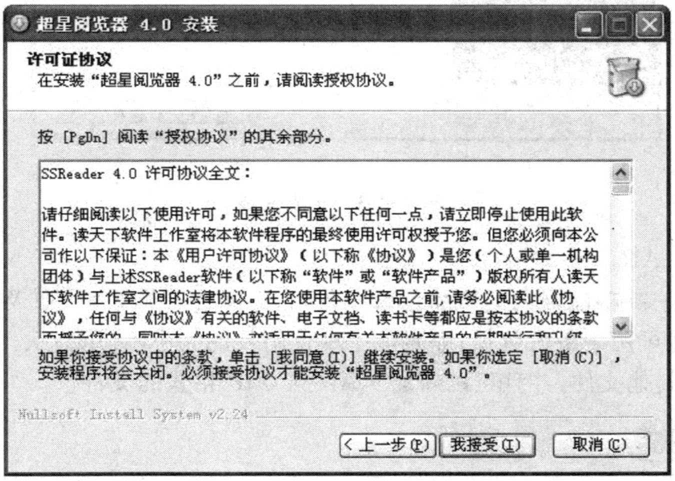

图 4－81　用户许可协议

④选择安装路径后,单击“安装(I)”按钮,如图 4－82 所示。

⑤单击“完成(F)”按钮,完成“超星阅览器 4.0”的安装,如图 4－83 所示。

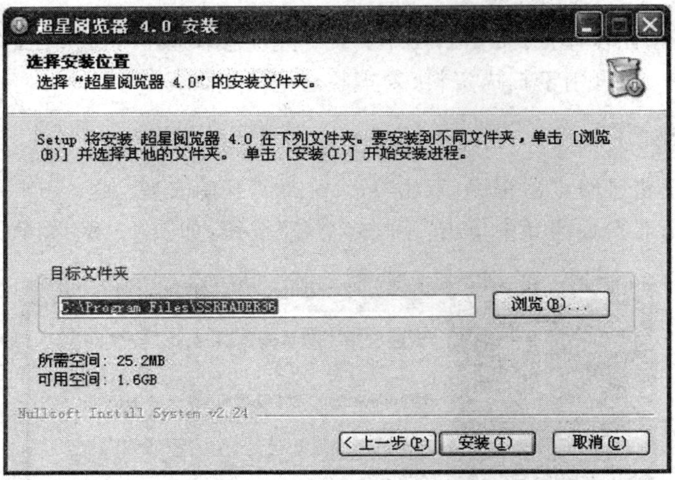

图 4-82　选择安装路径

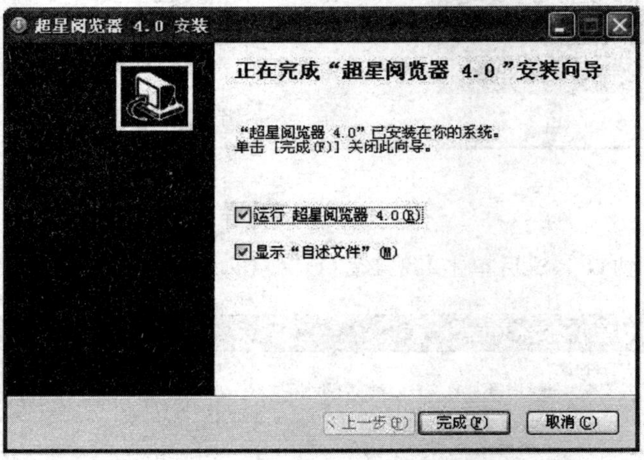

图 4-83　完成安装

3)安装 Win RAR

Win RAR 是一款功能强大的压缩包管理器，它是文件工具 RAR 在 Windows 环境下的图形界面。该软件可用于备份数据，缩减电子邮件附件的大小，解压缩从 Internet 上下载的 RAR、ZIP 2.0 及其他文件，并且可以新建 RAR 及 ZIP 格式的文件。

具体操作

①启动计算机并进入 Windows 系统。

②找到 Win RAR 软件，双击"setup.exe"；选择安装路径(一般用默认就可以)；单击"安装"按钮，如图 4-84 所示。

③选择关联的文件格式后，单击"确定"按钮完成安装，如图 4-85 所示。

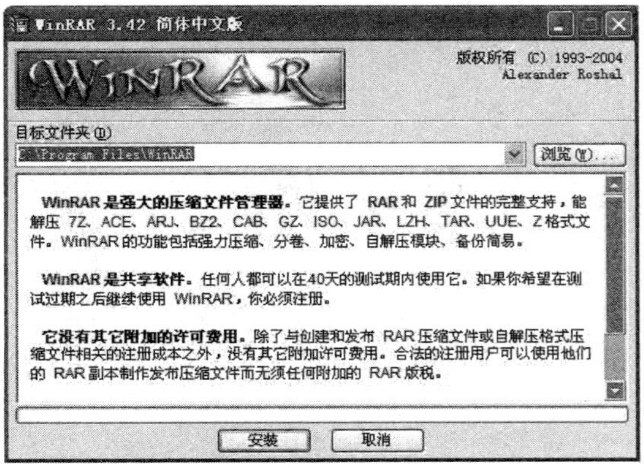

图 4－84　选择安装路径

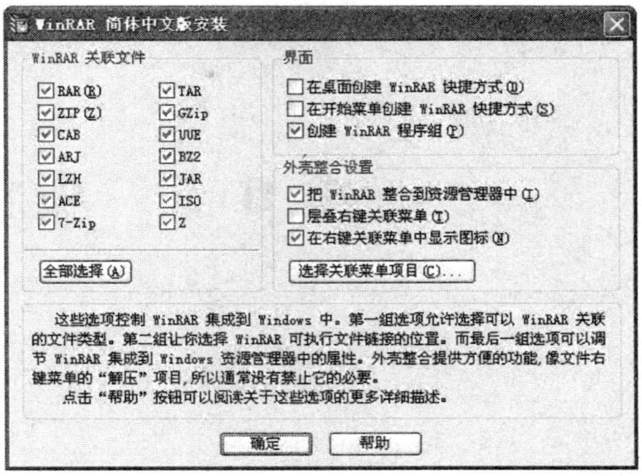

图 4－85　完成安装

实训 10　常用软件的安装

实训目的

(1)掌握办公自动化软件的安装方法。

(2)学习安装需要解压缩的软件。

实训内容

(1)安装办公自动化软件 Office。

(2)解压缩 Photoshop CS2 并将其安装到自己的计算机上。

习　题

1. 常用的 Windows 操作系统可以支持哪几种文件格式？各有什么优点？
2. 为什么要对硬盘进行分区格式化？
3. 简述操作系统安装的注意事项。
4. 简述驱动程序的一般安装过程。
5. 简述应用软件的安装过程。

项目5 微型计算机维护

任务1 计算机病毒防护

随着信息化社会的发展，计算机病毒的威胁日益严重，给我们的生活和学习带来很多的麻烦。计算机病毒会造成计算机资源的损失和破坏，而且有可能造成社会性的灾难，所以我一定要了解和掌握一定的反病毒知识。病毒与反病毒将作为一种技术对抗长期存在，两种技术都将随计算机技术的发展而得到长期的发展。

1. 计算机病毒简介

1)计算机病毒的定义

什么是计算机病毒呢？计算机病毒(Computer Virus)在《中华人民共和国计算机信息系统安全保护条例》中被明确定义："编制或者在计算机程序中插入的破坏计算机功能或者破坏数据，影响计算机使用并且能够自我复制的一组计算机指令或者程序代码"。

2)计算机病毒的特点

(1)寄生性。

(2)传染性。

(3)潜伏性。

(4)隐蔽性。

(5)破坏性。

(6)可触发性。

3)计算机中毒的典型特征

(1)计算机系统运行速度减慢。

(2)计算机系统经常无故发生死机。

(3)计算机系统中的文件长度发生变化。

(4)计算机存储的容量异常减少。

(5)系统引导速度减慢。

(6)丢失文件或文件损坏。

(7)计算机屏幕上出现异常显示。

(8)计算机系统的蜂鸣器出现异常声响。

(9)磁盘卷标发生变化。

(10)系统不识别硬盘。

(11)对存储系统异常访问。

(12)键盘输入异常。

(13)文件的日期、时间、属性等发生变化。

(14)文件无法正确读取、复制或打开。

(15)命令执行出现错误。

(16)虚假报警。

(17)换当前盘。有些病毒会将当前盘切换到 C 盘。

(18)时钟倒转。有些病毒会使系统时间倒转,逆向计时。

(19)Windows 操作系统无故频繁出现错误。

(20)系统异常重新启动。

(21)一些外部设备工作异常。

(22)异常要求用户输入密码。

(23)Word 或 Excel 提示执行“宏”。

(24)不应驻留内存的程序驻留内存。

2. 杀毒软件简介

杀毒软件,也称反病毒软件或防毒软件,是用于消除电脑病毒、特洛伊木马和恶意软件的一类软件。杀毒软件通常集成监控识别、病毒扫描和清除以及自动升级等功能,有的杀毒软件还带有数据恢复等功能,是计算机防御系统(包含杀毒软件、防火墙、特洛伊木马和其他恶意软件的查杀程序、入侵预防系统等)的重要组成部分。目前大家常用的杀毒软件有国外产的,也有国内产的。国外优秀杀毒软件主要有卡巴斯基、NOD32、BitDefender、Trend Internet Security、Norton Antivirus 等,国内优秀杀毒软件主要有江民杀毒软件、瑞星杀毒软件、金山毒霸、360 杀毒、熊猫杀毒软件等。下面就重点介绍几款常用的杀毒软件。

1)瑞星

瑞星是国内杀毒软件(如图 5-1 所示)用户量最大的品牌,其监控能力十分强大。瑞星

图 5-1　瑞星杀毒软件

在 2010 年推出的较新版本是 2010 和 2011 版，除了改变界面和功能以外，同时在产品上也引入了“云安全”计划。拥有后台查杀（在不影响用户工作的情况下进行病毒的处理）、断点续杀（智能记录上次查杀完成文件，针对未查杀的文件进行查杀）、异步杀毒处理（在用户选择病毒处理的过程中，不中断查杀进度，提高查杀效率）、空闲时段查杀（利用用户系统空闲时间进行病毒扫描）、嵌入式查杀（可以保护 MSN 等即时通信软件，并在 MSN 传输文件时进行传输文件的扫描）、开机查杀（在系统启动初期进行文件扫描，以处理随系统启动的病毒）等功能；并有木马入侵拦截和木马行为防御，基于病毒行为的防护，可以阻止未知病毒的破坏；还可以对计算机进行体检，帮助用户发现安全隐患；有工作模式的选择，家庭模式为用户自动处理安全问题，专业模式下用户拥有对安全事件的处理权。

2）金山毒霸及金山卫士组合

金山毒霸（Kingsoft Antivirus）是金山软件股份有限公司研制开发的高智能反病毒软件，如图 5-2 所示。融合了启发式搜索、代码分析、虚拟机查毒等经业界证明成熟可靠的反病毒技术，使其在查杀病毒种类、查杀病毒速度、未知病毒防治等多方面达到世界先进水平，同时金山毒霸具有病毒防火墙实时监控、压缩文件查毒、查杀电子邮件病毒等多项先进的功能。紧随世界反病毒技术的发展，为个人用户和企事业单位提供完善的反病毒解决方案。从 2010 年 11 月 10 日下午 15 点 30 分起，金山毒霸（个人简体中文版）的杀毒功能和升级服务永久免费。

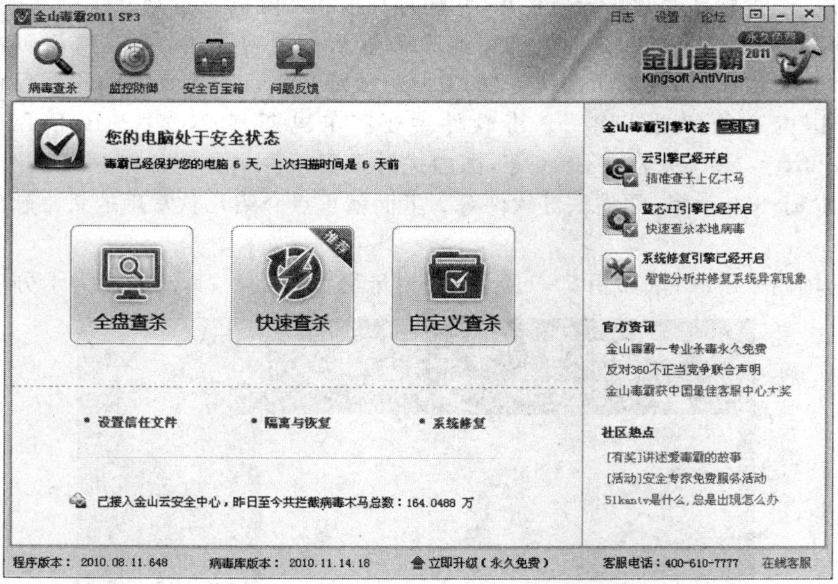

图 5-2　金山毒霸杀毒软件

金山卫士是当前功能最强、效果最好、最受用户欢迎的上网必备安全软件之一，如图 5-3 所示。它不但永久免费，还独家提供多款著名杀毒软件的免费版。由于使用方便，用户口碑好，目前 3 亿中国网民中，首选安装金山卫士的已超过 2 亿。金山卫士拥有木马查杀、恶意软件清理、漏洞补丁修复、计算机全面体检等多种功能。目前木马威胁之大已远超病毒，金山卫士运用云安全技术，在杀木马、防盗号、保护网银和游戏账号密码安全、防止计算机变肉鸡等方面表现出色，被誉为“防范木马的第一选择”。此外，金山卫士自身非常小巧，同时还具备开机加速、垃圾清理等多种系统优化功能，可以大大加快计算机运行速度，内含的金山网盾还可以帮助用户轻松下载、升级和强力卸载各种应用软件。

图 5-3　金山卫士

3)360 安全卫士及 360 杀毒软件

360 安全卫士如图 5-4 所示，是当前功能最强、效果最好、最受用户欢迎的上网必备安全软件。不但永久免费，还独家提供多款著名杀毒软件的免费版。由于使用方便，用户口碑好，目前 3 亿中国网民中，首选安装 360 的已超过 2.5 亿。360 安全卫士拥有木马查杀、恶意软件清理、漏洞补丁修复、计算机全面体检等多种功能。目前木马威胁之大已远超病毒，360 安全卫士运用云安全技术，在线杀木马、防盗号、保护网银和游戏账号密码安全、防止计算机

图 5-4　360 安全卫士

变肉鸡等方面表现出色，被誉为“防范木马的第一选择”。360 安全卫士自身非常小巧，同时还具备开机加速、垃圾清理等多种系统优化功能，可大大加快计算机运行速度，内含的 360 软件管家还可帮助用户轻松下载、升级和强力卸载各种应用软件。360 杀毒如图 5-5 所示，与 360 安全卫士配合使用，是安全上网的“黄金组合”。

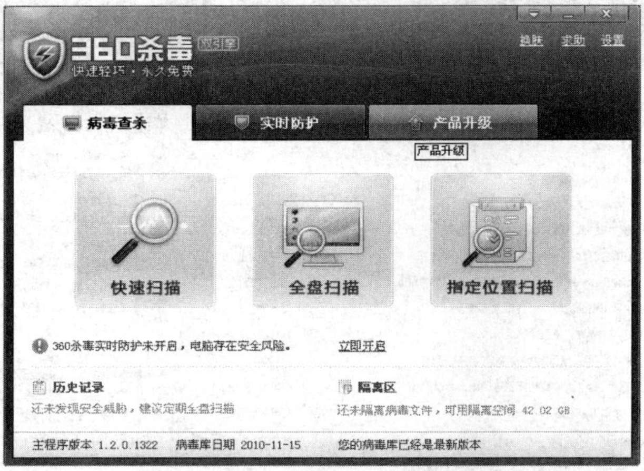

图 5-5　360 杀毒软件

4)江民

北京江民新科技术有限公司(简称江民科技)成立于 1996 年，注册资金 2 000 万元人民币，是国家认定的高新技术企业，国内知名的计算机反病毒软件公司，国际反病毒协会理事单位。

江民杀毒软件 KV2011 如图 5-6 所示，是全功能专业安全软件，全面融合杀毒软件、防火墙、安全检测、漏洞修复等核心安全功能为有机整体，打破杀毒软件、防火墙等专业软件各司其职的界限，为个人计算机用户提供全面的安全防护。江民杀毒软件 KV2011 秉承了江民杀毒软件一贯的尖端杀毒技术，更在易用性、人性化、资源占用方面取得了突破性进展。

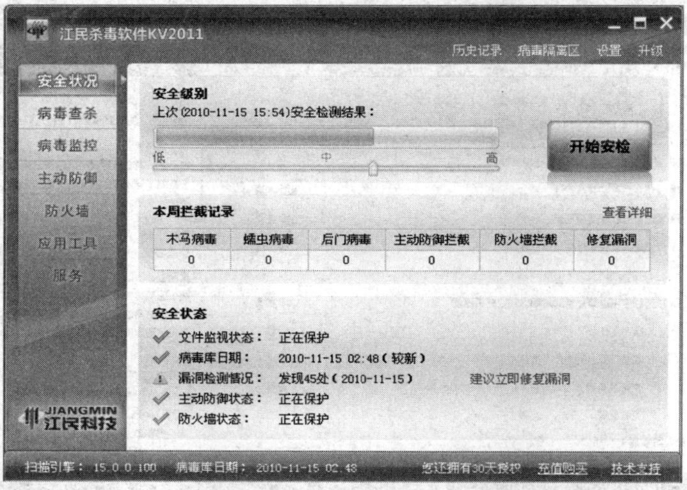

图 5-6　江民杀毒软件

具有九大特色功能和三大创新安全防护，可以有效防御各种已知和未知病毒、黑客木马，保障计算机用户网上银行、网上证券、网上购物等网上财产的安全，杜绝各种木马病毒窃取用户账号、密码。

5）卡巴斯基

Kaspersky Labs 是国际著名的信息安全领导厂商。公司为个人用户、企业网络提供反病毒、防黑客和反垃圾邮件产品。

卡巴斯基反病毒软件 2011 如图 5－7 所示，能够为用户的计算机提供稳固的核心安全保护，实时保护用户免遭各种 IT 威胁的侵害。卡巴斯基反病毒软件 2011 的工具能够满足用户计算机安全的基本需求。获得多项国际大奖的卡巴斯基反病毒技术时刻守护用户的计算机安全。

卡巴斯基杀毒软件具有以下特点：

（1）抵御病毒、木马、间谍软件等恶意威胁，对计算机进行实时保护。

（2）实时扫描网页和电子邮件，彻底清除恶意代码。

（3）全方位保护用户的数字身份安全。

（4）漏洞扫描和处理措施。

（5）简便易用的桌面小工具。

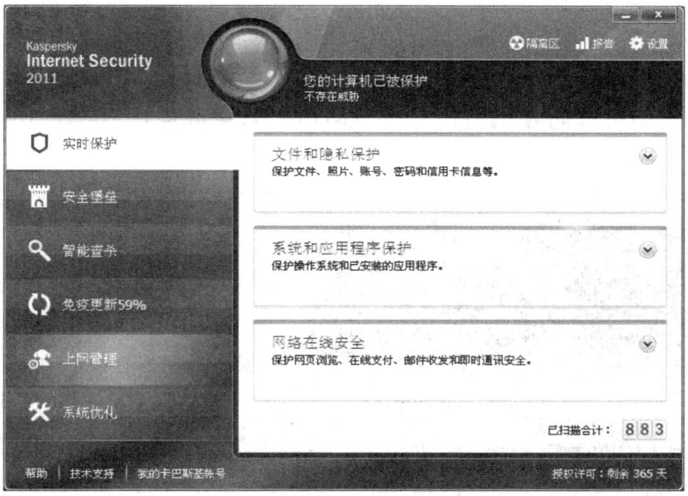

图 5－7 卡巴斯基反病毒软件 2011

3. 网络防火墙简介

网络防火墙就是一款位于计算机和它所连接的网络之间的软件。该计算机流入流出的所有网络通信均要经过此防火墙。防火墙对流经它的网络通信进行扫描，这样能够过滤掉一些攻击，以免其在目标计算机上被执行。防火墙还可以关闭不使用的端口。而且它还能禁止特定端口的流出通信，封锁特洛伊木马；可以禁止来自特殊站点的访问，从而防止来自不明入侵者的所有通信。防火墙是一台专属的硬件或是架设在一般硬件上的一套软件。一个防火墙可以是硬件自身的一部分，用户可以将因特网连接和计算机都插入其中。防火墙也可以在一个独立的机器上运行，该机器作为它背后网络中所有计算机的代理和防火墙。

1)放火墙的位置

防火墙位于内网和外网(如因特网)之间,是内网和外网之间信息流通的唯一通道,根据企业的安全策略控制网络数据包的出入,保证内部网的安全运行,如图 5-8 所示。

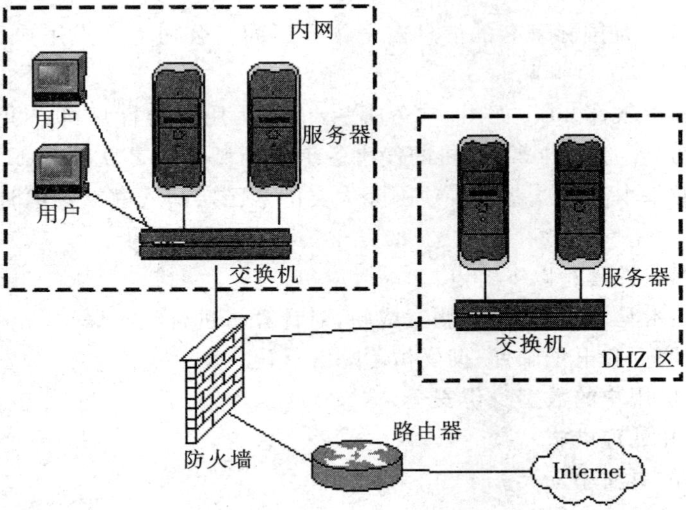

图 5-8　网络放火墙

2)防火墙的主要作用

(1)因特网防火墙可以防止因特网上的危险(病毒、资源盗用)传播到网络内部。

(2)能强化安全策略。

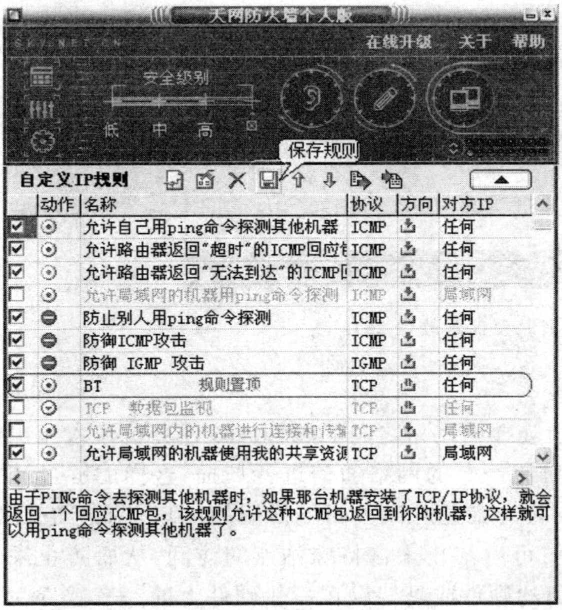

图 5-9　天网防火墙

(3)能有效记录因特网上的活动。

(4)可限制暴露用户点。

(5)它是安全策略的检查点。

对于普通用户,大家在日常生活中,可以通过使用各种个人防火墙来保证个人计算机的安全。目前在 Windows 操作系统下比较著名的防火墙有国外的 ZoneAlarm、NortonPersonalFirewall 以及 SygatePersonalFirewall 等,国内的有天网防火墙(如图 5-9 所示)等产品。

个人防火墙有很多优点:它能对公共网络中的单个系统提供保护;它不需要额外的硬件资源就能增加对系统的保护;它在抵挡外来攻击的同时,还可以抵挡来自内部的攻击;另外,它的价格相对来说十分便宜。尤其是对一个使用 Modem 或 ISDN/ADSL 上网的家庭用户来说,一个硬件防火墙实在是太昂贵了或者太麻烦了(需要烦琐的配置),而使用个人防火墙足以隐蔽用户暴露在网络上的信息，对其提供足够的安全保护。

实训11 练习使用瑞星杀毒软件和360安全卫士

实训目的

(1)练习下载并使用各种防病毒软件及防火墙软件。

(2)掌握防病毒软件及防火墙软件的下载、安装、使用、升级(在线和离线)及卸载方法，并学会使用网络免费资源。

实训设备与工具

每组一台能够连到因特网的个人计算机(Windows环境)。

实训内容与步骤

(1)分别下载瑞星杀毒软件或者其他杀毒产品(版本以较新的为好，如2010版或2011版)、360安全卫士V7.3及天网防火墙软件。

(2)在网上搜索免费资源，由于360免费，下载后可直接安装。

(3)由于各反病毒软件之间可能存在冲突，最好一项一项地做实训，一项杀毒实训完成以后即卸载，并清理垃圾及注册表文件，重启计算机，再进行其他项的实训。360安全卫士可以和多家杀毒软件兼容，所以可以同时安装。

实训总结

写出实训报告，并记录实验过程及结果，对各种防病毒软件的防御能力及性能进行分析比较。

任务2 系统性能的测试与优化

完成计算机系统的组装后，要想对计算机的软件和硬件信息及性能有全面的了解，对计算机做全面“体检”是必不可少的。另外，在使用过程中如何优化系统，提高系统的效能和稳定性。这两项工作都要用到系统信息检测和优化软件。系统信息检测和优化软件种类很多，如Everest(Aida32)、CPU－Z、3D Mark、HdTune、Sisoftware、Hwinfo32、WinBench、PC Mark、Windows优化大师、超级兔子等。这些软件有不同的版本，大家在实际使用过程中，可以根据自己的需要进行下载。

1. 用Everest对整机性能进行测试

Everest其实就是原来大名鼎鼎的Aida32，现在的Everest比原来功能更加强大。Everest涵盖了硬件检测、软件检测、安全性和性能测试等，如图5-10所示。

(1)使用Everest对计算机各项信息进行检测，如图5-11所示。

(2)使用Everest对计算机性能进行测试，如图5-12所示。

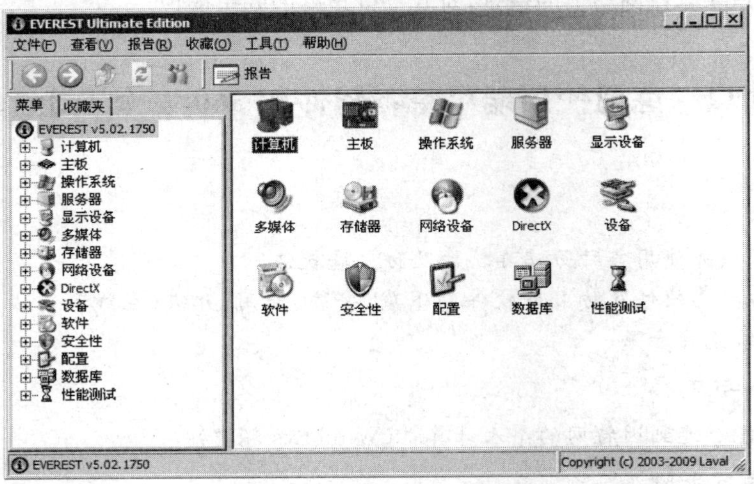

图 5－10　Everest

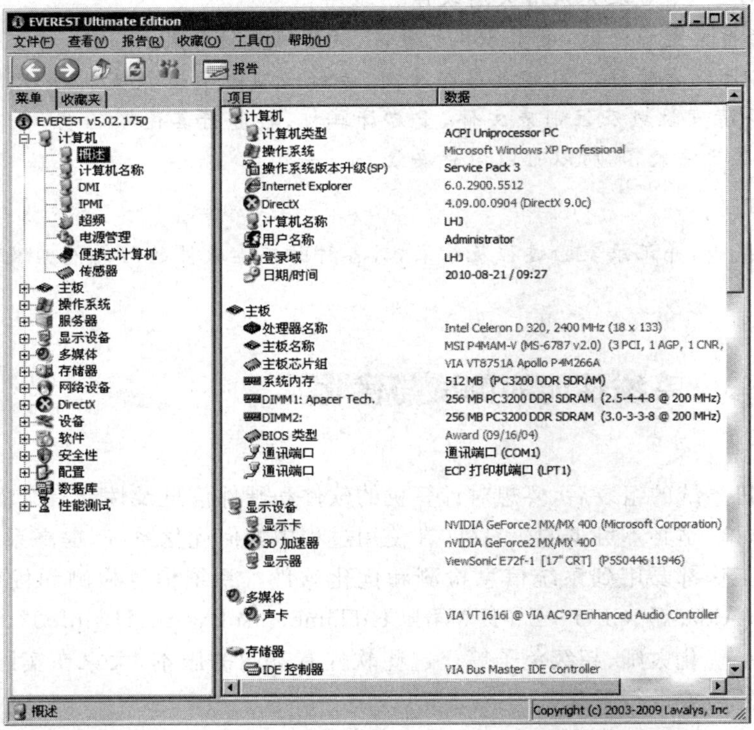

图 5－11　使用 Everest 对计算机各项信息进行检测

2. 用 CPU－Z 对 CPU 进行测试

CPU－Z 是一款常用的 CPU 检测软件，如图 5－13 所示。除了使用 Intel 或 AMD 自己的检测软件之外，我们平时使用最多的就是它了。它支持的 CPU 种类全面，软件的启动速度及检测速度都很快。另外，它还能检测主板和内存的相关信息，其中就有我们常用的内存

图 5－12　使用 Everest 对计算机性能进行测试

双通道检测功能。

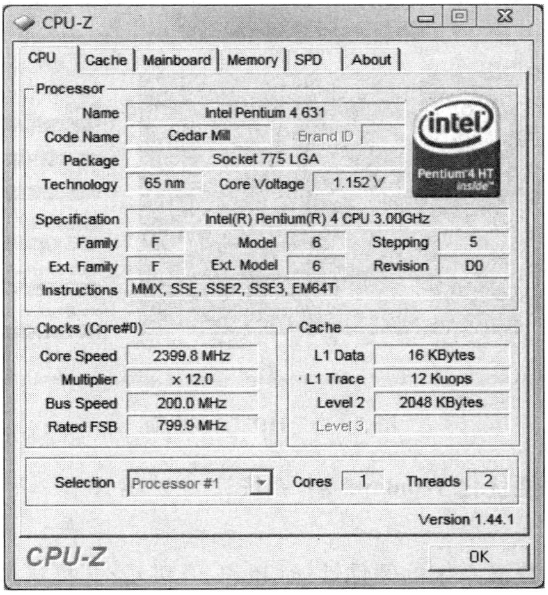

图 5－13　CPU－Z 界面

3. 用 3DMark 对显卡性能进行测试

3DMark 是一款用于测试显卡性能的程序，它在运行时会模拟出许多绚丽的图像或动画来测试显卡的处理能力，最后还会为显卡的处理性能打分。完成测试后，将打开“3DMark Score”对话框，用户可在其中查看测试结果，如图 5－14 所示。

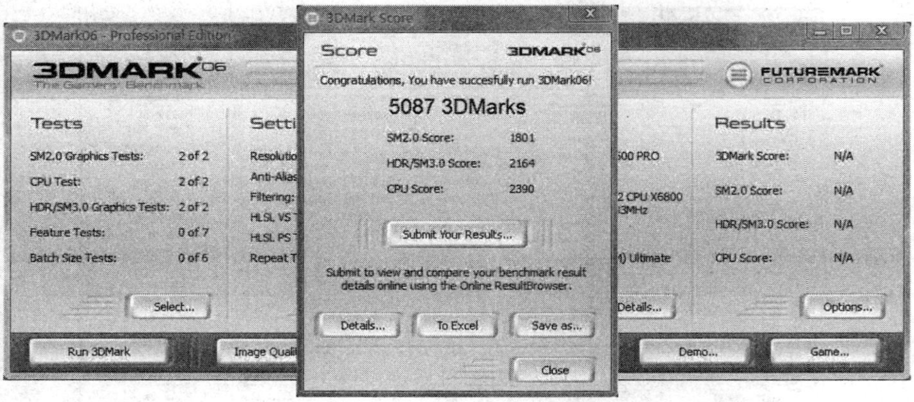

图 5-14 3DMark 界面

4. 用 HD Tune 对硬盘进行测试

HD Tune 是一款小巧易用的硬盘工具软件，其主要功能有硬盘传输速率检测、健康状态检测、温度检测及磁盘表面扫描等。另外，它还能检测出硬盘的固件版本、序列号、容量、缓存大小。测试完成后，用户可在“基准测试”选项卡右侧查看测试结果，如图 5-15 所示。

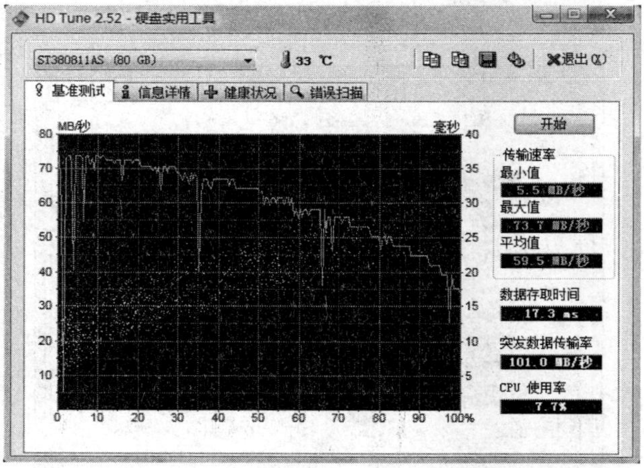

图 5-15 HD Tune 界面

5. 使用系统自带功能优化 Windows XP 系统

1)优化系统 BIOS

优化系统 BIOS，能提高系统的硬件性能（超频、升级）及开机自检速度。

2)优化硬盘

优化硬盘的传输模式及对硬盘定期进行碎片整理，如在 Windows XP 系统下，利用系统自带的工具，进行磁盘碎片整理：在桌面任务栏中选择【开始】→【程序】→【附件】→【系统工具】→【磁盘碎片整理程序】命令，打开【磁盘碎片整理程序】窗口，如图 5-16 所示。

3)优化启动项

(1)减少进度条等待时间。每次启动 Windows XP 操作系统的时候，蓝色的滚动条都会

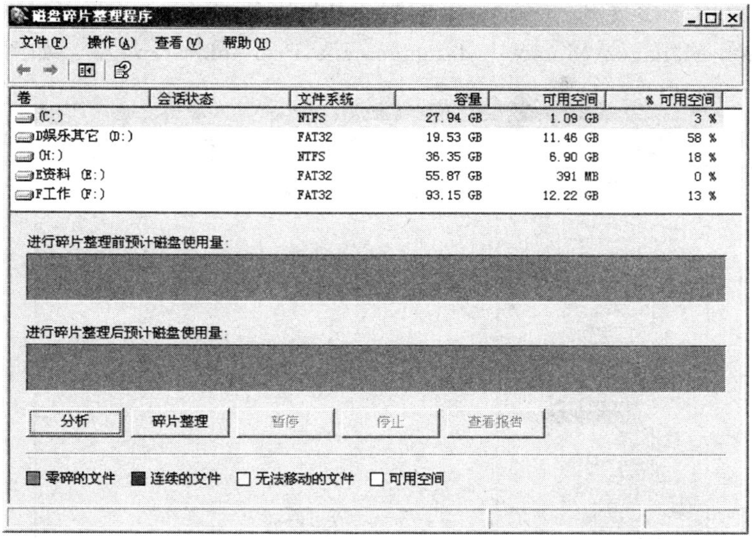

图 5－16　磁盘碎片整理

滚动很久。用户可以通过设置注册表中 EnablePrefetcher 键的键值，如图 5－17 所示，来改变计算机的预读方式，从而达到减少进度条等待时间的目的。

键值	功能
0	取消预读取功能
1	系统将只预读取应用程序
2	系统将只预读取 Windows 操作系统文件
3	系统将预读取 Windows 操作系统文件和应用程序(Windows XP 操作系统的默认值)

图 5－17　EnablePrefetcher 键的键值

操作步骤

①在桌面工具栏中选择【开始】→【运行】命令，弹出【运行】对话框，在对话框中输入“regedit”，打开【注册表编辑器】窗口。如图 5－18 所示。

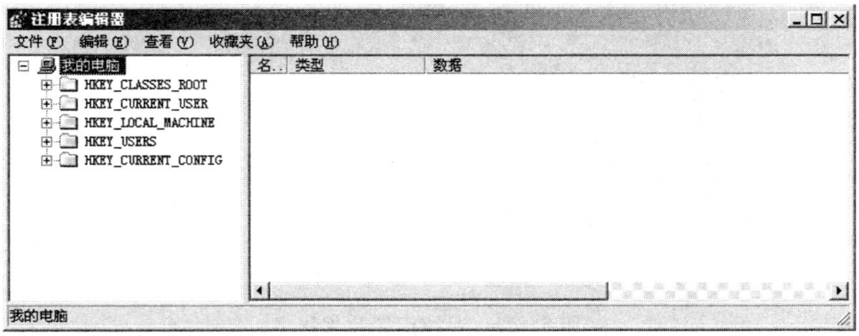

图 5－18　注册表编辑器

②在该窗口中依次展开 HKEY_LOCAL_MACHINE\SYSTEM\CurrentControlSet\Control\ Session Manager\Memory Mangagement\PrefetchParameters，如图 5－19 所示。

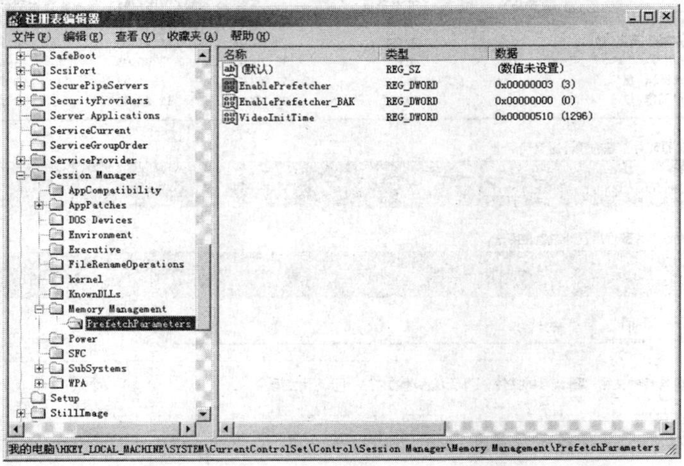

图 5－19 打开 EnablePrefetchers 键

双击右侧的 EnablePrefetcher 键，弹出【编辑 DWORD 值】对话框，把它的键值改为“1”，如图 5－20所示，单击“确定”按钮。

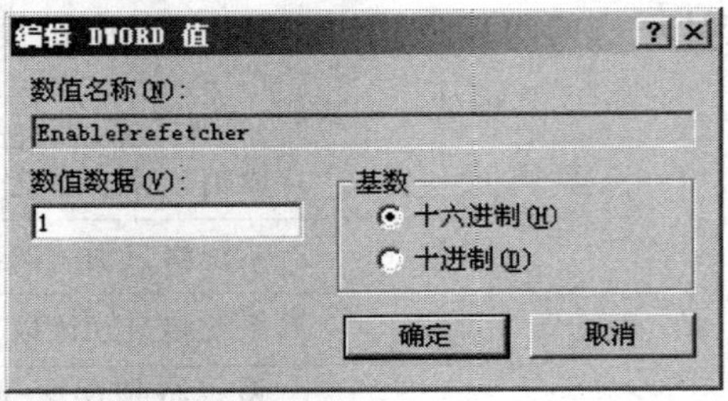

图 5－20 修改键值

4)取消多余的启动项

关闭计算机多余启动项。

操作步骤

①在桌面任务栏中选择【开始】→【运行】命令，弹出【运行】对话框，在对话框中输入“msconfig”，打开【系统配置实用程序】，如图 5－21 所示。

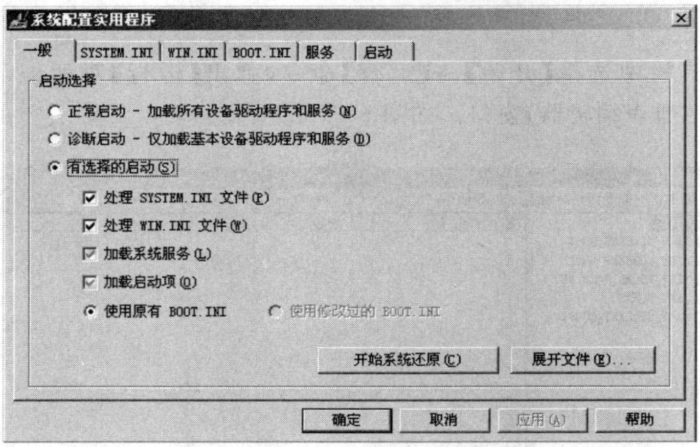

图 5－21 系统配置实用程序

②在【启动】选项卡的【启动选择】列表框中列出了随系统启动而自动运行的程序，取消多余启动项前面复选框的勾选，如图 5－22 所示。一般情况下，只保留 ctfmon 和杀毒软件启动项即可。设置完成后，单击“确定”按钮，重启计算机。

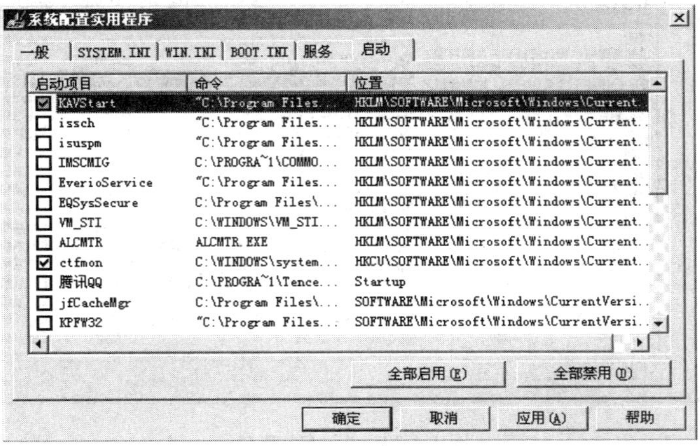

图 5－22 取消多余启动项

5）关闭多余服务

在 Windows XP 操作系统中可禁止或停用组件服务，如图 5－23 所示。

可禁止或停用的组件服务	功能
Clipbook Server	该服务允许网络中的其他用户看到本机剪切板中的内容，建议改为手动启动
Error Reporting Service	服务和应用程序在非标准环境下运行时提供错误报告，建议改为手动启动
Automatic Updates	自动更新，若不使用系统自带的更新功能，应禁用
Printer Spooler	打印后台处理程序。若用户没有配置打印机，应禁用
Network DDE 和 Network DDE DSDM	动态数据交换。除非用户准备在网上共享自己的 Office，否则应该将它改为手动启动
Fast User Switching Compatibility	快速用户切换兼容性。建议改为手动启动
Net Logon	网络注册功能，用于处理如注册信息那样的网络安全功能。建议改为手动启动
Remote Desktop Help Session Manager	远程桌面帮助会话管理器。建议改为手动启动
Remote Registry	远程注册表。使远程用户能修改本地计算机中的注册表设置，建议禁用
Task Scheduler	任务调度程序，使用户能在计算机中配置和制订自动任务的日程，建议禁用
Uninterruptible Power Supply	UPS 不间断电源管理程序，若无此设备则禁用
Windows Image Acquistion	这些设备，建议改为手动启动

图 5－23 Windows XP 操作系统中可禁止或停用的组件服务

操作步骤

①选择【开始】→【控制面板】→【管理工具】→【服务】，打开【服务】窗口，如图 5－24 所示。

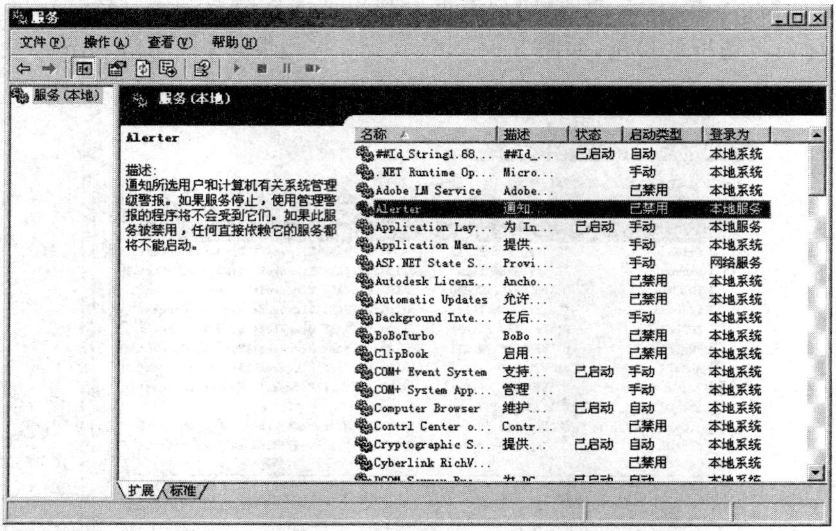

图 5-24 “服务”窗口

②要禁用某服务，可以双击某选项，在对话框中的【启动类型】下拉列表中选择“已禁用”选项，即可停止某服务。

6)优化系统性能

Windows XP 系统性能优化，主要通过“性能选项”对话框来实现。在该对话框中可调整视觉效果、分配给前台应用程序资源、设置虚拟内存大小。在桌面右击【我的电脑】，从快捷菜单中选择【属性】，打开【系统属性】窗口，切换到【高级】选项卡，如图 5-25 所示。在【性能】选项中单击【设置】按钮，打开【性能选项】对话框，如图 5-26 所示，在其中可进行相关设置。

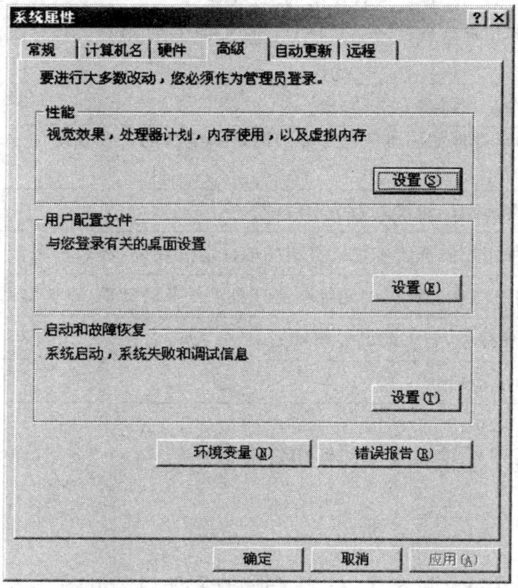

图 5-25 “系统属性”对话框

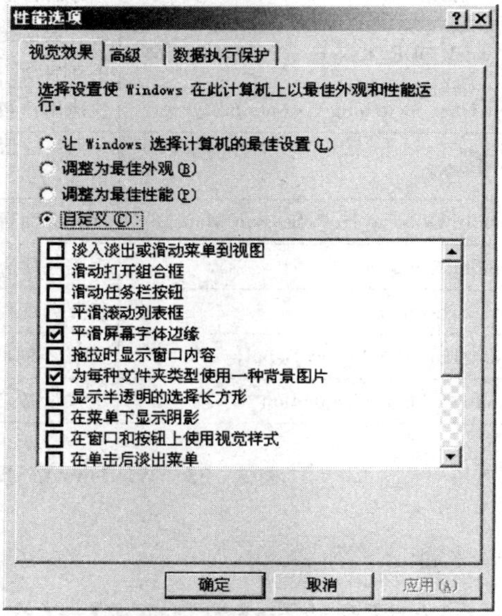

图 5-26 “性能选项”对话框

7)清除系统垃圾文件

(1)清除浏览器历史记录和缓存。在 Windows XP 系统中的【Internet 属性】→【常规】选项卡中,可以清除掉浏览器的垃圾文件,如图 5-27 所示。

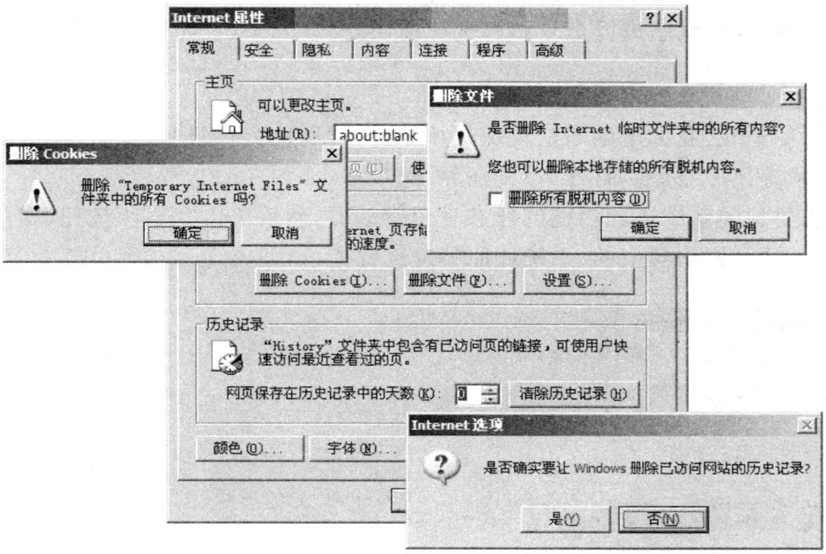

图 5-27　清除浏览器历史记录和缓存

(2)清除事件日志。在"事件查看器"中有应用程序、安全、系统事件等日志文件,而这些日志文件也同样会占用部分的硬盘空间,一般情况下,用户可以将其删除。

操作步骤

①打开"控制面板",双击"管理工具"图标,在弹出的窗口中双击"事件查看器"图标,打开"事件查看器"窗口。

②分别选择窗口右侧的"应用程序日志""安全日志"和"系统日志",然后单击鼠标右键,在弹出的快捷菜单中选择"清除所有事件"即可,如图 5-28 所示。

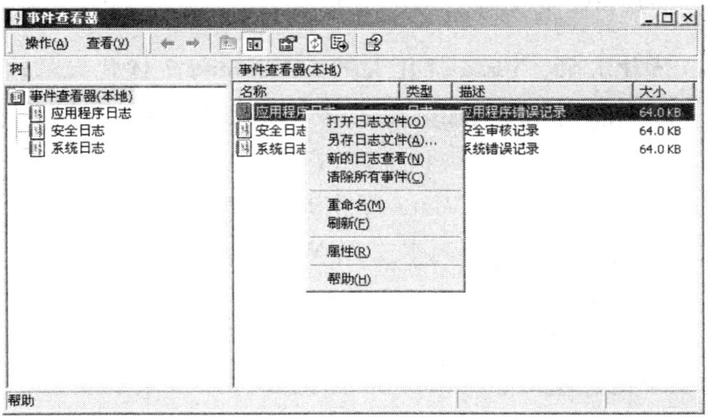

图 5-28　清除事件日志

8)Windows XP 的系统还原与优化

由于 Windows XP 系统默认的设置在每个分区上都需要建立还原点来记录各个分区的软件安装情况和使用状态,因此会占用大量的硬盘空间;并且系统还原要进行大量的数据读写,占用 CPU,所以用户最好将除了系统分区以外的其他分区上的系统还原功能关闭,这样就可以对 Windows 的状态进行记录和有选择地恢复。

操作步骤

①在桌面右击在"我的电脑",从快捷菜单中选择"属性",打开"系统属性"对话框。

②单击"系统还原"标签,打开"系统还原"选项卡,如图 5-29 所示。

③选择想要关闭系统还原功能的任意一个驱动器,然后单击"设置"按钮,在弹出的对话框中选中"关闭这个驱动器上的'系统还原'"复选框即可,如图 5-30 所示。

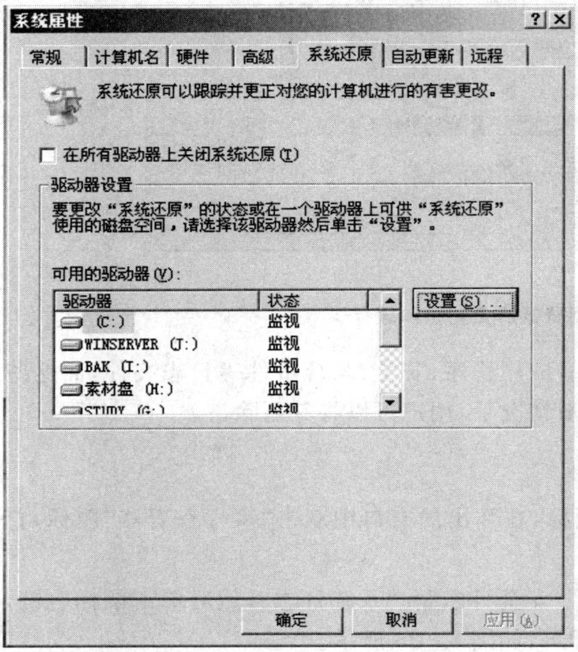

图 5-29 "系统属性"对话框

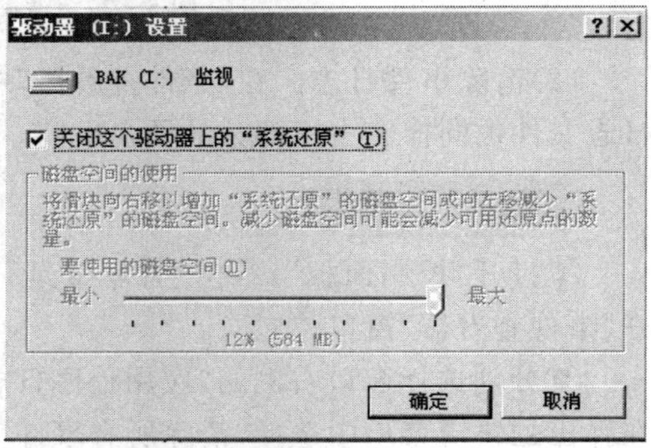

图 5-30 "驱动器设置"对话框

6. 使用 Windows 优化大师/Vista 优化大师/Windows 7 优化大师软件优化系统

Windows 优化大师同时适用于 Windows XP/2003 操作系统平台,能够为用户的系统提供全面有效、简便安全的优化、清理和维护手段,让用户的计算机系统始终保持在最佳状态。Windows 优化大师有很多版本,包括 Vista 优化大师/Windows 7 优化大师等,大家可以根据自己的实际需要下载不同版本安装。本文以 Windows 优化大师 V6.9 版本介绍使用方法,其主界面如图 5-31 所示。

Windows 优化大师主要特点:

(1)详尽准确的系统信息检测。Windows 优化大师深入系统底层,分析用户计算机,提供详细准确的硬件、软件信息,并根据检测结果向用户提供系统性能进一步提高的建议。

(2)全面的系统优化选项。对磁盘缓存、桌面菜单、文件系统、网络、开机速度、系统安

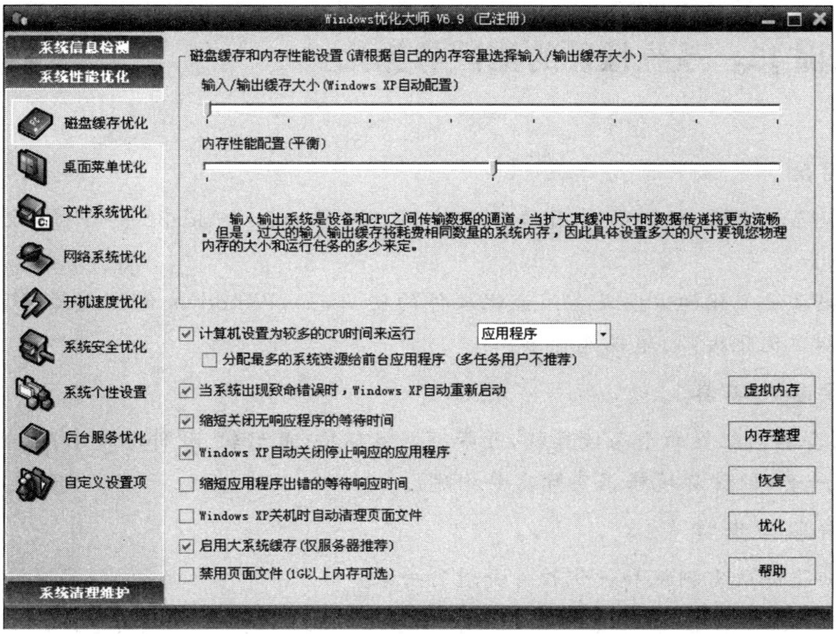

图 5-31　Windows 优化大师 V6.9

全、后台服务等提供全面优化，并向用户提供简便的自动优化向导，能够根据检测分析到的用户电脑软、硬件配置信息进行自动优化。所有优化项目均提供恢复功能，用户若对优化结果不满意可以一键恢复。

(3)强大的清理功能：

- 注册信息清理：快速安全地清理注册表。
- 垃圾文件清理：清理选中的硬盘分区或指定目录中的无用文件。
- 冗余 DLL 清理：分析硬盘中冗余动态链接库文件，并在备份后予以清除。
- ActiveX 清理：分析系统中冗余的 ActiveX/COM 组件，并在备份后予以清除。
- 软件智能卸载：自动分析指定软件在硬盘中关联的文件以及在注册表中登记的相关信息，并在备份后予以清除。
- 备份恢复管理：所有被清理删除的项目均可从 Windows 优化大师自带的“备份与恢复管理器”中进行恢复。

(4)有效的系统维护模块：

- 驱动智能备份：让用户免受重装系统时寻找驱动程序之苦。
- 系统磁盘医生：检测和修复非正常关机、硬盘坏道等磁盘问题。
- Windows 内存整理：轻松释放内存。释放过程中 CPU 占用率低，并且可以随时中断整理进程，让应用程序有更多的内存可以使用。
- Windows 进程管理：提供应用程序进程管理工具。
- Windows 文件粉碎：彻底删除文件。
- Windows 文件加密：提供文件加密与恢复工具。

实训 12　系统性能的测试与优化

实训目的

(1)掌握系统性能测试的常用软件的使用,如:Everest(Aida32)、CPU－Z、3DMark、HDTune 等。

(2)掌握系统优化的方法及常用优化软件的使用,如:Windows 优化大师、Vista 优化大师/Windows 7 优化大师、超级兔子等。

实训设备与工具

每组两套不同配置的个人计算机,并带有网络环境(最好软、硬件环境不同,硬件以 Intel 和 AMD 各一套,软件环境根据实际需要构建)。

实训内容与步骤

(1)分别下载所需测试和优化软件并进行安装。

(2)在系统优化前后,分别对不同系统进行性能测试,并记录前后测试的结果,加以分析。

实训总结

写出实训报告,记录实训过程及结果。通过测试软件测试的结果,对两套系统的性能指标做分析比较,并分析优化产生的效果。

任务 3　系统的备份、还原及数据恢复

我们在使用计算机的时候,系统文件和数据文件经常会受到各种情况的威胁,比如病毒、木马、黑客攻击等,以及人为操作,有意或无意的破坏等,都会造成系统和文件的损坏。我们如何预防这些损失呢?一旦发生数据丢失,我们又该如何做呢?怎样才能使我们面临的风险和损失最小呢?掌握系统备份、还原和数据恢复的方法,可以使我们避免或减少因以上原因导致的损失。系统备份和还原的方法有很多,如使用硬件还原卡、还原精灵、一键还原、冰点还原等。下面重点给大家介绍几种方便实用的方法。

1. 利用系统自带工具备份与还原系统

操作步骤

①在 Windowsxp 系统中,单击"开始"→"程序"→"附件"→"系统工具"→"备份",打开"备份工具"对话框,如图 5－32 所示。

②根据备份和还原向导即可完成系统的备份与还原。

2. Windows 注册表的备份、还原

注册表是 Windows 内部一个巨大的树状分层的数据库,其中容纳了应用程序和计算机系统的全部配置信息,包括操作系统和应用程序的初始化信息、应用程序和文档的关联关

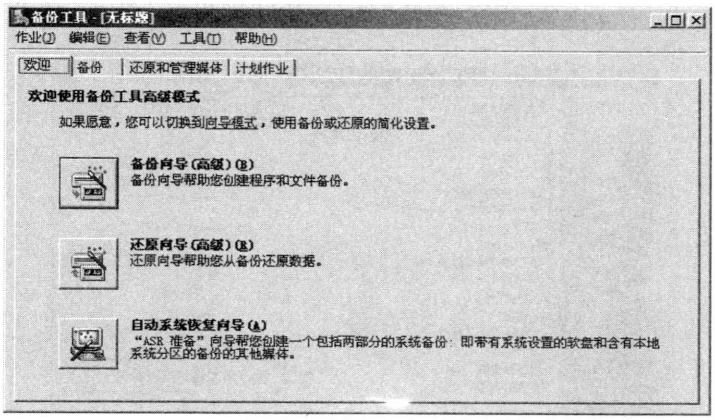

图 5－32　备份工具

系、硬件设备的说明以及各种状态信息和数据。在 Windows 系统中，注册表采用“关键字”和“键值”来描述项目及其项目值。在注册表中，关键字可以分为两类：一类是系统自定义的，通常称为“预定义关键字”；另一类是由应用程序定义的，安装的应用软件不同，其项目也就不同。

在“运行”对话框中键入“regedit”就可以进入“注册表编辑器”，如图 5－33 所示。

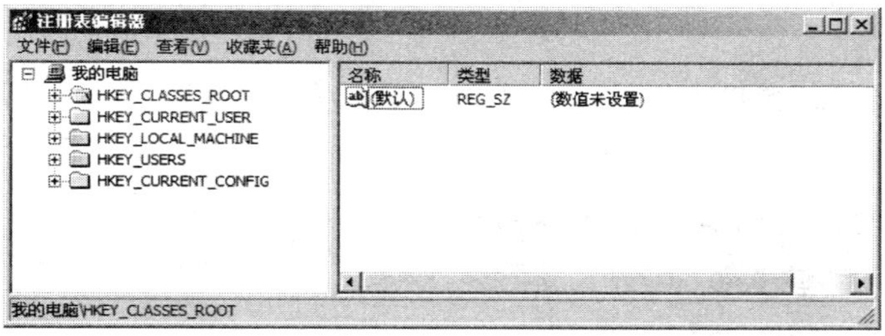

图 5－33　“注册表编辑器”窗口

1)注册表的备份

操作步骤

①在“注册编辑器”中选择“文件”→“导出”，如图 5－34 所示，打开“导出注册表文件”对话框。

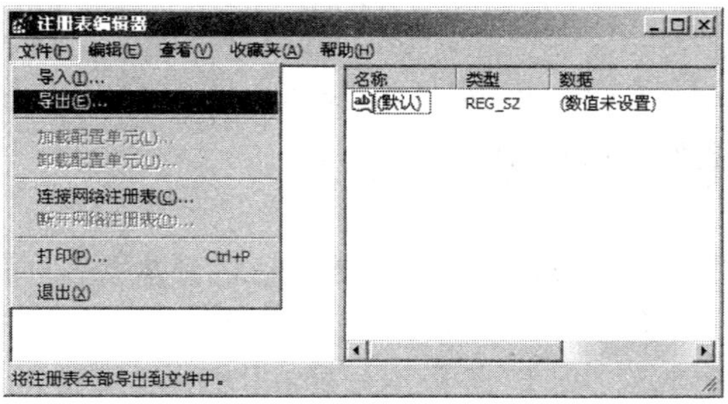

图 5－34　执行“导出”命令

②选择路径、导出范围、命名文件,单击“保存”按钮即可,如图 5-35 所示。

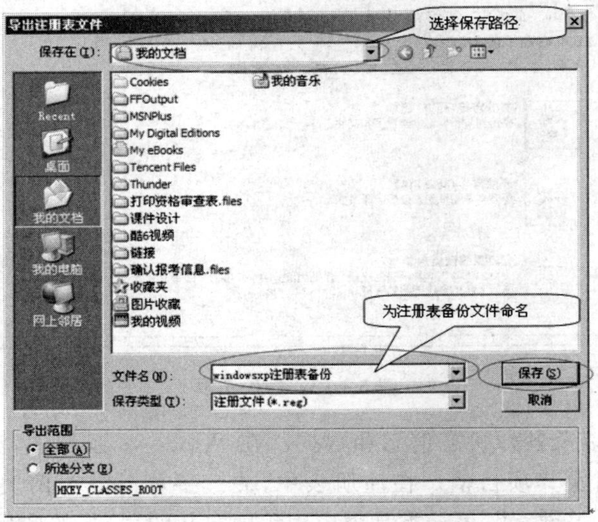

图 5-35　保存注册表文件

2)注册表的还原

操 作 步 骤

①在“注册编辑器”窗口中选择“文件”→“导入”,如图 5-36 所示,打开“导入注册表文件”对话框。

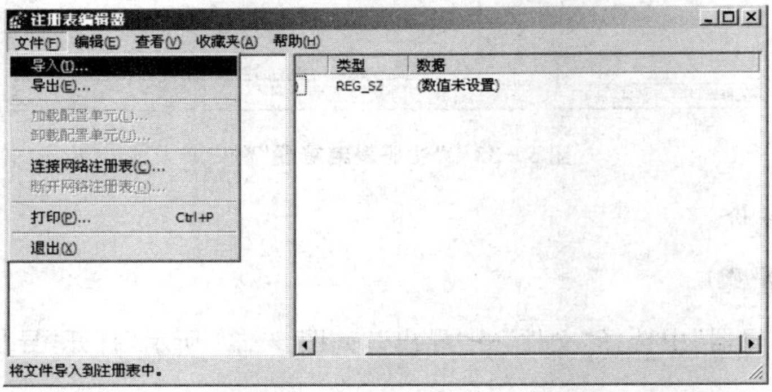

图 5-36　执行“导入”命令

②选择路径、选择注册表文件,单击“打开”按钮即可,如图 5-37 所示。

3. 利用 Ghost 软件备份与还原系统

1)Ghost 功能简介

Ghost 软件是美国赛门铁克公司推出的一款出色的硬盘备份还原工具,可以实现 FAT 16、FAT 32、NTFS、OS2 等多种硬盘分区格式的分区及硬盘的备份还原。新版本的 Ghost 包括 DOS 版本和 Windows 版本。DOS 版本只能在 DOS 环境中运行,Windows 版本只能在 Windows 环境中运行。由于 DOS 的高稳定性,且在 DOS 环境中备份 Windows 操作系

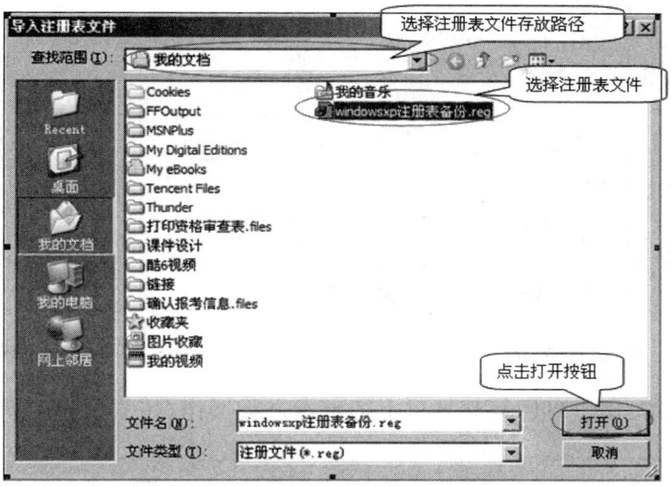

图 5-37　导入注册表文件

统，已经脱离了 Windows 环境，建议备份 Windows 操作系统，使用 DOS 版本的 Ghost 软件。目前最新的版本是 Ghost 11.5。大家可以根据自己的实际需要下载不同的版本使用。

Ghost 主菜单如图 5-38 所示。

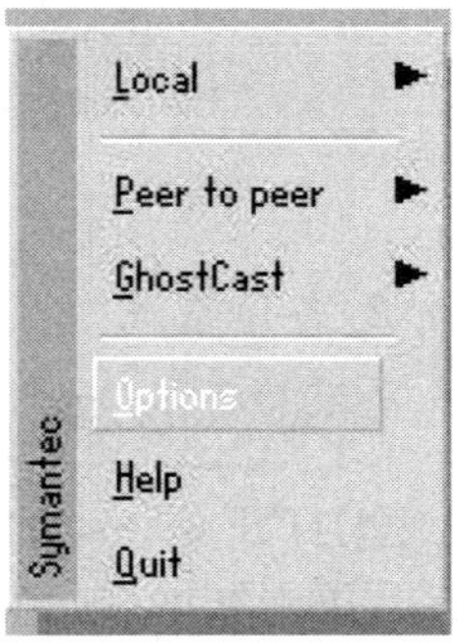

图 5-38　Ghost 主菜单

- Local：本地操作，对本地计算机上的硬盘进行操作。
- Peer to peer：通过点对点模式对网络计算机上的硬盘进行操作。
- GhostCast：通过单播/多播或者广播方式对网络计算机上的硬盘进行操作。
- Option：使用 Ghsot 时的一些选项，一般使用默认设置即可。
- Help：一个简洁的帮助。
- Quit：退出 Ghost。

注意

当计算机上没有安装网络协议的驱动时，Peer to peer 和 GhostCast 选项将不可用（在 DOS 下一般都没有安装）。

Ghost 主要功能包含三大部分：

（1）分区操作：用于分区的对拷、备份及还原，如图 5-39 所示。

Local→Partition→To Partition：分区到分区的对拷（克隆）。

- Local→Partition→To Image：分区到镜像（备份）。
- Local→Partition→From Image：镜像到分区（还原）。

（2）磁盘操作：用于磁盘的对拷、备份及还原，如图 5-40 所示。

- Local→Disk→To Disk：磁盘到磁盘的对拷（克隆）。
- Local→Disk→To Image：磁盘到镜像（备份）。

● Local→Disk→From Image：镜像到磁盘（还原）。

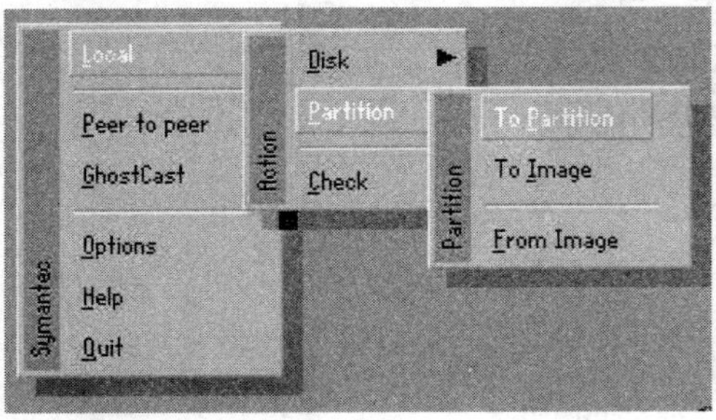

图 5－39 Ghost 分区操作

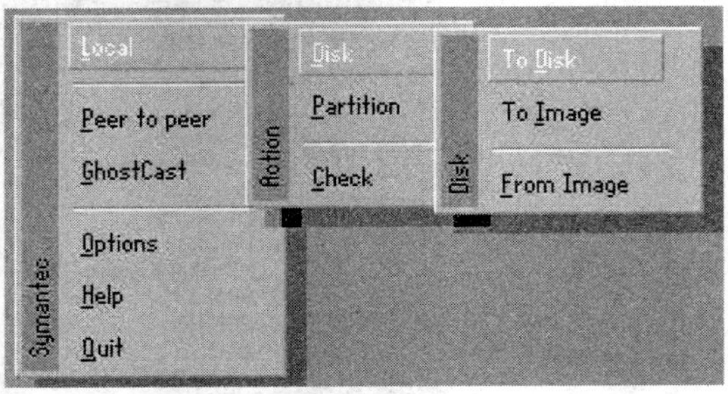

图 5－40 Ghost 磁盘操作

（3）局域网操作：用于对网络计算机上的硬盘进行操作，如图 5－41 所示。

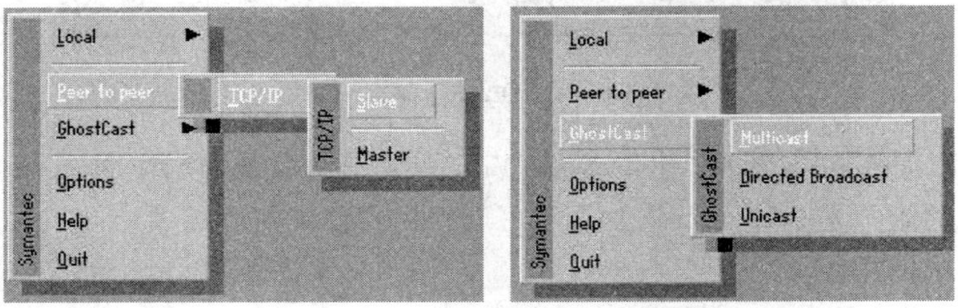

图 5－41 Ghost 网络操作

2）备份系统

操作步骤

①打开 Ghost 的操作界面，按键盘中的方向键选择“Local”→“Partition”→“To Image”命令；单击“OK”按钮或按“Enter”键，打开选择硬盘的对话框，选择安装了操作系统的硬盘，如图 5－42 所示，单击“OK”按钮或按“Enter”键继续。

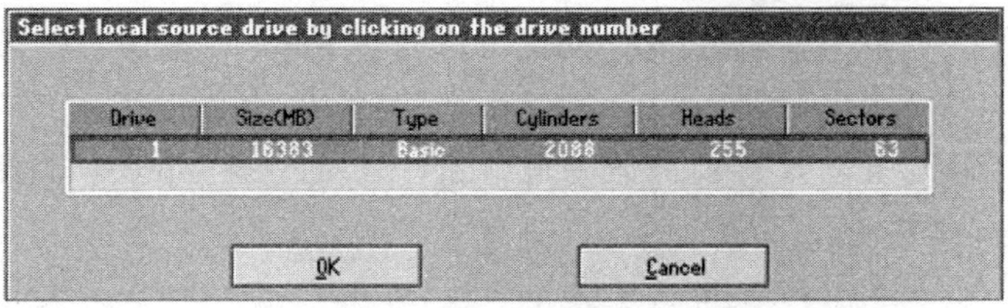

图 5－42 选择源盘

②在打开的选择硬盘分区的对话框中选择安装了操作系统的硬盘分区，这里选择第一行选项，如图 5－43 所示，然后单击“OK”按钮或按“Enter”键继续。

③打开输入文件名的对话框，按“Tab”键切换到“Look in”下拉列表框，并在其中输入保存的路径，这里输入“F:\ghost\”；在“File name”文本框中输入保存的文件名，这里输入“bak”，如图 5－44 所示，然后单击“Save”按钮或按“Enter”键。

④打开选择压缩方式对话框，其中“No”表示不压缩，“Fast”表示中度压缩，“High”表示

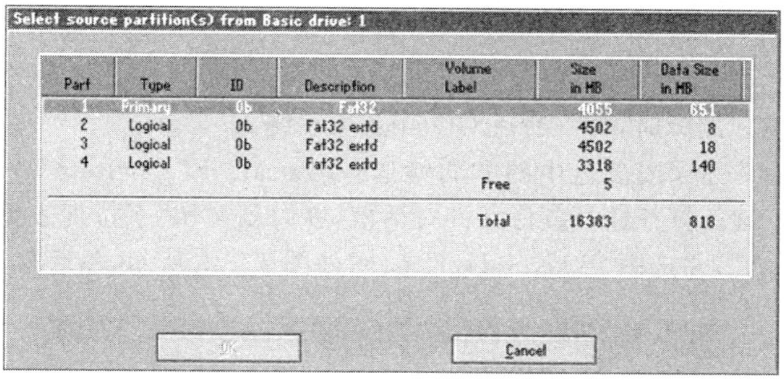

图 5－43　选择源分区

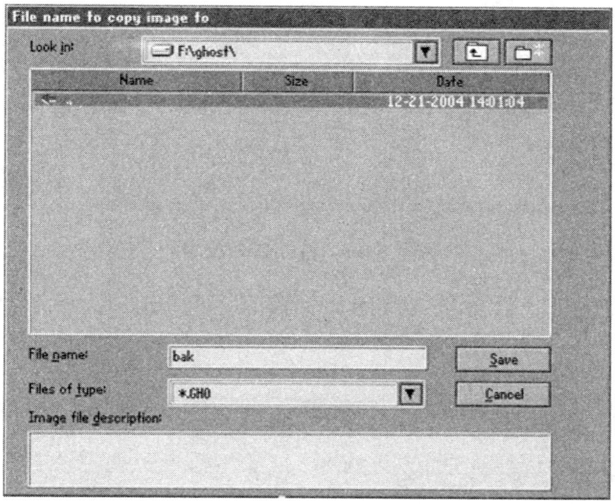

图 5－44　文件保存对话框

高度压缩。为了节省空间可以选择“High”，但压缩时间比较长，也容易造成数据丢失，一般建议选择“Fast”压缩方式。按“Tab”键切换到“High”按钮上，如图 5－45 所示。

⑤单击“High”按钮或按“Enter”键，打开确认是否创建备份文件的对话框。

⑥单击“Yes”按钮开始备份文件。在 Ghost 程序界面中可以查看到当前的备份进度，备份完成后，重新启动计算机即可。

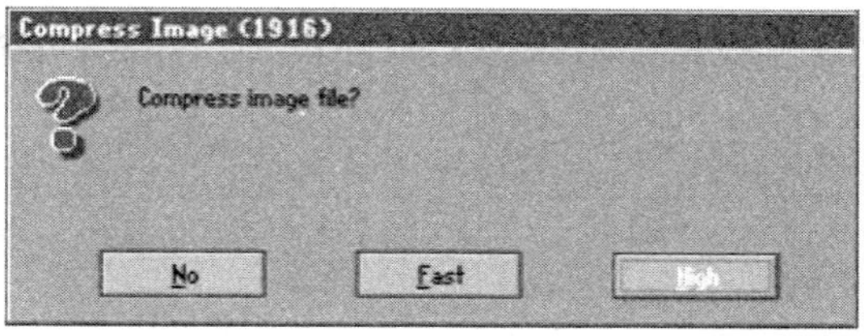

图 5－45　选择文件压缩方式

3)还原系统

操作步骤

当操作系统出现故障时,可以通过 Ghost 还原系统。

①打开 Ghost 软件,按键盘中的方向键选择"Local"→"Partition"→"From Image"命令,然后按"Enter"键。打开选择备份文件对话框,在"Look in"下拉列表框中选择备份文件的路径:"F:\ghost\",并选中"BAK. GHO"文件,如图 5-46 所示,然后单击"Open"按钮。

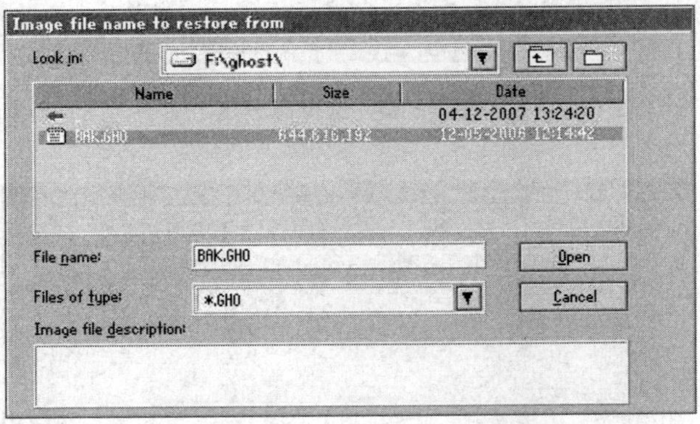

图 5-46　打开备份文件

②在打开的界面中可查看备份文件的相关信息,如图 5-47 所示,单击 "OK"按钮或按"Enter"键继续。

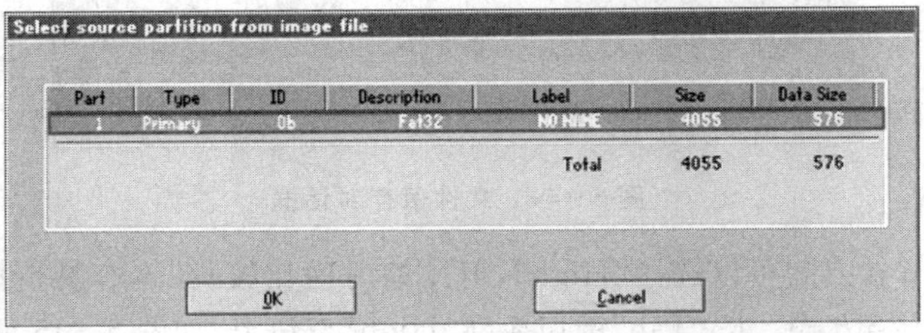

图 5-47　查看备份文件

③打开选择硬盘的对话框,在列表框中选择需还原的硬盘分区所在的硬盘,如图 5-48 所示,单击 "OK"按钮或按"Enter"键继续。

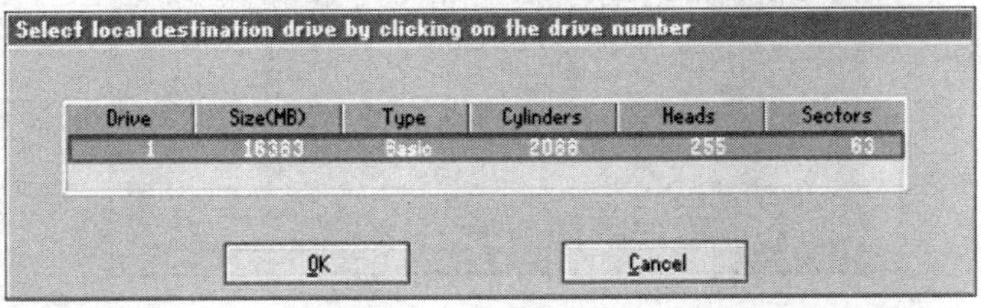

图 5-48　选择目标盘

④打开选择需还原的硬盘分区对话框,在列表框中选择需还原的第一个硬盘分区,如图

5 - 49 所示，单击 “OK”按钮或按“Enter”键继续。

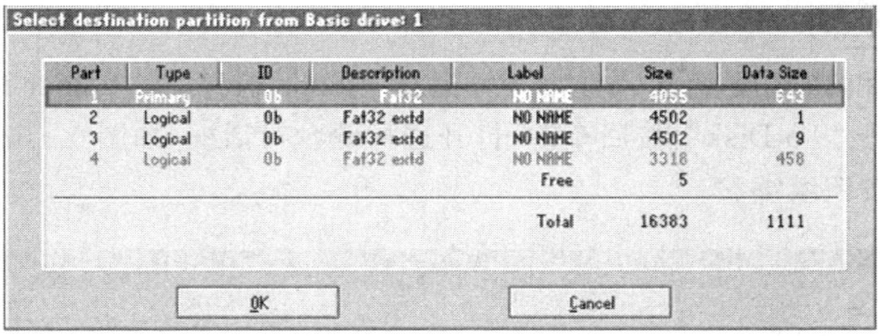

图 5 - 49　选择目标分区

⑤在打开的对话框中单击“Yes”按钮，开始还原系统，如图 5 - 50 所示。

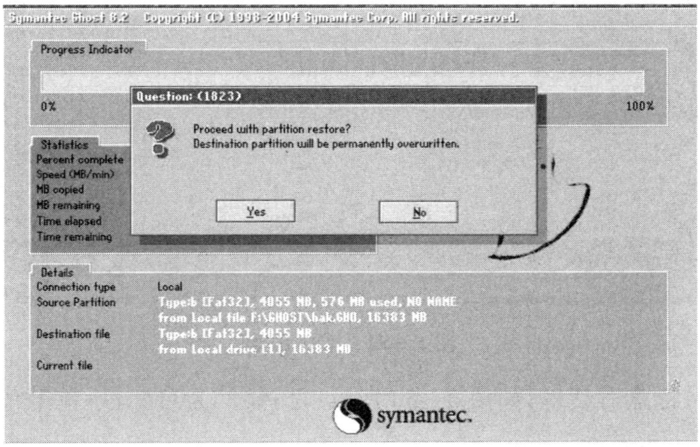

图 5 - 50　系统还原

⑥待还原完成后，单击“Reset Computer”按钮，如图 5 - 51 所示，确认重新启动计算机即可。

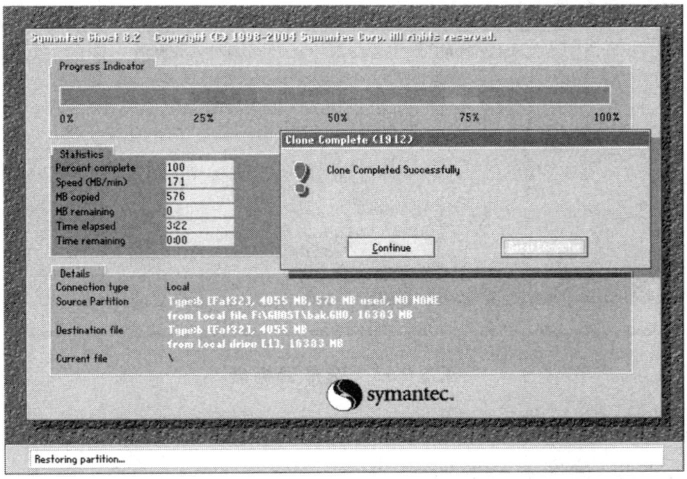

图 5 - 51　还原完成重新启动计算机

4)硬盘与硬盘之间的对拷

操作步骤

①将源硬盘和目标硬盘接入主板后，运行 Ghost 程序，在 Ghost 的主菜单中选择"Local"→"Disk"→"To Disk"，按回车键，打开选择源盘对话框，如图 5-52 所示，选择"1"为源盘，单击"OK"按钮继续。

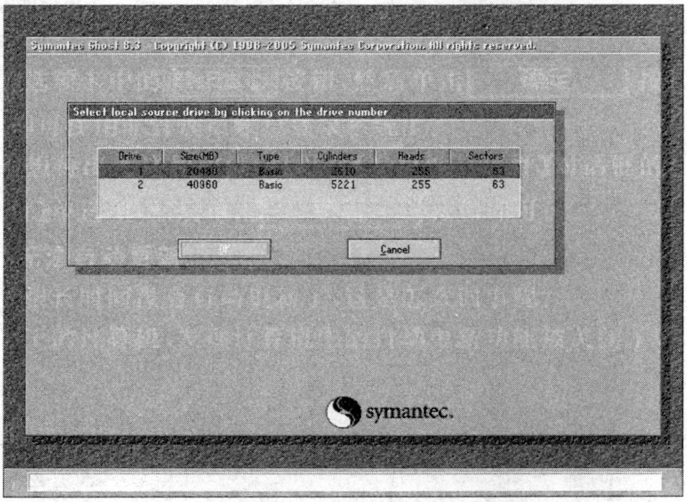

图 5-52 选择源盘

②打开选择目标盘对话框，如图 5-53 所示；选择"2"为目标盘，单击"OK"按钮继续。

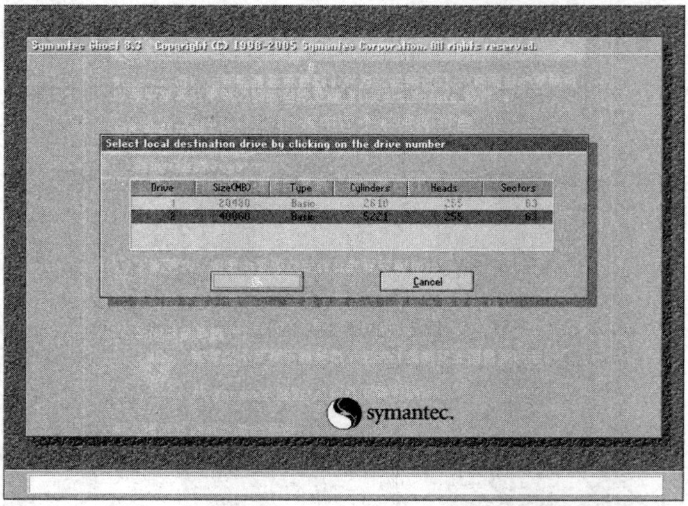

图 5-53 选择目标盘

③查看目标盘的详情，如图 5-54 所示；单击"OK"按钮，在弹出的提示对话框中再单击"Yes"按钮，则开始克隆，如图 5-55 所示。

④硬盘克隆完后，显示提示信息，如图 5-56 所示，重新启动计算机即可。

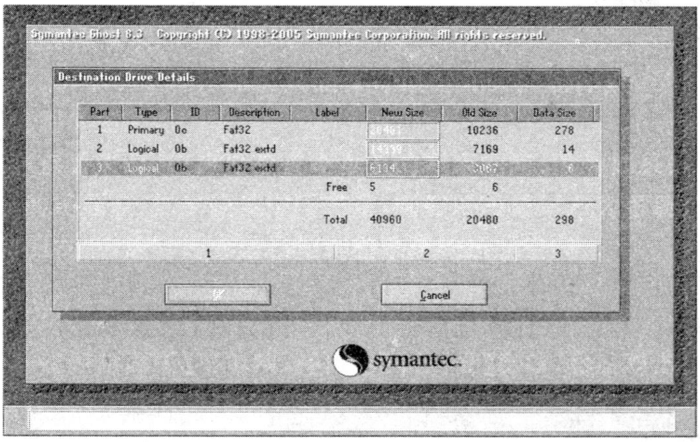

图 5－54　查看目标盘详情

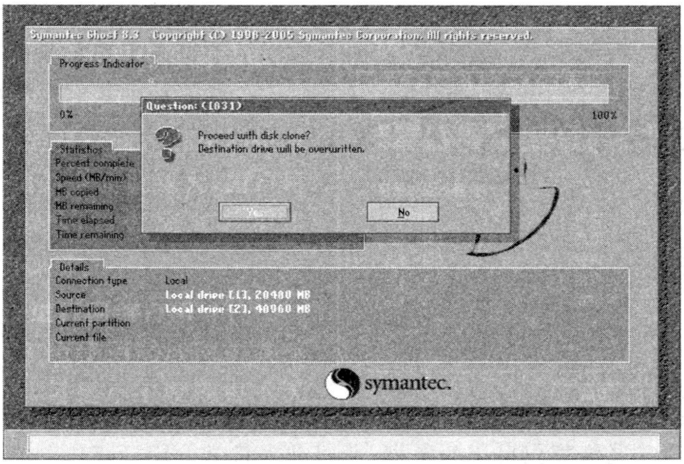

图 5－55　克隆提示

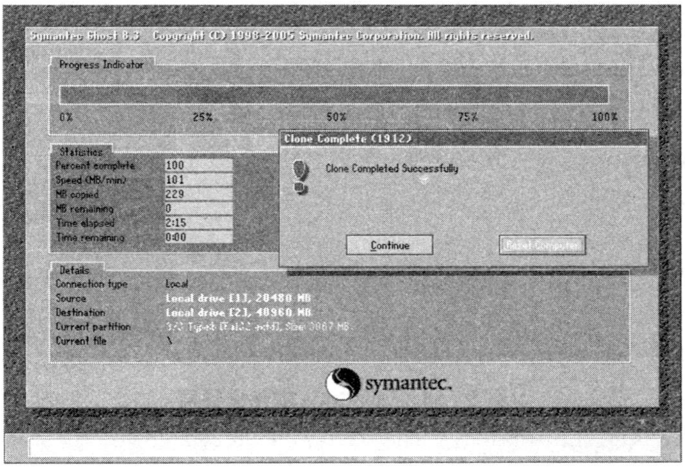

图 5－56　克隆完成提示对话框

提示

磁盘的镜像和还原与分区的镜像和还原类似，这里就不一一赘述了。另外，Ghost 的网络操作，需要配置好网络环境：一端是服务端(Master)，另一端是客户端(Slave)，其余操作与本地磁盘操作方法类似。

4. 数据恢复

在使用计算机的时候，有时会遇到突如其来的灾难性故障导致重要数据丢失，比如系统突然崩溃、死机、断电、误操作、计算机病毒的攻击等都在时刻威胁着数据文件的安全，如何保障计算机数据的安全、完整，成为人们日益关注的问题。针对各种可能的威胁，我们可以通过防火墙、反病毒软件以及各式各样的数据备份软件来预防这些问题的发生，但是在数据丢失事故发生之后还需要一些能够帮助我们拯救数据的恢复工具。这类数据恢复工具有很多，比较常用的有：EasyRecovery 数据恢复软件(如图 5-57 所示)、FinalData(如图 5-58 所示)、超级硬盘数据恢复软件(如图 5-59 所示)、AntlerTek Data Recovery、易我数据恢复向导、UndeleteMyFiles、Smart FAT Recovery、Recover My Files、DataExplore 数据恢复大师等。遇到实际问题时，大家可以根据这些软件的使用向导，来实现数据的恢复，把损失降低到最小，但并不能保证 100%恢复出可用的数据，所以加强日常使用计算机的安全意识与防范，还是很重要的。

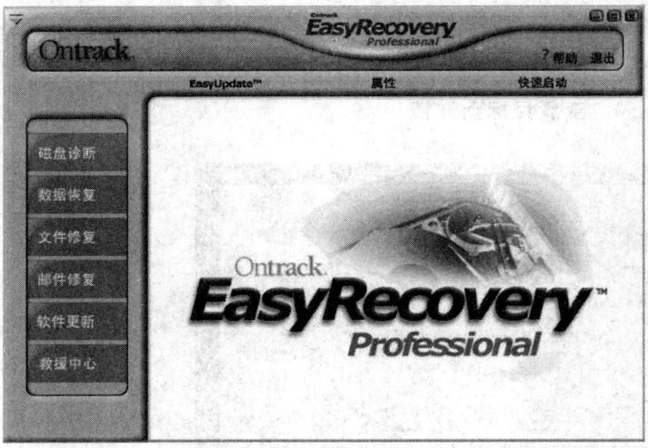

图 5-57　EasyRecovery 软件主界面

图 5-58　FinalData 软件主界面

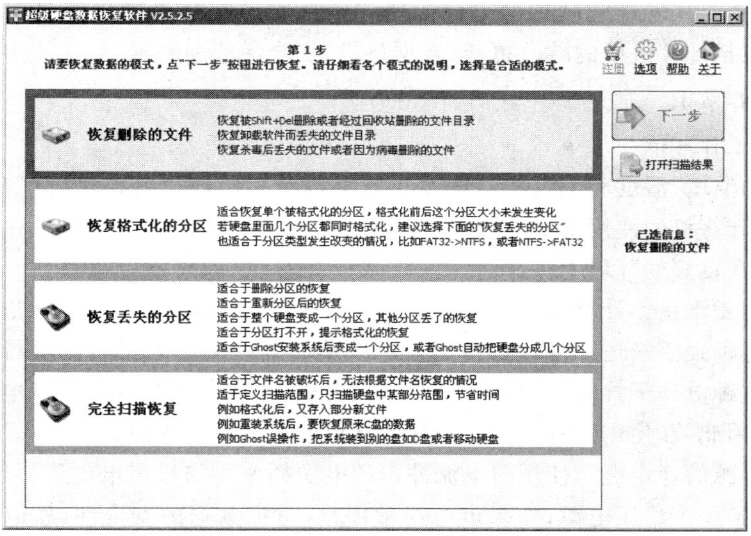

图 5－59　"超级硬盘数据恢复软件"主界面

实训 13　系统的备份、还原及数据恢复

实训目的

(1)掌握系统备份的方法及练习使用 Ghost 对系统进行备份与还原。

(2)练习使用数据恢复软件 EasyRecovery、FinalData、"超级硬盘数据恢复软件"对丢失的数据进行恢复。

实训设备与工具

每组要求具有软、硬件配置的个人计算机一套(中档配置即可)及相关软件或带有网络环境。

实训内容与步骤

(1)分别下载所需备份和数据恢复软件并进行安装。

(2)使用 Ghost 软件对当前系统进行备份和还原。

(3)使用数据恢复软件对删除、格式化及分区等原因造成的文件丢失,进行恢复。

实训总结

写出实训报告,记录实训过程及结果,并比较不同数据恢复软件的数据恢复性能和特点。

任务 4　微机系统日常维护

计算机系统维护指的是:为保证计算机系统能够正常运行而进行的定期检测、修理和优化。系统维护主要从硬件和软件两方面入手。硬件维护包括计算机主要部件的保养和升级;软件维护包括计算机中的软件更新、数据备份、安全保护和杀毒。

1. 日常保养常识

1)理想的工作环境

(1)理想的温度、湿度和空气的洁净度。计算机对工作环境要求比较严格,理想的工作环境可以增加计算机的使用寿命、使用性能和稳定性。我们在日常使用计算机的时候尽量让计算机工作在良好的环境中。

(2)避免电磁干扰。计算机经常放置在有较强的磁场环境下,就有可能造成硬盘上数据的损失,甚至这种强磁场还会使计算机出现一些莫名其妙的现象,如:显示器可能会产生花斑、抖动等。这种电磁干扰源主要有:音响设备、电机、大功率电器、电源、静电以及较大功率的变压器等。因此,在使用过程中应尽量使计算机远离这些干扰源。

(3)注意电源的稳定性。使用防电流冲击的电源插座。如果市电电压不够稳定,最好考虑给计算机配备一个稳压电源;如果市电经常停电,考虑数据的安全性,就应该给计算机配备一台 UPS,现在一般的 UPS 都带有稳压功能。

2)养成良好的使用习惯

(1)正常开、关机。开机的顺序是先外设后主机,关机顺序则相反。

(2)不要频繁地开、关机。每次关、开机之间的时间间隔应不小于 30 s。

(3)定期清洁计算机。

(4)在增、删计算机的硬件设备时,必须要断掉与市电的连接后,并确认身体不带静电时才可进行操作,这包括上面提到的清洁操作。

(5)在接触电路板时,不应用手直接触摸电路板上的铜线及集成电路的引脚,以免人体所带的静电击坏这些元器件。

(6)计算机在加电之后,不应随意地移动和振动,以免由于振动造成硬盘损伤,以及意外情况发生,造成不应有的损失。

(7)开机后,切忌带电拔插主机与其他设备的连接线以及扩展槽上的硬件,一定要在断电后拔插。

(8)不要将装有任何液体的容器放在主机箱上,以免引起短路。

(9)不要在机箱上放很多东西,特别是机箱后面放太多东西会影响计算机散热。

(10)定期清空回收站、删除 Internet 临时文件。

(11)桌面上不要放太多东西,也不要放太多的快捷方式。快速启动栏里也一样。

(12)不要一边吃东西一边玩计算机,特别是带汁的食品。

2. 计算机系统软件维护

1)安全维护

(1)设置系统密码,包括 BIOS 系统和高级 OS 系统密码,管理好管理员账号和密码。

比如在 Windows XP 的“控制面板”→“用户账户”中根据向导提示建立用户账户,如图 5-60所示。

(2)设置用户权限。在 Windows XP 系统的“运行”对话框中键入“gpedit. msc”(如图 5-61 所示),打开“组策略”对话框,在“用户权限指派”选项中,可对用户的权限进行设置,如

图 5－62所示。

图 5－60　“用户账户”窗口

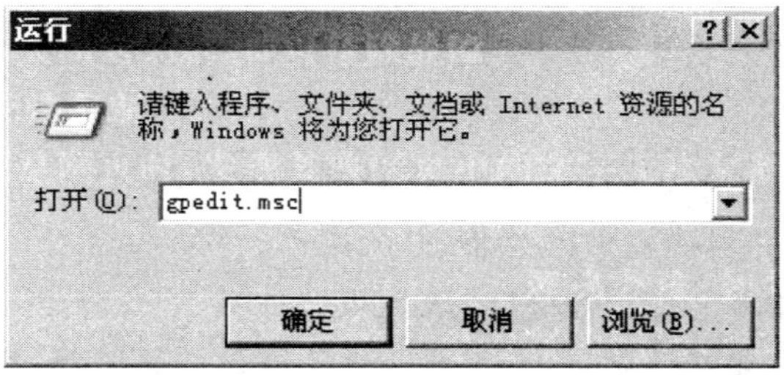

图 5－61　“运行”对话框

图 5－62　“组策略”对话框

(3)打齐补丁，修补系统漏洞。如在 Windows XP 系统中，通过软件下载补丁或在“控制面板"→"安全中心"中打开"自动更新"(如图 5 - 63 所示),打齐系统补丁,并在"控制面板"→"安全中心"中打开系统自带防火墙(如图 5 - 64 所示)或使用防火墙软件。

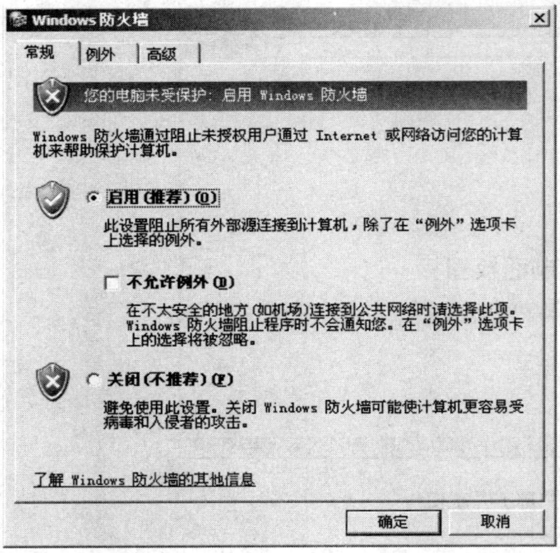

图 5 - 63　"Windows 防火墙"对话框

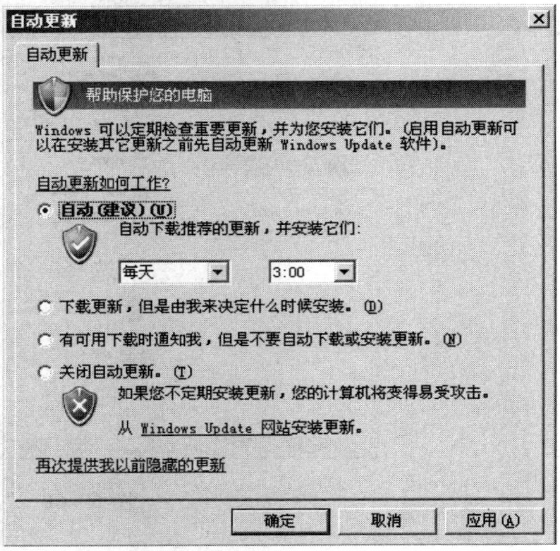

图 5 - 64　"自动更新"对话框

2)系统维护

(1)定期清除病毒和木马,并及时升级、更新病毒库。

(2)定期优化系统,并对磁盘做碎片整理。

(3)定期清理系统垃圾文件(包括注册表垃圾文件)。

(4)定期对系统和重要文件做备份,重要文件不要放在系统盘,特别是"桌面"上,为了方便可以建立桌面快捷方式。

(5)对软件的使用要慎重,避免软件冲突等。

(6)保存好所有的驱动程序、安装盘文件。

3. 计算机系统硬件维护

大家在使用计算机的时候,除了应掌握日常保养常识外,还要掌握一些硬件系统重要部件的使用和维护方法。

1)硬盘的使用和维护

(1)正在对硬盘读/写时不能关掉电源。

(2)注意防尘,保持环境的清洁卫生。

(3)防止硬盘受振动。

(4)控制环境温度,防止高温、潮湿、磁场的影响。

(5)定期整理硬盘。

(6)防止计算机病毒对硬盘的破坏。

2)光驱的使用和维护

(1)安装光驱时不能倾斜或垂直。

(2)严禁使用劣质光盘。

(3)动作轻缓不应用手推动托盘进盒。

(4)对光驱要尽量防尘。

(5)光驱在进行读、写后,不要立即弹出送盘托盘。

(6)当关机或不用光盘时,应及时将光盘取出,避免光盘久置光驱。

(7)要保持光驱的清洁。

3)光盘的使用和维护

(1)正确保存光盘,并且要绝对禁止受高温影响,让盘片处于干燥的环境。

(2)取光盘的时候,要拿光盘的内、外边缘,不要用手直接接触光盘表面。

(3)如果光盘表面发生轻微翘曲,可用软布包住光盘,夹在两块平滑板面之间(如玻璃)并且放置 5 kg 左右的重物,平压一至两天后,盘体即可矫正。

(4)要及时擦除盘片上的污点。

(5)要定期进行清洁工作。

(6)要注意保护盘片内缘。

(7)要注意灰尘的侵袭。

(8)避免长时间读光盘。

(9)不要在盘片上任意粘贴标签。

4)CRT 显示器的使用和维护

(1)注意防湿。

(2)要避免强光照射。显示器的机身受阳光或强光照射,时间长了容易老化,而且显像管荧光粉在强烈光照下也会老化,降低发光效率。

(3)防止灰尘进入。灰尘长期积累在内部电路元器件上,会影响电子元器件的热量散发,使得电路板等元器件的温度上升,这样容易产生漏电而烧坏元件。另外,灰尘也可能吸收水分,腐蚀显示器内部的电子线路。

(4)远离磁场干扰。长期暴露在磁场中可能会磁化或损坏显示器。因此,发现显示器局部变色,应该马上确定显示器附近是否有磁性物质,迅速排除,否则可能会给显示器造成永久的损害。

(5)保持合适的温度。显像管作为显示器的一大热源,在过高的环境温度下它的工作性能和使用寿命将会打折扣,同时元器件也会加速老化,最终轻则导致显示器罢工,重则可能击穿或烧毁其他元器件。

(6)注意保护线缆与接头。

在移动显示器时,不要忘记将电源线和信号电缆线拔掉,而插拔电源线和信号线时,应先关机,以免损坏接口电路的元器件。

5)液晶显示器的日常使用维护

(1)保持适当的湿度。

(2)防止长期的不间断使用。

(3)注意自己的操作习惯。

(4)避免受液体的侵害。

(5)尽量避免硬物接触。

(6)关机后做好善后工作。

(7)避免不必要的振动。

6)其他部件的使用注意事项

(1)CPU:CPU 是计算机的“心脏”,要注意防高温和防高压。高温容易使内部线路发生电子迁移,缩短 CPU 的寿命;高压很容易烧毁 CPU,所以超频时尽量不要提高内核电压。

(2)内存:要注意防静电,超频时也要小心,过度超频极易引起黑屏,甚至使内存发热损坏。

(3)电源:要注意防止反复开机、关机。

(4)键盘:要防止受潮、沾尘、拉拽等。沾染灰尘会使键盘触点接触不良,操作不灵,拖拽易使键盘线断裂,造成键盘故障。

实训 14　正确清除主机内各部件的灰尘

实训目的

掌握计算机硬件系统清除灰尘的方法。

实训设备与工具

(1)每组计算机一套。

(2)每组组装维护工具一套,如:螺丝刀、软毛刷、计算机专用清洁剂、橡皮等。

实训内容与步骤

(1)打开主机,用正确的方法为主机及外部设备清除灰尘。

①对 CPU 散热器进行除尘:若 CPU 散热片温度过高,则应拆下风扇后,用软毛刷对散热片和风扇上的灰尘进行清理,如图 6-65 所示,之后安装散热器(应重新使用硅胶)。

图 5-65　CPU 散热器除尘

②清洁内存及其他板卡:计算机在使用过程中,内存及其他板卡经常会由于灰尘和老化等原因,导致接触不良,使系统出现故障,要定期对其清理。

- 从主板上卸下内存条或其他板卡,使用毛刷将其表面的灰尘打扫干净,如图 5-66 所示。

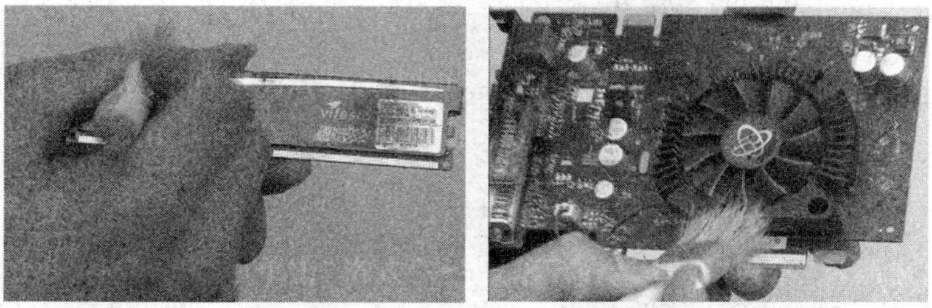

图 5-66　用软毛刷清扫板卡灰尘

● 使用橡皮擦将内存条或者其他板卡金手指上的金属锈擦掉，如图 5－67 所示。

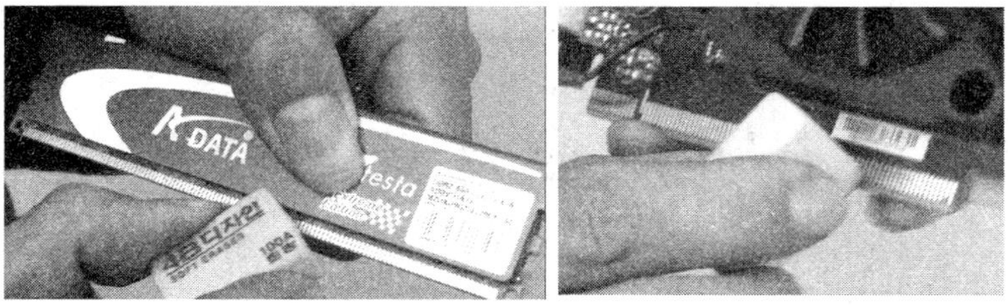

图 5－67 用橡皮擦清洁金手指上的金属锈

● 清洁喷墨打印机：一段时间没有使用喷墨打印机，如果再次使用时发现不能正常打印，可在一块干净的玻璃上滴少许清水，将喷嘴浸在水中几个小时，注意不要浸湿触点，再用面巾纸沾拭喷嘴，能通畅渗出墨水即可。若仅有轻微渗出，可从通气孔向墨盒里吹气或打气，看到墨水从喷嘴较通畅流出即可。只要喷嘴未损坏，此方法能解决大部分墨盒堵塞的问题。

(2)还原硬件系统。

(3)测试系统及排除故障。

(4)运用所学知识，对计算机软件系统进行维护。

实训总结

写出实训报告，记录实训过程及遇到的问题，并给出解决方法及结果。

习 题

1. 如何实现对一台计算机的整体性能和部件进行测试?
2. 如何实现对一台计算机的硬盘进行优化?
3. 如何完成一台计算机的开机速度优化? 有哪些方法可以实现? 具体如何实现?
4. 如何对一台计算机进行全面优化? 有哪些方法可以实现? 具体怎么实现?
5. 如何实现系统备份与还原?
6. 使用 Ghost 备份与还原系统。
7. 概述恢复删除数据的原理。
8. 如何恢复被破坏的文件?

项目6　计算机常见软件故障及排除

王二在公司的计算机中安装的是 Windows XP 操作系统，并安装了 IE 浏览器和 Office 等应用软件。由于王二经常上网、经常利用 Office 处理文档，工作过程中遇到各种各样的软件故障，因此耽误了不少工作，你能给予解决吗？

任务1　软件故障原因分析及排除方法

随着多媒体计算机和 Internet 的日益普及，计算机用户越来越多。在计算机的正常使用过程中，会遇到各种问题。由于软件的种类、版本、硬件配置以及操作者的操作水平各不相同，问题也就多种多样。为了帮助大家解决日常应用中遇到的软件故障，在本项目中先从总体上了解软件故障的原因以及排除方法，为软件的故障诊断打下坚实的基础。

1. 软件故障剖析

计算机软件一般可以分为系统软件和应用软件两大类。系统软件一般是由计算机厂家提供的、为了管理和充分利用计算机资源、方便用户使用和维护、发挥和扩展计算机功能、提高使用效率的通用软件。用户通常都要使用它们，但一般不应修改它们。应用软件是用户在各个领域中，为解决各类实际问题而开发的软件，比如某种工程设计软件、文献检索软件、人事管理软件、财务管理软件等。软件故障常常是由下面一些原因造成的：

1)软件不兼容

有些软件在运行时与其他软件有冲突，相互不能兼容。如果这两个不能兼容的软件同时运行，可能会中止程序的运行，严重的将会使系统崩溃。比较典型的例子是杀毒软件，如果系统中存在多个杀毒软件，很容易造成系统运行不稳定。

2)非法操作

非法操作故障是由于人为操作不当造成的。如卸载程序时不使用程序自带的卸载程序，而直接将程序所在的文件夹删除，这样一般不能完全卸载该程序，反而会给系统留下大量的垃圾文件，成为系统的故障隐患。

3)误操作

误操作是指用户在使用计算机时，误将有用的系统文件删除或者执行了格式化命令，这样会使硬盘中重要的数据丢失。

病毒的破坏。计算机病毒会给系统带来难以预料的破坏，有的病毒会感染硬盘中的可执行文件，使其不能正常运行；有的病毒会破坏系统文件，造成系统不能正常启动；还有的病毒会破坏计算机的硬件，使用户蒙受更大的损失。

4）软件的参数设置不合理

一款软件，特别是应用软件，总是在一个具体用户环境下使用的，如果用户设置的环境参数不能满足用户使用的环境要求，那么用户在使用时往往会感觉软件有某些缺陷或者故障。如文档在编辑过程中都可以正常显示，但是打印出来总是一张白纸。经过检查，发现是因 Word 系统设置了蓝底白字功能导致的。在编辑时无法发现任何异常（因为是蓝色背景），但是在打印时，白纸上面是无法显示白字的，因此，也就导致了故障现象的发生。

2. 软件故障排除方法

1）安全模式法

安全模式法主要用来诊断由于注册表损坏或一些软件不兼容导致的操作系统无法启动的故障。安全模式法的诊断步骤为：首先用安全模式启动计算机，如果存在不兼容的软件，在系统启动后将它卸载，然后正常退出；接着再重新启动计算机，安装新的软件即可。如果还是不能正常启动，则需要使用其他方法排除故障。

2）软件最小系统法

软件最小系统法是指从维修判断的角度能使计算机开机运行的最基本的软件环境，即只有一个基本的操作系统环境，不安装任何应用软件，可以卸载所有的应用软件或者重新安装操作系统即可。然后根据故障分析判断的需要，安装需要的应用软件。使用一个干净的操作系统环境，可以判断故障是属于系统问题、软件冲突问题，还是软件、硬件间的冲突问题。

3）程序诊断法

针对运行环境不稳定等故障，可以用专用的软件来对计算机的软件、硬件进行测试，如3DMark 2006、WinBench 99 等，根据这些软件的反复测试而生成的报告文件，就可以比较轻松地找到一些由于系统运行不稳定而引起的故障。

4）逐步添加/去除软件法

逐步添加软件法，以最小系统为基础，每次只向系统添加一个软件，来检查故障现象是否发生变化，以此来判断故障软件。逐步去除软件法，正好与逐步添加软件法的操作相反。

5）软件环境参数重置法

现代的软件为了适应不同环境用户的需要，都预留了一些配置参数变量。因此，当软件出现一些应用故障或者缺陷时，要尽量从软件的配置参数入手考虑，针对软件故障的表现对相应的参数加以修改，从而有效排除故障。

任务2　软件故障及排除举例

1. 操作系统故障

故障1　桌面上的常用图标丢失

故障描述：小王的计算机经常会被同事使用，因此一些小问题也经常出现。一天，小王启动计算机后发现桌面上的“我的电脑”图标和“网上邻居”图标不见了，如图 6－1 所示。

解决办法:这两个图标可能是被用户隐藏了起来,只要更改系统设置即可将其显示出来。

具体操作

①在桌面空白处单击鼠标右键,从弹出的快捷键菜单中选择【属性】菜单项,弹出【显示属性】对话框。

②切换到【桌面】选项卡,单击【背景】列表框下方的 自定义桌面(D)... 按钮,弹出【桌面项目】对话框,如图 6-2 所示。

图 6-1 桌面图标消失

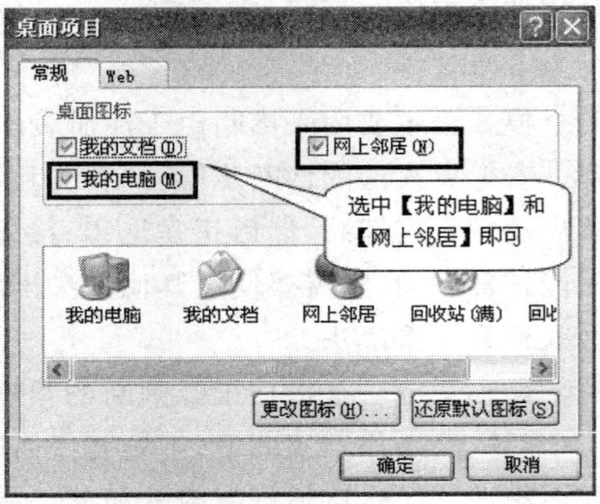

图 6-2 "桌面项目"对话框

③在【常规】选项卡的【桌面图标】组合框中选中【我的电脑】和【网上邻居】复选框,然后依次单击对话框中的 确定 按钮即可将这两个图标显示出来。

提示

依次单击【开始】→【控制面板】→【显示】菜单项同样可以打开【显示属性】对话框。

故障 2 任务栏中的【音量】图标消失

故障描述:小王在使用计算机看电影时声音特别大,因此想通过任务栏的【音量】图标  调节一下音量,可是小王发现任务栏  中【音量】图标  不见了,这该怎么办呢?

解决办法:造成这种故障的原因主要有 3 种:没有安装驱动程序、系统文件损坏或系统设置不当。如果是第一种情况,只需安装驱动程序即可;如果是系统文件损坏,只需将相同配置计算机中系统盘符下的"WINDOWS\System32\Sndvol32. exe"文件复制到自己计算机的相同路径下即可;如果是系统设置不当,则可重新设置。

具体操作

①单击【开始】→【设置】→【控制面板】菜单项,双击【控制面板】,弹出【控制面板】窗口。

②双击【声音和音频设备】图标 ,弹出【声音和音频设备属性】对话框。

③切换到【音量】选项卡,选中【设备音量】组合框中的【将音量图标放入任务栏】复选框,然后单击 确定 按钮,此时【音量】图标  便会在任务栏中显示出来,如图 6-3

所示。

故障 3　快速启动工具栏上的【显示桌面】图标丢失

故障描述：小王经常使用快速启动工具栏中的【显示桌面】图标返回系统桌面，当打开的应用程序窗口很多时，使用起来非常方便。小王因为误操作将快速启动工具栏中的【显示桌面】图标删除了，怎么也找不到，如图 6－4 所示。

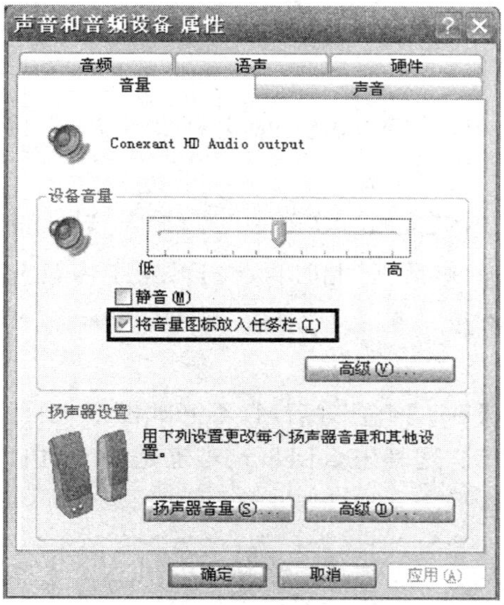

图 6－3　“声音和音频设备 属性”对话框

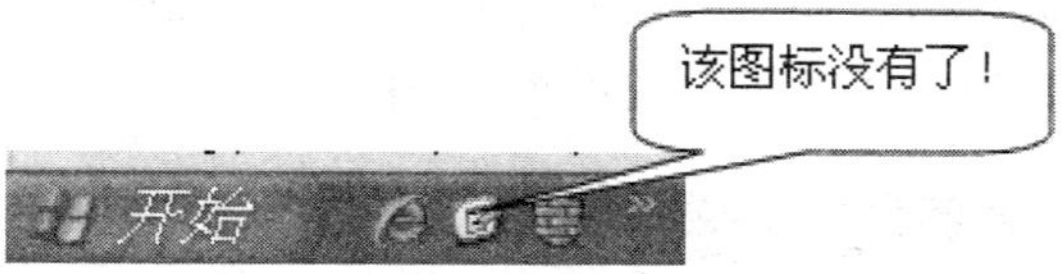

图 6－4　“显示桌面”图标丢失了

具体操作

①在桌面空白处单击鼠标右键，从弹出的快捷键菜单中选择【新建】→【文本文档】菜单项，在桌面上新建一个文本文档。

②打开新建的文本文档，输入以下代码：

```
[Shell]
Command=2
IconFile=explorer.exe,3
[Taskbar]
Command=ToggleDesktop
```

③输入完成后将文件命名为“显示桌面. scf”。

④关闭该文件，即可在用户保存的位置看到“显示桌面. scf’”文件的图标。

⑤打开【我的电脑】窗口，单击【工具】→【文件夹选项】菜单项，弹出【文件夹选项】对话框。

⑥切换到【查看】选项卡，选中【高级设置】列表框中的【显示所有文件和文件夹】单选按钮，然后单击 确定 按钮将系统中隐藏的文件和文件夹显示出来。

⑦将“显示桌面. scf”文件移动到“系统盘\Documents and Settings\当前登的用户\Application Data\Microsoft\Internet Explorer\Quick Launch”文件夹下，然后关闭【Quick Launch】窗口。

⑧此时在快速启动工具栏中就会显示出【显示桌面】程序的图标。

故障4　磁盘属性对话框中的【安全】选项卡消失

故障描述: 自从同事使用小王的计算机下载完文件之后,小王发现计算机经常出现问题。一天,小王打开C盘的属性对话框,发现该对话框中的【安全】选项卡竟然没有了,这可急坏了小王。

解决办法: 这个故障主要是用户的参数设置不当造成的,只要调整一下相关的参数即可。

具体操作

①双击【我的电脑】图标,打开【我的电脑】窗口,然后单击【工具】→【文件夹选项】菜单项,弹出【文件夹选项】对话框。

②切换到【查看】选项卡,撤选【高级设置】列表框中的【使用简单文件共享(推荐)】复选框。

③设置完成后单击 确定 按钮关闭打开的对话框,此时再次打开某个磁盘分区的属性对话框,就会看到【安全】选项卡已经显示出来了。

故障5　任务管理器无法使用

故障描述: 小王按下键盘上的【Ctrl】+【Alt】+【Del】组合键后,打不开如图6-6所示对话框,提示用户"任务管理器已被系统管理员停用"。这是怎么回事?难道是同事对自己的计算机更改了系统设置,禁用了任务管理器?

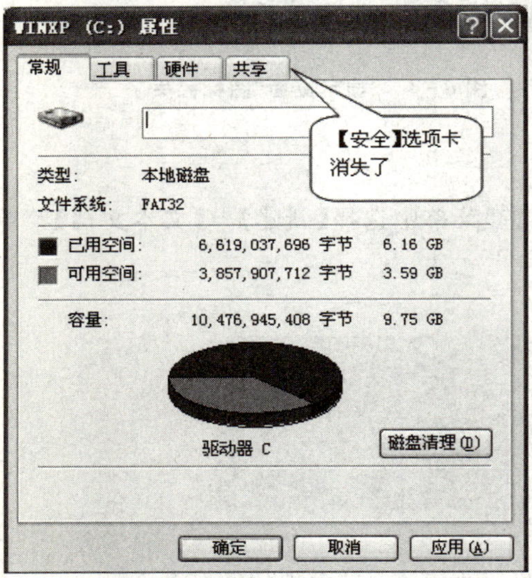

图6-5　C盘属性窗口

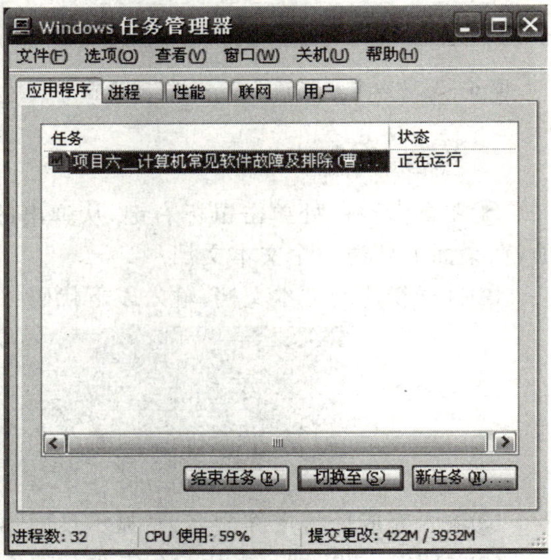

图6-6　任务管理器窗口

解决办法: 若想重新获得任务管理的使用权,只需在【组策略】对话框中进行简单的设置即可。

具体操作

①单击【开始】→【运行】菜单项,弹出【运行】对话框,如图6-7所示。

②在【打开】下拉列表框中输入"gpedit.msc",如图6-8所示,然后单击 确定 按

钮，弹出【组策略】对话框。

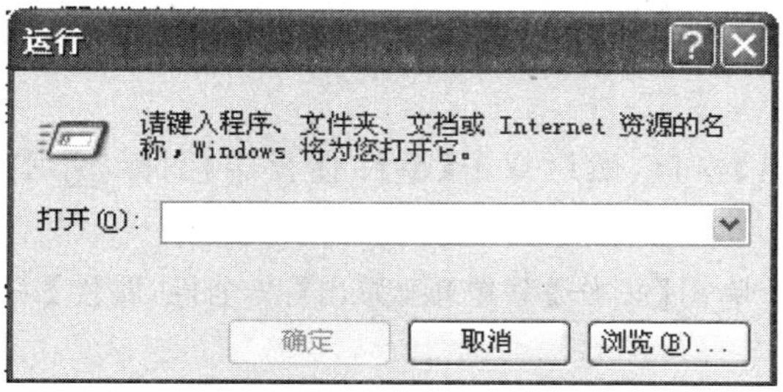

图 6－7　“运行”对话框

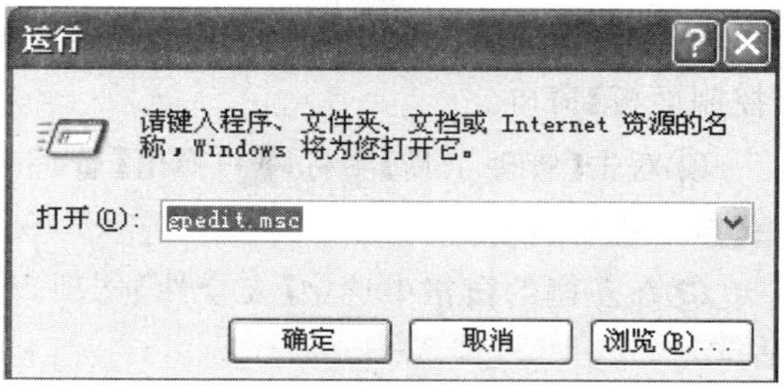

图 6－8　输入要运行的文件名

③依次展开【用户配置】→【管理模板】→【系统】→【Ctrl ＋Alt ＋Del 选项 】分支。

④在窗口右侧的窗格中双击【删除“任务管理器”】选项，弹出【删除‘任务管理器’属性】对话框。

⑤切换到【设置】选项卡，选中【未配置】单项按钮，然后单击 确定 按钮即可。此时按下键盘上的【Ctrl】＋【Alt】＋【Del】组合键，即可弹出【Windows 任务管理器】窗口。

故障 6　无法登录 Administrator 账户

故障描述：小王在计算机中新建了一个具有管理员权限的账户，可是再一次启动计算机时却发现登录界面中没有了 Administrator 这个账户。

解决办法：在 Windows XP 系统中，Administrator 是最高级的账户，如果在系统中再新建一个具有管理员权限的账户，则计算机在下一次启动时就会自动隐藏 Administrator 账户。

具 体 操 作

①想再一次进入 Administrator 账户，可以先将其他的账户设为非管理员账户，这样在登录界面中就会出现 Administrator 这个账户名了。

②想保留其他管理员账户，可以在计算机启动并进入登录界面后按下键盘上的【Ctrl】＋【Alt】＋【Del】组合键，弹出【登录到 Windows】对话框，如图 6－9 所示，在【用户名】文本框中输入“Administrator”，在【密码】文本框中输入相应的账户密码，然后按下键盘上的【Enter】键即可进入 Administrator 账户。

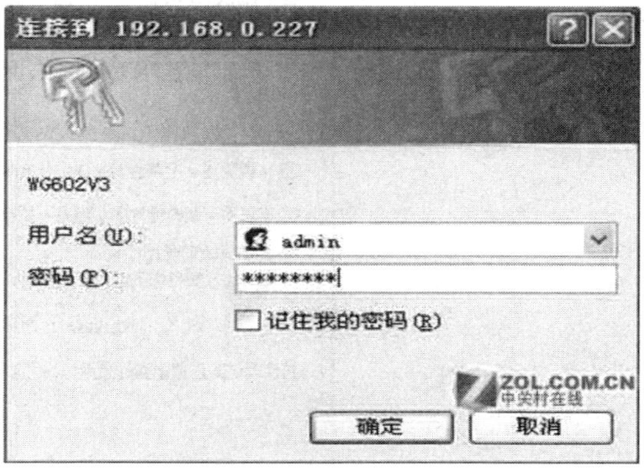

图 6－9　“登录到 Windows”对话框

故障 7　非管理员用户无法登录

故障描述：小王在计算机中创建了一个非管理员账户，使用了一段时间后，系统竟然拒绝这个非管理员账户登录，并提示安全日志已满，这可急坏了小王。

解决办法：遇到这种非管理员账户无法登录的故障，只需清除系统以前的安全日志即可。

具体操作

①以系统管理员账户的身份登录到系统中，然后单击【开始】→【控制面板】菜单项，弹出【控制面板】窗口。

②双击【管理工具】图标，弹出【管理工具】窗口，然后双击【事件查看器】图标，弹出【事件查看器】窗口。

③在左侧的窗格中选中【安全性】选项，然后单击【操作】菜单项，弹出【安全性 属性】对话框。

④单击【常规】选项卡中的 清除日志(C) 按钮，然后单击 确定 按钮即可清除系统中的安全日志，此时即可使用非管理员账户登录系统了。

⑤如果用户不想再出现这种故障，可以在【安全性 属性】对话框的【常规】选项卡中选中【按需要改写事件】单选项，然后单击 确定 按钮即可。

故障8 系统无法自动更新

小王发现系统很长时间没有自动更新了，这是怎么回事呢？

小李查看了小王的计算机，发现计算机中的自动更新功能被关闭了，于是帮他重新启用自动更新功能。

具体操作

①在【我的电脑】图标上单击鼠标右键，从弹出的快捷菜单中选择【属性】菜单项，弹出【系统属性】对话框，如图6-10所示。

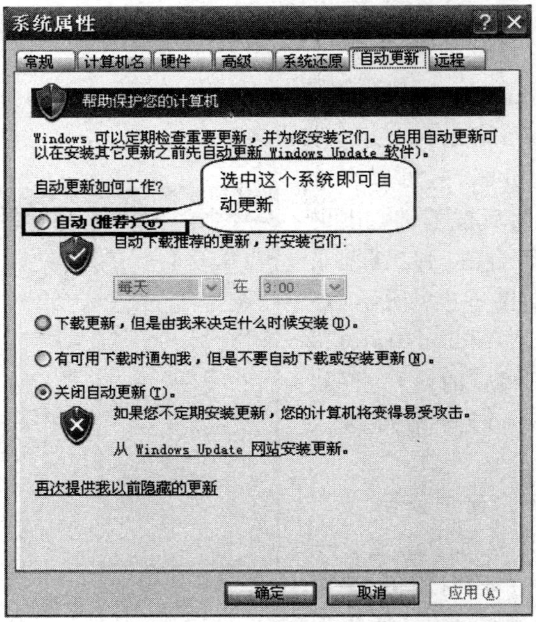

图6-10 "系统属性"对话框

②切换到【自动更新】选项卡，选中【自动(推荐)】单选按钮，然后单击 确定 按钮

即可启用自动更新功能。

故障 9　系统还原点丢失

故障描述：这几天，小王发现计算机只能保存最近几天的还原点，当单击以前的还原点时系统则提示“无可用的还原点”。

解决办法：还原点丢失时，应该先检查硬盘上的剩余空间，因为如果硬盘空间不足，系统就会自动删除以前的还原点；如果硬盘空间充足，则有可能是用户为系统还原功能分配的空间不足导致了故障的发生，这时需要适当地调整系统的还原空间。

具体操作

①单击【开始】→【控制面板】菜单项，弹出【控制面板】窗口，然后双击【系统】图标，弹出【系统属性】对话框。

②切换到【系统还原】选项卡，如图 6－11 所示，在【可用的驱动器】列表框中选中需要调整系统还原空间的磁盘分区，然后单击 设置(S)... 按钮，弹出相应的对话框。

③拖动该对话框中的滑块即可更改系统还原功能使用的磁盘空间。滑块的位置越靠右，该功能使用的空间就越大，用户可以根据实际情况调整，设置完成后单击 确定 按钮即可。

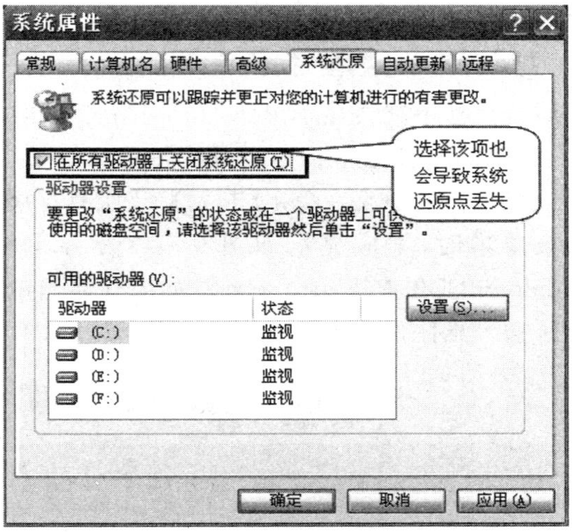

图 6－11　“系统还原”选项卡

故障 10　无法进行网络打印

故障描述：小王想使用局域网中共享的打印机打印文件，可是小王发现根本无法找到局域网中共享的打印机，如图 6－12 所示，这是怎么回事呢？

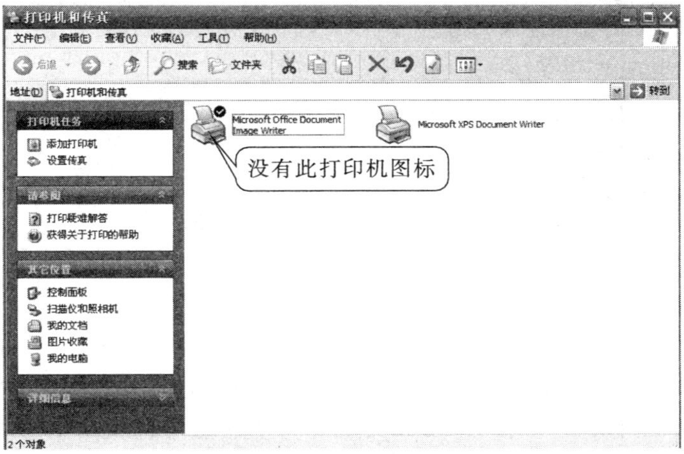

图 6－12　“打印机和传真”窗口

解决办法:要想使用局域网中共享的打印机进行文件打印,首先需要在计算机中添加一个网络打印机。

具体操作

①单击【开始】→【打印机和传真】菜单项,弹出【打印机和传真】窗口,如图 6-12 所示,然后单击【文件】→【添加打印机】菜单项。

②在弹出的【欢迎使用添加打印机向导】对话框中单击 下一步(N) > 按钮,弹出【本地或网络打印机】对话框。

③选中【网络打印机或连接到其他计算机的打印机】单选按钮,然后单击 下一步(N) > 按钮,弹出【指定打印机】对话框。

④选中【连接到这台打印机】单选按钮,在【名称】文本框中输入网络打印机的地址及名称,然后单击 下一步(N) > 按钮。

⑤在弹出的【正在完成添加打印机向导】对话框中单击 完成 按钮,则在【打印机和传真】对话框中就会显示出添加的网络打印机的图标,此时即可用网络打印机进行打印。

故障 11　无法进行磁盘碎片整理

故障描述:小王在单击【开始】→【所有程序】→【附件】→【系统工具】→【磁盘碎片整理程序】菜单项时,本应显示如图 6-13 所示对话框,但系统却弹出一个提示对话框,提示“Windows 正在查找 dfrg. msc。如果想亲自查找文件,请单击‘浏览’”,无法进行磁盘碎片整理,这可难住了小王。

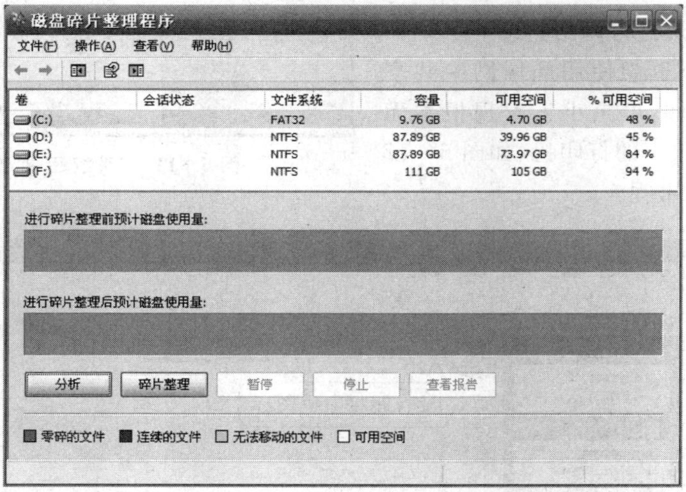

图 6-13　“磁盘碎片整理程序”窗口

解决办法:小王无法进行磁盘碎片整理,可能是“C:\Windows\System32”目录中的 dfrg. msc 文件丢失或者遭到破坏了,在这种情况下只需将另外一台计算机中的 dfrg. msc 文件复制到出现故障的计算机中即可。如果磁盘碎片整理程序的文件名被更改了,此时就需要进行简单的设置。

具体操作

①单击【开始】→【所有程序】→【附件】→【系统工具】菜单项，然后在【磁盘碎片整理程序】菜单项上单击鼠标右键，从弹出的快捷菜单项中选择【属性】菜单项。

②弹出【磁盘碎片整理程序 属性】对话框，将【目标】文本框中的“C:\Windows\System32\wmimgmt. msc”修改为“C:\Windows\System32\dfrg. msc”。

③单击 确定 按钮，此后单击【磁盘碎片整理程序】菜单项即可正常运行该程序。

故障 12　“我的电脑”窗口中“工具”菜单下的【文件夹选项】菜单项无法显示

故障描述：小王打开【我的电脑】窗口，准备对系统设置进行修改，可是当单击【工具】菜单时，发现没有如图 6－14 所示【文件夹选项】菜单项，这样很多系统默认设置就无法修改，这是怎么回事呢？

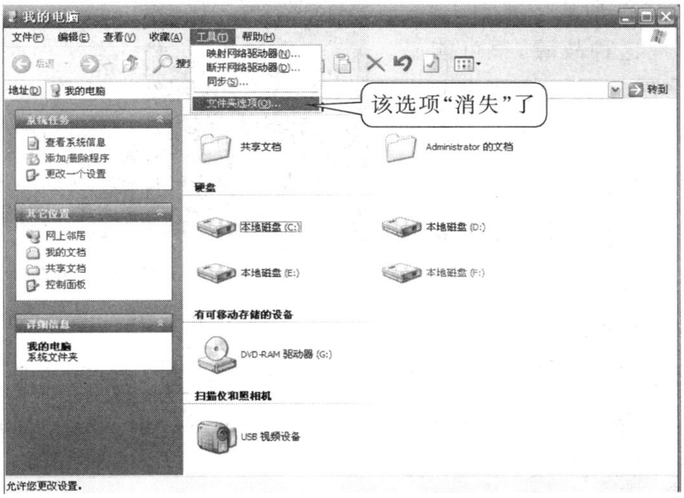

图 6－14　“我的电脑”窗口

解决办法：遇到这种情况很可能是用户从【工具】菜单中删除了【文件夹选项】菜单项的缘故，只需进行简单的设置就能找回该菜单项。

具体操作

①单击【开始】→【运行】菜单项，弹出【运行】对话框，在【打开】下拉列表文本框中输入“gpedit. msc”，如图 6－15 所示，然后单击 确定 按钮，弹出【组策略】窗口。

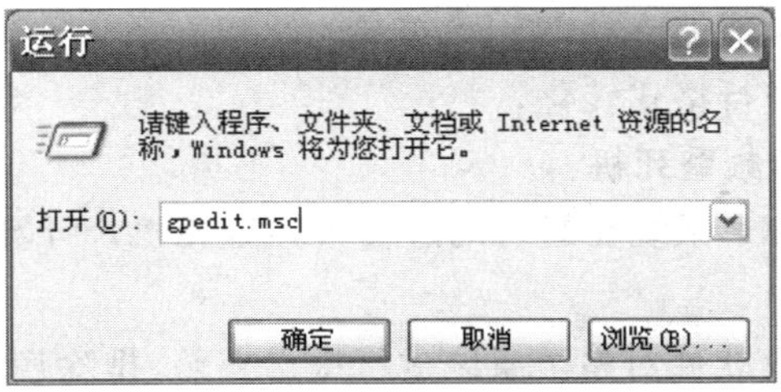

图 6－15　“运行”对话框

②依次展开【‘本地计算机’策略】→【用户配置】→【管理模板】→【Windows 组件】→【Windows 资源管理器】分支。

③在右侧窗格中双击【从‘工具’菜单删除‘文件夹选项’菜单】选项，弹出【从‘工具’菜单删除‘文件夹选项’菜单 属性】对话框。

④选中【未配置】或【已禁用】单选按钮，然后单击 确定 按钮即可找回【文件夹选项】菜单项。

故障 13 【运行】菜单项被隐藏

故障描述：小王打开【开始】菜单时，发现如图 6－16 所示的【运行】菜单项不见了，这可急坏了小王。这个菜单项是小王最常用的，没有了这个菜单项，小王一时都不知道如何打开注册表编辑器了。

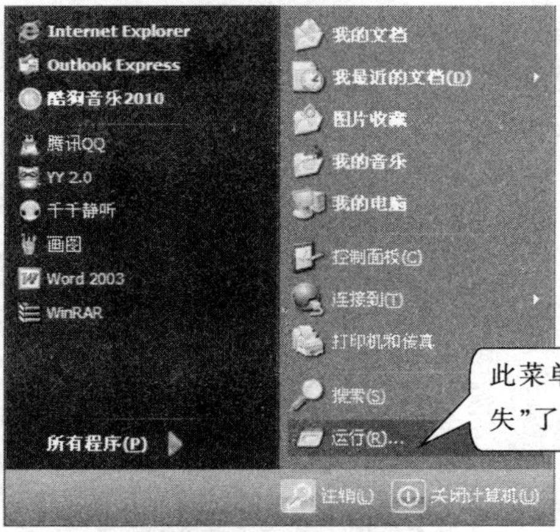

图 6－16 “开始”菜单

解决办法：出现这种故障，很可能是用户更改了系统设置，将注册表隐藏起来了。排除该故障很简单。

具体操作

①双击桌面上的【我的电脑】图标，弹出【我的电脑】窗口，打开系统盘下的 WINDOWS 文件夹。

②在该文件中找到 regedit.exe 文件，双击该文件图标，打开【注册表编辑器】窗口。

③在左侧窗格中依次展开 HKEY_CURRENT_USER\Software\Microsoft\Windows\CurrentVersion\Policies\Explorer 子键。

④在右侧窗格中双击【NoRun】键值项，弹出【编辑 DWORD】对话框，然后将该键值项的值设为“0”或者直接将该键值项删除。

⑤设置完成后单击 确定 按钮即可。重新启动计算机，再次单击 开始 按钮，在弹出的【开始】菜单中就会显示出【运行】菜单项。

故障 14 安装多个操作系统时，NTFS 引起系统安装失败

故障描述：在安装包括 Windows XP 在内的多个操作系统时失败。

解决办法：可能因 NTFS 文件格式导致系统的安装失败。假如想安装多个操作系统，则尽量不要把 C 盘转为 NTFS 格式，而是使用 FAT 32 格式。如果一定要把 C 盘转为 NTFS 格式(C 盘安装的操作系统能够支持 NTFS 格式)，可以在系统安装完成之后，在命令行模式下，使用 Convert 命令来进行格式转化。

故障 15 运行过程中频繁死机

故障描述：Windows XP 系统在运行的过程中频繁死机。计算机并没有超额使用，其他硬件也没有故障。

解决办法：先使用杀毒软件对整个系统进行病毒查杀，排除病毒导致故障的可能性。后来经过检查，发现系统中安装有虚拟光驱软件，怀疑正是因为安装了虚拟光驱软件才导致系统频繁死机。于是，卸载虚拟光驱软件，重新启动计算机，故障就此排除。

故障 16　安装 Windows XP 后系统无法正常启动

故障描述：安装了 Windows XP 系统，但是系统启动之后总是自动重启，不能正常使用。

解决办法：可能是由于 Windows XP 系统无法正常支持高级电源管理功能所导致的问题。到主板厂商的网站下载该款主板的最新 BIOS 程序进行刷新，即可解除故障。

2. IE 浏览器故障诊断

故障 1　不能打印网页的背景

故障描述：小王在使用 IE 浏览器浏览网页时，打印了一个网页，其中包括文字、图片和网页背景。但是打印后发现，文字和图片都能正常地打印出来，但是背景却没有被打印出来。

解决办法：见以下操作。

具 体 操 作

①启动浏览器。

②在菜单栏单击“工具”→“Internet 选项”，打开“Internet 选项”对话框。

③切换到“高级”选项卡，在“打印”选区中选择“打印背景颜色和图像”复选框。

④单击“确定”按钮，关闭对话框，即可排除故障。

故障 2　网页文字无法复制

故障描述：小王在浏览网页时，发现某些网页中的文字无法复制，这可使小王在网上资料收集效率大打折扣。

图 6－17　“Internet 属性”对话框

解决办法：如果遇到网页中的文字无法复制的问题，只需通过简单的设置就可以解决。

具 体 操 作

①打开【Internet 属性】对话框，切换到“安全”选项卡，如图 6－17 所示；在【请为不同区域的 Web 内容指定安全设置】选项区中选中【Internet】选项图标。

②单击 自定义级别(C)... 按钮，弹出【安全设置－Internet 区域】对话框，在【设置】列表中选中【脚本】选项下的所有【禁用】单选按钮，然后依次单击 确定 按钮即可。

故障 3　浏览器窗口打开时不会自动最大化

故障描述：IE 浏览器的窗口在打开时不会自动最大化，每次把窗口最大化再关闭，下次打开时又恢复到原来的窗口大小。

解决办法：在注册表中进行相应设置，即可解决此问题。

具体操作

①打开系统的注册表编辑器。

②展开 HKEY_CURRENT_USER\Software \Microsoft \Internet Explorer\Main 分支，删除其下的 Window_Placement 键值。

③展开 HKEY_CURRENT_USER\Software \Microsoft \Internet Explorer\Desktop\Old\Work Areas 分支，删除其中的 Old Work Area Rects 键值。

④重新启动系统，打开 IE 浏览器，先最大化，再还原，再最大化即可。

故障 4　无法使用 IE 浏览器下载文件

故障描述：小王能够正常上网浏览网页，可是下载文件时却弹出了一个【安全】对话框，提示用户“当前安全设置不允许下载该文件”。

解决办法：电脑出现无法下载的故障很可能是用户在安全设置中禁用了文件下载功能所致。

具体操作

①打开【Internet 属性】对话框，切换到【安全】选项卡，在【请为不同区域的 Web 内容指定安全设置】选项区中选中【Internet】选项图标，然后单击 自定义级别(C)... 按钮。

②在弹出的【安全设置- Internet 区域】对话框中选中【文件下载】选项下的【启用】单选按钮，然后单击 确定 按钮，在弹出的【警告!】对话框中单击 是(Y) 按钮返回【Internet 属性】对话框。

③单击对话框中的 确定 按钮即可完成操作。

3. 办公软件故障

故障 1　打开损坏的 Word 文件

故障描述：已经损坏了的 Word 文件不能打开。

解决办法：这种故障通过设置也是有可能解决。

具体操作

①在 Word 的菜单栏单击“文件”→“打开”命令，弹出“打开”对话框。

②在“打开”对话框中选择已经损坏的文件，从“文件类型”列表框中选择“从任意文件中恢复文本”项，然后单击【打开】按钮，就可以打开这个选定的被损坏文件。

故障 2　Word 中宏的使用不当引发故障

故障描述：在试图打开以前使用 Word 编辑的一个文档时. 总是弹出一个警告窗口，提示“隐含模块中的编译错误：AUTOEXEC”。

解决办法：是宏的使用不当所导致的故障，可以按照以下的办法解决。

具体操作

①在 Word 的菜单栏单击“工具”→“宏”命令，打开“宏”对话框。

②选中名为 AUTOEXEC 的宏，然后单击“删除”按钮，将这个导致故障的宏删除。

故障 3 从网页上复制的表格在 Word 中无法显示

故障描述：从网页上下载了有表格的页面，将页面保存为 doc 文件。再次打开该 doc 文件时，发现表格不见了。

解决办法：如果想避免这种情况发生，可以按照以下方法解决。

具体操作

①使用浏览器将希望保存的带有表格的网页保存在硬盘中，扩展名为 html 或者 htm。

②在 Word 的菜单栏中单击"文件"→"打开"命令，打开"打开"对话框。

③通过"打开"对话框打开刚刚使用浏览器保存的网页(扩展名为 html 或者 htm)。

④将打开的文档重新保存为 doc 文档。

故障 4 在 Word 中打印图形和表格时没有输出边框

故障描述：使用 Word 2003 进行文档编辑，文档中的图形和表格的边框在打印预览时显示正常。但是，真正使用打印机打印时，却发现图形和表格的边框没有打印出来。

解决办法：可以按照以下方法排除这个故障。

具体操作

①在 Word 的菜单栏中单击"工具"→"选项"命令，打开"选项"对话框。

②切换到"打印"选项卡，在"打印选项"选区中取消对"草稿输出"复选框的选择，在"打印文档的附加信息"选区中选中"图形对象"复选框。

③单击【确定】按钮，再次打印时即可排除故障。

故障 5 打印 Word 文档时提示"字体太多"

故障描述：最近在使用 Word 打印文档时，系统提示"字体太多"。

解决办法：可以采用一种变通的方法，就是通过以图形方式打印输出而不是以字体方式打印输出。

具体操作

①在 Word 菜单栏中单击"文件"→"打印"命令，打开"打印"对话框。

②在"打印"对话框中单击【属性】按钮，然后在弹出的对话框中切换到"高级"选项卡，选择"TrueType"字体，在出现的对话框中选择"将 TrueType 打印为图形"选项。

③单击【确定】按钮。

故障 6 在 Word 中无法进行正确的纸张设置

故障描述：使用 Word 2003 进行文档编辑工作时，发现在打印时总出现异常情况。

解决办法：经过检查，发现此故障并不是因为系统或者打印驱动程序存在问题，而是由于国内和国外纸张尺寸大小在定义上存在差异。对于此故障，通过自定义纸张大小设置，即可排除。

故障 7 在 Word 文档中插入文字时发生错误

故障描述：在 Word 2003 中输入新的文字时，新输入的文字总是覆盖掉原来的文字。

解决办法：这是 Word 2003 的改写模式被打开所导致的问题，只需将改写模式取消即可排除故障。使用鼠标左键双击 Word 状态栏中的"改写"图标，使其变为灰色，则改写模式被取消，当前处于插入模式。这样，就不会出现在文档的某一行中输入新的文字时覆盖原来的文字情况。

故障 8　Word 中编辑的文档无法正确打印

故障描述:文档在编辑过程中都可以正常显示,但是打印出来总是一张白纸。

解决办法:对打印机进行检查,没有发现什么硬件故障。使用杀毒软件对系统进行了彻底的病毒查杀,也没有发现任何病毒。所以就只能从 Word 本身的设置方面检查了。经过检查,发现故障计算机的 Word 系统设置了蓝底白字功能。在编辑时无法发现任何异常(因为是蓝色背景),但是在打印时,白纸上面是无法显示白字的。因此,也就导致了故障现象的发生。将字体颜色改成其他颜色,例如黑色,故障即可排除。

故障 9　在 Word 中的表格里键入文字时列宽发生变化

故障描述:在使用 Word 时,有时表格会随着输入的文字发生变化。

解决办法:如果用户不需要在输入时表格自动调整列宽,可以按照下面的步骤设置。

具体操作

①在文档中选中表格,再在菜单栏中单击"表格"→"表格属性"命令,打开"表格属性"对话框。

②切换到"表格"选项卡,然后单击【选项】按钮,在打开的"表格选项"对话框中,清除对于复选框"自动重调尺寸以适应内容"的选择。

③单击【确定】按钮。

故障 10　无法统计 Word 文档的文本框中的字数

故障描述:在使用字数统计工具统计文档字数时,程序把所有文本框中的字数都排除在外,导致字数统计不准确。

解决办法: Word 确实存在这个问题,它在统计文档中的字数时,将文本框中的字数排除在外。所以,如果需要对包括文本框在内的整个文档进行字数统计,就必须单独统计文本框中的字数。

具体操作

①选定所有包含要统计文字的文本框。如果要选定多个文本框,可以按住"Shift"键并单击各个文本框。

②在菜单栏中单击"工具"→"字数统计"命令,这就统计了文档中所有文本框中的字数。最后再将其与文档中其他文字的数字相加,结果就是整个文档中的所有字数。

故障 11　Word 中插入的图片显示不全

故障描述:向正在编辑的 Word 文档中插入一个图形文件时,插入的图形只显示出一部分。

解决办法:出现此故障的原因有可能是设置为固定值的文档行距小于图形的高度,从而导致插入的图形只显示出一部分。可以采用如下方法解决。

具体操作

①选定该图形,在菜单栏中单击"格式"→"段落"命令,打开"段落"对话框。

②在"段落"对话框中,切换到"缩进和间距"选项卡,在"行距"框中选中"单倍行距"。

③单击【确定】按钮。

故障 12　Word 文档感染了宏病毒

故障描述：使用 Word 2003 进行文档编辑时，因文档感染了宏病毒无法打开。

解决办法：按以下方法即可打开文档。

具体操作

①在 Word 菜单栏中单击“工具”→“宏”→“安全性”命令，打开“安全性”对话框。

②切换到“安全级”选项卡，在此可以设置对于 Word 宏病毒防范的安全级别(有高、中、低三个级别)。

注意

宏病毒是众多计算机病毒中比较常见的一种，它通常隐藏在 Word 文档、模板或者加载项的宏中。如果在计算机中执行了激发宏病毒的操作，或者打开了感染宏病毒的文档，就会激活宏病毒，并且传播到整个系统。通常，宏病毒一旦被激活，使用 Word 打开的每一个文档都会感染宏病毒。

故障 13　打印 Word 文档时提示“文档字体错误”

故障描述：在 Windows XP 系统中，打印 Word 文档时程序提示“文档字体错误”。

解决办法：可能是因为计算机或者打印机无法识别文档所使用的字体。只需将不能识别的字体更改为 Word 标准字体即可。

具体操作

①在 Word 菜单栏中单击“工具”→“选项”命令，打开“选项”对话框。

②切换到“兼容性”选项卡，然后单击【字体替换】按钮，在“文档所缺字体”框中单击所缺少的字体名称，在“替代字体”框中单击另一种字体进行替换。

③单击【确定】按钮，完成设置。

故障 14　打印 Word 文档时页脚和页眉不全

故障描述：使用 Word 2003 编辑了一份文档，设置了页脚和页眉，打印出来却只是打印了部分页眉和页脚。

解决办法：很可能是将文本置于了页面的非打印区域而导致了只打印部分页脚和页眉，重新设置即可解决问题。

具体操作

①查看打印机的打印页面范围。

②在菜单栏中单击“文件”→“页面设置”命令，在弹出的“页面设置”对话框中切换到“页边距”选项卡，在“距边界”框中输入正确的数值，只要保证该数值大于打印机的最小页边距设置即可。

故障 15　在 Word 中无法单独拖放单词的单个字母

故障描述：在 Word 2003 中，选定某个英文单词中的一部分字母进行拖放操作，但是 Word 总是自动选定整个单词以及单词后的空格一起进行拖放。

解决办法：可能是启用了 Word 自动选定整个单词的功能。采用以下方法进行取消即可。

具体操作

①在 Word 菜单栏中单击“工具”→“选项”命令，打开“选项”对话框。

②切换到“编辑”选项卡，在该选项卡中清除对复选框“选定时自动选定整个单词”的选择。

③单击【确定】按钮，完成设置。

故障 16　Word 中的直引号总是被错误地替换为弯引号

故障描述：在使用 Word 时发现，输入的直引号总是被 Word 自动地替换成弯引号。

解决办法：输入的半角直引号自动替换成弯引号是 Word 的一项自动替换功能。如果不需要这个功能，可以将其关闭。

具体操作

①在菜单栏中单击“工具”→“自动更正选项”命令，打开“自动更正”对话框。

②切换到“键入时自动套用格式”选项卡，清除对于复选框“直引号替换为弯引号”的选择。

③单击【确定】按钮，完成设置。

故障 17　Word 中部分文字隐藏在表格单元格内无法看到

故障描述：在使用 Word 进行文本编辑时，部分文字隐藏在表格单元格内无法看到。

解决办法：有两个原因可能导致在 Word 中出现部分文字隐藏在表格单元格内无法看到的现象：

(1)要显示的文本高度超过了所指定的固定行高。如果是这种情况，可以选中该单元格，再在菜单栏中单击“表格”→“表格属性”命令；在打开的“表格属性”对话框中，切换到“行”选项卡，在“尺寸”选区里选中“指定高度”复选框，然后在“行高值是”框中选择“最小值”。

(2)单元格内文字的缩进量设置不合适。如果是这种情况，可以选中该单元格，然后在菜单栏中单击“格式”→“段落”命令；在打开的“段落”对话框中选择“缩进和间距”选项卡，然后在“缩进”选区重新指定缩进量。

故障 18　Word 中网址与邮件地址总是自动转换成超级链接

故障描述：在使用 Word 时，输入的网址或者电子邮件地址总是自动转换成超级链接。

解决办法：默认情况下，Word 会自动把输入的网址或者电子邮件地址转换成超链接格式，但通过程序设置可以禁用此功能。

具体操作

①在菜单栏中单击“工具”→“自动更正”命令，打开“自动更正”对话框。

②切换到“键入时自动套用格式”选项卡，取消选中“键入时白动替换”选区中的“Internet 及网络路径替换为超链接”复选框。

③单击【确定】按钮。

实训 15　计算机软件故障分析与排除

实训目的

掌握计算机中各种软件故障分析和排除的方法。

实训内容

(1)操作系统故障分析与排除。

(2)IE 浏览器故障分析与排除。

(3)办公软件故障分析与排除。

实训步骤

(1)总体上把握项目 6 中提及的故障诊断方法与分类。

(2)每次实训由教师事先设定 3～4 个故障点。

(3)由同学分组对故障机进行排查并处理。

(4)同学分组代表作结果陈述,老师给定等级。

(5)同学两两分组之间相互设置故障并由对方限时排除。

(6)老师讲解并演示。

实训总结

(1)写出实训报告。

(2)详细列出安装过程中遇到的故障现象,并分析发生的原因以及提出解决方案。

习　题

1. 常见软件故障的原因有哪些?
2. 软件故障的排除方法主要有哪几类?

项目7 计算机常见硬件故障及维护

案例：小李在使用计算机时经常会遇到这样或那样的硬件故障，面对这些突发事件，经常会令他手忙脚乱。为此，他经常利用空闲时间去学习相关知识，并请教计算机维护人员，请或别人帮忙排除硬件故障。如今有了多年的知识积累，他基本上已经能够轻松应对了，单位的计算机有问题，领导都给予他以厚望，他感到很有成就感。

当使用计算机的时候，常常出现各种各样的问题，造成无法正常使用，这就是计算机故障。有时故障还会导致数据丢失，给用户带来巨大的损失。计算机故障从性质上分有硬故障和软故障。计算机硬件系统的故障，包括器件接触不良及器件损坏两种情况。

由于技术及成本上的原因，目前计算机系统硬故障的维修，主要指板卡级维修，只要找到有故障的板卡，更换成好的板卡，就可以排除计算机系统的硬故障。因此，通常情况下，计算机系统硬件故障的维修重点在于故障的定位，只要发现故障点，更换成好的部件，就可以排除硬故障，使计算机硬件系统恢复正常。本项目主要介绍计算机系统常用的几种故障定位法。

任务 硬件故障诊断方法

1. 硬件故障诊断的一般原则

1）观察

（1）外部环境情况——位置、电源、连接、其他设备、温度与湿度等。

（2）所表现的现象、显示的内容，及它们与正常情况下的异同。

（3）内部环境情况——灰尘、连接、器件的颜色、部件的形状和指示灯的状态等。

（4）计算机的软、硬件配置——安装了何种硬件，资源的使用情况；使用的是何种操作系统，其上又安装了何种应用软件；硬件的设置、驱动程序版本等。

2）先想后做

（1）先想好怎样做，从何处入手，再实际操作。也可以说是先分析判断，再进行维修。

（2）对于所观察到的现象，尽可能地先查阅相关的资料，看有无相应的技术要求、使用特点等，然后根据查阅到的资料，结合下面要谈到的内容，再着手维修。

(3)在分析判断的过程中,要根据自身已有的知识、经验来进行判断。

3)先软件后硬件

从整体维修判断过程看,均先判断是否为软件故障,先检查软件问题,当判定软件环境正常后,如果故障还不能消失,再从硬件方面着手检查。

4)先抓主要故障

在出现故障时,有时可能会看到一台机器会存在多个故障的现象,此时,应该先判断、排除主要的故障,修复后,再排除次要故障。有时,排除主要故障后,可能次要故障已经排除了。

2.硬件故障诊断的一般方法

1)清洁法

对于机房使用环境较差,或使用较长时间的机器,应首先进行清洁。可用毛刷轻轻刷去主板、外设上的灰尘。如果灰尘已清扫掉,或无灰尘,就进行下一步的检查。另外,板卡上一些插卡或芯片采用插脚形式,由于震动、灰尘等其他原因,常会造成引脚氧化,导致接触不良。可用橡皮擦去插脚表面氧化层,重新插接好后,再开机检查故障是否排除。

2)直接观察法

直接观察法是利用人的感觉器官来检查的方法,即通过看、听、闻、摸来发现问题。

(1)"看"即观察系统板卡的插头、插座是否歪斜;电阻、电容引脚是否相碰,表面是否烧焦;芯片表面是否开裂;主板上的铜箔是否烧断;还要查看是否有异物掉进主板的元器件之间(造成短路)。

(2)"听"即监听电源风扇、磁盘电机或寻道机构、显示器变压器等设备的工作声音是否正常。另外,系统发生短路故障时常常伴随着异常声响。监听可以及时发现一些故障隐患和帮助故障发生时即时采取措施。

(3)"闻"即闻主机、板卡中是否有烧焦的气味,便于发现故障和确定短路所在。

(4)"摸"即用手按压板卡的活动芯片,看芯片是否松动或接触不良;在系统运行时用手触模或靠近CPU、显示器、硬盘等设备的外壳,根据其温度判断设备运行是否正常;用手触摸一些芯片的表面,判断是否有不正常的发热。

3)插拔法

计算机系统产生故障的原因很多,主板自身故障、I/O总线故障、各种插卡故障均可导致系统运行不正常。插拔维修法是确定故障发生在主板或I/O设备的简捷方法。该方法就是关机将板卡逐块拔出,每拔出一块板卡就开机观察机器运行状态,一旦主板运行正常,那么故障原因就是该板卡故障或相应I/O总线插槽及负载电路故障。若拔出所有板卡后系统启动仍不正常,则故障很可能就在主板上。

插拔法的另一含义是:一些芯片、板卡与插槽接触不良,将这些芯片、板卡拔出后再重新正确插入就可以解决因接触不良而引起的故障。

4)比较法

运行两台或多台相同或相类似的计算机,根据正常计算机与故障计算机在执行相同操作时的不同表现初步判断故障产生的部位。

5)振动敲击法

用手指轻轻敲击机箱外壳,有可能解决因接触不良或虚焊造成的故障,然后可进一步检查故障点的位置并排除之。

6)交换法

相同型号板卡或同型号芯片相互交换,根据故障现象的变化情况判断故障所在。此法多用于易插拔的维修环境,如果能找到相同型号的计算机部件或外设,使用交换法可以快速判定是否是元件本身的质量问题。

交换法可以用于以下情况:没有相同型号的计算机部件或外设,但有相同类型的计算机主机,则可以把计算机部件或外设插接到同型号的主机上判断其是否正常。

7)最小系统法

所谓最小系统法是指保留系统能运行的最小环境,把其他的适配器和输入、输出接口从系统扩展槽中临时取下来,再加电观察,看最小系统能否运行。这样可以避免因外围电路故障而影响最小系统。

8)减小系统配置法

这种方法和最小系统法正好相反,也是用于开机后系统没有反应时的故障处理。当系统加电没有任何反应时,检查各电缆及电源连接处正常后,关掉电源,打开主机箱,逐个从系统板扩展槽中取下接口电路板或控制板。当取出某块电路板并加电后,系统有反应则说明刚刚取下的电路板有问题。更换之,系统恢复正常。

9)程序测试法

随着各种集成电路的广泛应用,焊接工艺越来越复杂;同时,随机硬件技术资料较缺乏,仅靠硬件维修手段往往很难找出故障所在。而通过随机诊断程序、专用维修诊断卡及各种技术参数(如接口地址),自编专用诊断程序来辅助硬件维修则可达到事半功倍的效果。

3. 硬件故障诊断举例

1)主板、CPU和内存故障

故障1　开机运行一段时间后速度越来越慢

故障描述:启动计算机后一切正常,但是计算机使用了几个小时后运行速度越来越慢,运行杀毒软件查杀病毒,也没有发现任何病毒。关闭计算机后过一段时间再开机,计算机速度又恢复了,而且每次都是这样。

解决办法:开机运行一段时间后运行速度才变慢,有可能是CPU的警戒速度设置得太低。如果系统检测到CPU的温度超过BIOS中设置的警戒温度,就会自动降低CPU的频率,以便保护CPU。CPU的频率降低了,运行速度便会越来越慢。

具体操作

①启动计算机,按下【Del】键进入BIOS设置界面,将光标移动到【PC Health Status】选项上。

②按下【Enter】键进入【PC Health Status】的设置界面,将光标移动到【CPU Warning Temperature】上。

③根据提示调高CPU的警戒温度。

④保存设置并重新启动计算机即可。

故障2　计算机自动休眠

故障描述:计算机运行一段时间就会自动进入休眠状态,重新启动计算机后显示器没有任何提示，硬盘也不工作。但是过一段时间后再重新启动计算机，刚开始一切运行正常，时间一长又会进入休眠状态。

解决办法：根据现象推测这不是一种真正的休眠状态，而是系统的自动保护功能强行关闭硬件运行导致的。打开机箱进行检查，发现 CPU 风扇的转速低，关机后用手触摸 CPU，感觉很烫手，可以断定 CPU 温度过高是导致本次故障的主要原因。重新安装一个新的 CPU 风扇，运行一段时间没出现任何问题，表明故障已被排除。

故障 3　开机提示“CMOS CheckupError”信息

故障描述：计算机开机时屏幕显示“CMOS CheckupError”提示信息，间隔一段时间后再开机，计算机会发出一声长鸣，而且屏幕上没有任何信息。

解决办法：此类情况可能与 CMOS 电池有关，打开机箱测试 CMOS 电池，发现电池确实没有电了。使用一字型螺丝刀更换 CMOS 电池，一切运行正常，说明故障已被排除。

故障 4　CPU 插槽松动导致计算机黑屏

故障描述：计算机在正常运行一段时间后突然黑屏，重新启动后显示器仍然处于黑屏状态，没有一点反应，但主机电源指示灯亮，CPU 风扇也转动。

解决办法：由于启动计算机时，主板没有发出正常自检声，因此应该是系统自检前就已出现了故障，很可能是 BIOS 出错或者 CPU 出现问题。通过检查发现 CPU 风扇卡簧弹力不足，更换一个卡簧强度大的散热风扇，系统运行正常。

故障 5　主板电容损坏导致计算机无法启动

故障描述：计算机开机后，显示器指示灯一直亮着，但没有任何信号输出，也没有自检声，键盘指示灯也只是在通电时亮一下便不再亮，硬盘更是无法正常运行。

解决办法：首先检查内存、CPU、电源等大的部件，没有发现任何问题。在检查主板的时候，发现 CPU 插槽旁的一个电解电容的外皮已经轻微变形，而且两只引脚上有白色的漏液痕迹。用尖嘴烙铁加热后焊下损坏的电容，换上一个同一类型的好电容，通电检测，计算机能够正常运行，说明故障已被排除。

故障 6　安装第二块内存条后系统无法启动

故障描述：两块内存条品牌和规格都一样，但是安装后计算机无法启动。

解决办法：用排除法进行处理。首先，排除内存硬件故障，确定为主板问题。查看主板说明书和相关文档，根据说明书，调整主板上的跳线，故障即可解决。

故障 7　主板温度过高导致无法启动

故障描述：主板发热烫手，计算机无法启动。

解决办法：主板温度过高可能是主板上的灰尘多引起的，用毛刷或气囊清除灰尘后系统启动正常。

故障 8　主板打印机口烧坏，系统无法正常启动

故障描述：因操作失误，导致主板上的打印机口烧坏，系统无法正常启动。

解决办法：系统无法正常启动，可能是系统自检程序检测到并口错误而导致不能启动，查看 BIOS 设置程序，或者参阅说明书，将有关并口的选项禁用。通过屏蔽并口来尝试能否正常启动计算机。

故障 9　开机无显示，有内存报警声

故障描述：主板无法启动，开机无显示，有内存报警声。

解决办法：内存报警的故障较为常见，主要是内存接触不良引起的。打开机箱，把内存条取下来，用橡皮仔细地把内存条的金手指擦干净，重新插上即可解决问题。

故障10　计算机频繁死机，在进行CMOS设置时也会出现死机现象

解决办法：一般是散热不良或者主板Cache有问题引起的。可以在死机后触摸CPU周围主板元件，如果感觉烫手，可判断为主板散热不够好而导致该故障，在更换大功率风扇之后，死机故障即可解决。

如果是Cache有问题造成的，你可以进入CM0s设置，将Cache禁止后即可。当然，Cache禁止对计算机运行速度有影响。如果按上法仍不能解决故障，那就是主板或CPU有问题，只有更换主机或CPU了。

故障11　CMOS设置不能保存

故障描述：对CMOS进行设置，CMOS设置内容却不能保存。

解决办法：一般是由于主板电池电压不足造成的，更换电池即可。如果主板电池更换后，问题仍不能解决，应该检查主板CMOS跳线是否有问题，根据说明书对主板校对跳线。如果仍不能解决，则可以判断是主板电路有问题，建议请专业人员维修。

故障12　导热硅胶造成CPU温度升高

故障描述：在芯片表面和散热片之间涂硅胶，应该使CPU更好地散热，可是CPU温度没有降低，反而升高了一点。

解决办法：如果硅胶涂抹得过多，则不利于热量传导，而且，硅胶很容易吸附灰尘，硅胶和灰尘的混合物会大大影响散热效果。正确的方法是在CPU芯片表面薄薄地涂上一层硅胶，基本能覆盖芯片即可。

故障13　Windows 2000下不能识别第二个CPU

故障描述：主板支持双CPU，操作系统为Windows 2000。以前只安装了一个CPU，现在又新添加了一个CPU，但在系统中并没有识别出第二个CPU。

解决办法：Windows 2000操作系统支持多CPU，但CPU不属于即插即用类设备。安装了多个CPU后，应该重新安装或者覆盖操作系统，以使系统能够识别并重新分配系统资源。

故障14　CPU超频导致蓝屏故障

故障描述：CPU超频使用后，在Windows操作系统中经常出现蓝屏故障，无法正常关闭程序，只能重启计算机。

解决办法：蓝屏现象一般在CPU执行比较繁重的任务时出现，解决此问题的关键在于散热。首先应检查CPU的表面温度和散热风扇的转速，并检查风扇和CPU的接触是否良好，建议在结合面上涂抹硅胶。如果不能达到散热要求，就需要更换大功率的散热风扇，甚至水冷设备。当然，最有效的方法还是恢复CPU的工作频率。

故障15　CPU芯片断针处理

故障描述：在插拔CPU的过程中，不小心将一根针脚折断了，但其他部分完好无损。

解决办法：如果能找回折断的针脚，可以用磨尖的电烙铁小心地将其焊回原位。焊接时注意电烙铁要良好接地，或者在拔下电源插头后用余热焊接。如果找不到折断的针脚，可以用一根漆包线（多用于变压器线圈）代替。漆包线的一段焊接到CPU的断脚处，从芯片和插座之间引出，另一端焊接到主板（或者转接卡）背面对应的焊点上。如无法进行以上操作，最好更换CPU。

注意

以上操作对焊接技术要求很高，建议没有经验者不要尝试。

故障 16　内存接触不良导致开机报警

故障描述：计算机长期闲置后开机，系统鸣笛报警，无法启动。

解决办法：根据报警声音分析，是内存故障。关闭电源、拔下插头后打开机箱，取下内存后检查，发现内存的金手指上存在很多锈迹，推断是金属氧化导致接触不良。使用橡皮擦拭金手指，并将内存插槽的灰尘小心清除，将内存插回，开机，故障即可解决。

故障 17　内存导致系统蓝屏

故障描述：操作系统为 Windows 2003，经常出现蓝屏、死机现象，使用杀毒软件扫描系统后没有发现病毒，格式化硬盘，重新安装系统后故障依旧。

解决办法：在“设备管理器”中没有发现硬件冲突现象，更新各设备驱动程序也没有效果。使用替换法检测系统，更换内存后故障消失，由此断定是内存质量问题。

故障 18　电磁干扰内存引起蓝屏故障

故障描述：由于计算机经常出现蓝屏现象，进行了多方面的检查，排除了病毒和系统、软件等原因，更换内存后故障消失。但该内存安装到其他计算机上能够正常工作。

解决办法：此故障可能是电磁干扰造成的。可以尝试更换 CPU 风扇，或者将内存安装到远离 CPU 的插槽（前提是主板对内存的安装位置无限制），也可以尝试手工制作一个内存屏蔽层（将铝箔银色面向外包住内存，但不要直接接触内存和主板的电路），以加强内存的抗干扰能力。

故障 19　内存安装错误导致系统无法启动

故障描述：开机时系统报警，无法启动。

解决办法：通过报警声音得知是内存故障。打开机箱检查，内存和插槽无明显故障，内存安装到其他计算机工作正常。将主板上的唯一内存更换插槽，故障排除。

注意

有些主板对内存安装有限制，必须插在特定的插槽中才行。

故障 20　内存故障导致安装操作系统失败

故障描述：刚组装好的计算机，在安装 Windows XP 操作系统时的复制文件阶段，速度较慢，总是报错，提示无法复制文件，或者文件不符。根据提示选择重试，有时能继续安装，有时则继续不下去，只能中断安装，重启系统。安装界面上出现大量乱码。反复尝试均无法正常安装。

解决办法：此故障一般是内存质量问题引起的。如果仅使用一块内存条，更换内存试试；如果使用多块内存，对它们分别进行测试，找出有故障的内存后进行更换。

故障 21　内存原因导致系统不稳定

故障描述：计算机工作一段时间后就会无故死机、重启，或者提示内存资源不足。

解决办法：故障是内存造成的。首先，要保证内存的散热；其次，如果使用多条内存尽量选择同品牌、同规格的内存，以免出现兼容性问题。

故障22　内存损坏导致BIOS设置故障

故障描述：正在使用的计算机突然不能正常启动，开机报警。根据报警信号推断为内存故障，但更换新内存后，仍然不能启动。

解决办法：将显卡、CPU、内存等硬件安装到其他计算机上检测，确定为主板有问题。因此判断为可能是内存与主板发生冲突，导致BIOS设置出现错误。清除CMOS后启动计算机，可恢复正常。

2)显卡与显示器常见故障及排除

故障1　计算机启动时出现黑屏

故障描述：启动计算机时，显示器出现黑屏现象，而且机箱喇叭发出一长两短的报警声。

解决办法：打开机箱，拔出显卡，然后用毛笔刷清理显卡上的灰尘，特别是将显卡风扇及散热片上的灰尘处理掉，接着用橡皮来回擦拭板卡的“金手指”，然后，将显卡重新安装好，重启计算机，恢复正常。

故障2　显示器显示颜色不正常

解决办法：查看一下信号线的接触，确保无误后，看一下是否由于显示器使用时间过长引起的。可以在别的计算机上进行实验，校验显卡，检查是否损坏。

另外，显示器磁化的现象很常见，一般是由于与有磁性的物体靠近所致。磁化现象也会引起显示画面颜色不正常或偏转，可调整显示器的位置。

故障3　计算机很容易死机

解决办法：可能是不兼容或接触不良造成的。如果主板与显卡接触不良，重新安装显卡；如果主板与显卡不兼容，更换其他型号的显卡即可。

故障4　在Windows系统里面出现画面、文字显示不完全现象

解决办法：可能是显卡驱动程序安装不正确，或者没有安装成功。找到该显卡驱动程序，卸载后，重新启动计算机并重新安装显卡驱动程序即可。

故障5　在Windows系统里出现一些异常的竖线或不规则的小图案

解决办法：可能是由于显卡的显存出现问题或显卡与主板接触不良造成的，用橡皮反复地擦拭显卡的金手指部位，或者要求经销商更换显卡。

故障6　安装显卡驱动程序后，运行一段时间驱动程序又自动丢失

故障描述：刚安装显卡驱动程序后，运行一段时间驱动程序又自动丢失。

解决办法：可能以下原因所致：显卡质量不佳、显卡与主板不兼容。质量差的显卡，可能运行起来温度过高，从而导致运行不稳定或出现死机现象，唯有更换显卡才可以解决。还有一种特殊的现象，即能够载入显卡驱动程序，但显卡驱动程序载入后，进入Windows时出现死机现象。对此，可以更换其他型号的显卡，在载入其驱动程序后，再插入以前的显卡即可解决。如若还不能解决此类故障，就必须对注册表进行设置，然后恢复或更新安装操作系统。

故障7　开机后，画面出现抖动

故障描述：计算机启动后，画面不停地抖动。

解决办法：可能是由于设置的屏幕刷新频率不高，调整屏幕的刷新频率。

具体操作

①右键单击桌面选择“属性”，打开“显示属性”对话框中。

②切换到“设置”选项卡，单击“高级”按钮。

③在打开的“即插即用”对话柜中，切换到“监视器”选项卡，选择适当刷新频率即可。

故障 8　开机后噪音很大

故障描述：计算机开启后，噪音很大。

解决办法：噪音是散热风扇转动引起的，用润滑油进行润滑，或者用毛刷进行灰尘消除，对不易清除的灰尘，可用皮囊吹出。

故障 9　开机后显示器无显示

解决办法：确定显示器是正常的，否则可能是显卡与主板接触不良或主板插槽有问题造成的。对其进行清洁，或者重新插拔显卡。如果是集成显卡的主板，唯有将主板上的显卡禁用方可使用。

故障 10　显卡插头上的簧片松动

解决办法：在进行显示器与主机连接时，显卡插头上的簧片松动容易引起接触不良。可以请专业人员使用焊锡把显示器信号线公头上的针脚加粗，让松动的簧片重新与显示器信号线紧密接触。

故障 11　显示器屏幕上有一条竖道

故障描述：组装好的计算机，开机时显示器屏幕上有一条线从上到下贯穿屏幕。

解决办法：这种现象不是主板与显卡不兼容，而是主板与内存条不兼容所造成的。集成显示卡与主板是共同分享主板上内存的，而显示卡使用的缓存要比内存严格，不少内存条不能满足显示卡的要求，更换几种其他的内存条进行测试，就可解决此问题。

故障 12　显示器屏幕上有干扰杂波或线条

故障描述：显示器屏幕上总会出现错综复杂的干扰杂波或线条。

解决办法：这种现象多半是电源的抗干扰性差所致，可以考虑更换一个电源。

故障 13　显示器屏幕上出现部分颜色变化

故障描述：计算机在使用时，会在显示器的一面出现异常色彩。

解决办法：查看显示器旁边是不是有其他电器、音响等，如果有，立即把计算机移到别处，看看故障现象是否消除。如果不能消除，可能是显示屏被磁化引起的，按一下消磁按钮通常可解决问题。

故障 14　显示器屏幕出现闪烁

解决办法：这种闪烁不一定是显示器本身的问题，有可能是显示卡驱动程序故障，应该检测插座电压是否正常。有条件的情况下，可以在其他计算机上实验显示器是否还闪烁。如果排除不掉，尝试重新安装显卡的驱动程序。

故障 15　启动计算机，听到显示器发出“咝咝”声响

解决办法：可能是显示器灰尘堆积、受潮等原因使得内部高压部分放电造成的，这种现象一般不能自行处理，应送到专业的维修点或送到售后服务站处理。

故障 16　显示器缺色，显示效果很差

解决办法：显示器光栅正常时为白色，它是由红、绿、蓝 3 种基色混合成的。当光栅黄色时，根据三基色原理，判断为缺少蓝色。造成显示器缺色主要原因有：

- 视频输出电路中的三极管某一级开路。
- 视频输出至显像管阴极管脚有脱焊或接触不良。

- 显像管阴极老化。

若显示器使用时间不是太长,第三种原因可忽略,应查视频输出电路有关元器件。

故障 17　显示器的画面抖动得很厉害

故障描述:计算机刚打开时,画面抖动得很厉害,但过一段时间之后就会恢复正常。

解决办法:此现象主要是显示器内部受潮引起的,可以搜集食品包装里的防潮小袋,用棉线串起来,然后打开显示器的后盖,将防潮小袋挂于显像管管颈尾部靠近管座附近。这样,即使是在潮湿的天气里,也不会再出现这种故障。

故障 18　显示器电源电压过高导致显示器无反应

故障描述:显示器在开机时瞬间会听到"唰"的一声,电源指示灯一下就灭了,随之就无任何反应。

解决办法:显示器开机瞬间听到的"唰"的一声为偏转线圈磁场变化的声音。根据故障现象可以判断为高压保护,即 X 射线保护。造成这种故障的原因大多是由于使用者在行频不同步时,进行了行频电位器调整。行频降低,阳极电压就要成比例地升高,有可能超过它的正常范围。对于此类故障,可以通过调整行频电位器来解决。如果调整电位器无效,这时就应该检查显示器电源输出电压是否过高,行扫描过程的时间是否太短等。

故障 19　屏幕无显示,主机面板的指示灯闪烁

解决办法:检查显示器与计算机的信号线连接是否牢固,并检查信号线的接插口是否有插针折断、弯曲。

故障 20　关机时屏幕中心有亮点

解决办法:可能是由于显示器电路或显像管本身问题造成的。虽可以使用,但长时间使用,显像管会彻底烧坏,应及时送维修中心修理。

3)声卡、音箱常见故障及排除

故障 1　声卡经常出现无法发声的现象,但是在系统中显示正常

解决办法:首先检查声卡到音箱的音频线是否有断线,如没有断线,可能是声卡与其他设备冲突造成的。打开"设备管理",查看是否有黄色的惊叹号(冲突标志)。如果有,更改其中断请求并更新驱动程序。

故障 2　声卡在使用时,经常有杂音,有时还有爆音

解决方法:从以下几个方面进行检查:

- 查看声卡插卡是否不正。
- 有源音箱输入是否接在声卡的 Speaker 输出端。
- 驱动程序是否正确。

故障 3　声卡不发声

故障描述:声卡安装后却发不出声音。

解决办法:可能是由于硬件资源冲突或驱动程序默认输出为"静音"引起的。

对于硬件资源冲突的解决方法:打开"资源管理器"查看设备资源,查看是否没有资源可用或者资源冲突,导致设备不可用。重新排列 PCI 插槽顺序,如果还显示资源冲突,也可以尝试手工分配资源。

对于"静音"的处理方法:单击屏幕右下角的声音小图标(小喇叭),出现音量调节滑块,下方有"静音"选项,单击前边的复选框,清除框内的对号,即可正常发音。

故障 4　声卡噪声大

解决办法：可能是声卡上的其他设备通道没有被静音的缘故。打开 Windows 自带的混音器，关闭使用的通道之外所有通道，这样会带来不错的音质提升，尤其是对一些 PCB 设计有一定缺陷的声卡。另外，有些噪音是声卡本身抗干扰不佳造成的，加上主机没接入地线，这时应该让主机接地，这样计算机也会更安全。

故障 5　计算机无法正常录音

解决办法：首先查看麦克风是否错插到其他插孔中了，其次，查看“录音”的属性设置。

具体操作

①双击任务栏中的小喇叭图标，弹出如图 7－1 所示对话框，在菜单栏单击“选项”→“属性”。

②在打开的对话框中选中“录音”，选择“显示下面音量控制”的相关选项，如图 7－2 所示。

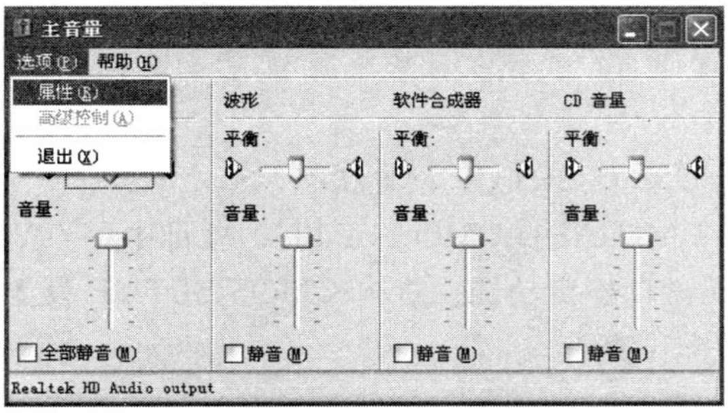

图 7－1　“音量控制”对话框

图 7－2　“属性”对话框

故障 6　声卡播出一些声音，却又突然停止了

解决办法：首先，确定计算机是否可以播放系统声音，如果可以，可能是由于文件已损坏，或文件太大，计算机无法处理引起的。

故障 7　音箱在听 CD 时无声

故障描述：在听 CD 时无声，而在看 VCD 或玩游戏等，则声音正常。

解决办法：首先，排除硬件问题入手，查看音频线本身以及光驱与声卡之间的音频线连接是否正常。把音箱直接接在光驱面板上的耳机输出口中试听，如能听到音乐声，则说明光驱播放正常，可断定是连接线引起的故障，更换连接线即可。

故障 8　启动计算机时音箱发生啸叫

解决办法：

- 检查是否声卡和音箱之间的连接线未使用屏蔽线或线未接地引起的。
- 检查是否主板、声卡等是否受电磁辐射。

- 检查主机电源是否有高频的震荡信号。

把声卡和音箱的连接线缩短点，将声卡安置在远离显示卡的插槽中。用前述两种方法仍然排除不掉，就更换电源。

故障9　开机时音箱均有噪声

故障描述：刚装好的计算机在使用一段时间后，主机每次开机时，音箱均有噪声。

解决办法：有可能是音箱有问题或SRS噪声未消除。首先更换音箱，如故障依旧，则说明故障不在音箱本身，更换SRS后，故障解决。

故障10　只有一只音箱有声音

解决办法：首先应检查电源、音箱连接线是否接好并清除灰尘。如果排除不了，更换一款播放器去试验一下是不是音箱的问题。如仍然排除不掉，可能是音箱内部的线圈被烧坏，去更换或维修。

故障11　立体声效果差

解决办法：音箱放置不当或是两音箱连接极性不对。尝试把音箱的位置放到别处，把音箱的连接极性按照产品的说明书进行安装调试即可。

4）硬盘与其他移动存储设备常见故障及排除

故障1　硬盘参数错误导致硬盘不能启动

解决办法：硬盘参数有硬盘容量大小、磁头数、磁道数、扇区数等多个。不同厂家生产的硬盘，其参数值各不相同。如果硬盘参数值设置错误，则硬盘就启动不了。这时需要重新设置硬盘的磁头数、磁道数、扇区数等值。

具体操作

①开机后待自检开始，按下DEL键，进入CMOS SETUP设置状态。

②对COMS中的参数进打设置：选择STANDARD CMOS SETUP栏目中的TYPE项，填入正确的TYPE值。一般的主板都有硬盘自检测功能。进入CMOS SETUP设置菜单中，选择“IDE HDD AUTO DETECTION”即可查看。

故障2　CMOS硬盘参数丢失

故障描述：CMOS硬盘参数丢失故障指BIOS能够识别安装的硬盘，但开机启动后，BIOS中设置的硬盘参数被自动更新。

解决办法：主要由于主板CMOS电路故障、病毒或软件改写CMOS参数导致的。建议检查CMOS电池，确保接触良好，并用外用电表检查CMOS电池电压，正常情况应为3V左右，如果CMOS电池电压远低于正常值，说明CMOS电池已经失效，一定要及时更换电池，以避免电池漏液，污染主板，并导致主板的损坏。对系统进行清除病毒工作，以排除某些攻击CMOS的病毒所造成的故障。

故障3　BIOS不识别硬盘

故障描述：开机后系统无法从硬盘启动，进入BIOS设置程序后，选择“IDD HDD AUTO DETECTION”选项自动检测硬盘时，BIOS程序无法检查识别硬盘。

解决办法：主要由于硬盘安装不当、硬盘物理故障、主板及硬盘接口电路故障、电源故障（电源负载能力差）等原因导致。

具体操作

①检查硬盘主从跳线设置是否设置错误，主从跳线设置不当会导致系统不能正确识别。

②试试系统是否能从光驱起动，如光驱也不能启动系统，很可能是主板或电源故障。

③如果系统还是无法识别硬盘，可用另一台计算机检查硬盘，如果情况依旧则说明是硬盘故障，应更换或维修硬盘。

故障4 自检硬盘失败

故障描述：系统启动自检时无法识别BIOS中所设置的硬盘，自检硬盘失败，从光驱引导系统后，还是无法对硬盘作任何操作。

解决办法：可能是由于BIOS硬盘参数设置不当、硬盘物理故障、主板及硬盘接口电路故障、电源故障（电源负载能力差）等原因造成的。检查BIOS中硬盘参数设置，如存在BIOS中硬盘参数设置错误、病毒或软件改写CMOS，系统会给出一些提示。

另外，低速硬盘无法适应系统高速运行的频率，降低系统外频试试。

故障5 硬盘无法初始化

故障描述：CMOS中设置错误、硬盘感染病毒或硬盘中了逻辑锁等原因都会造成此故障。

解决办法：根据不同情况，按以下方法排除故障。

● 将CMOS设置成默认值即可解决。

● 检查病毒。病毒可能会使硬盘分区表遭到破坏，从而无法完成硬盘的格式化工作。

● 当系统启动时，先不给被锁的硬盘插上电源线，等待启动完成后再给硬盘"热插"上电源线，这时如果硬盘没有烧坏的话，系统就可以控制硬盘了。这是一种非常危险的方法，大家不要轻易尝试。也可以通过修改DOS启动文件进行处理。

故障6 MP3播放器不能播放下载的歌曲

解决办法：可能与下载的歌曲格式有关。检查下载的歌曲格式，一般计算机支持的是压缩成第三层格式的MP3文件，如果是WMA文件通过相应软件，将其转换为符合标准的格式即可播放。

故障7 播放MP3时无声或发出噪音

解决办法：先确认该文件在计算机中是否播放正常。如果播放正常，可能是播放器有问题，反之，是歌曲文件损坏或不能播放。

故障8 播放MP3时有些歌会被跳过

解决办法：可能是歌曲的格式不符合标准，请确认MP3文件是否为非标准格式。

故障9 系统报错"无法识别的USB设备"

故障描述：使用U盘时计算机意外断电，重新开机后U盘无法正常使用，插上后系统就报告"无法识别的USB设备"。使用其他原来都能正常使用的USB接口设备，都会提示同样的错误信息。将USB设备插到计算机的其他USB接口上，都能正常工作。

解决办法：从"控制面板"进入"添加和删除硬件"窗口，将所有USB设备都删除，重新安装需要使用的USB设备驱动程序。重新启动计算机，问题即可解决。

5）光驱与刻录机常见故障及排除

故障1 可读出光驱里光盘的资料，却听不到光驱所播放的CD唱片

解决办法：检查是否正确安装了声卡、音频线是否已连接到声卡。检查光驱是否有一音频线从背面直接连到声卡,并检查是否接反。确定声卡安装设定是否正确,可右键单击“我的电脑”,从快捷菜单中选择“属性”,弹出“系统”对话框,切换到“硬件”选项卡,单击“设备管理器”按钮即可查看。

故障2　丢失光驱盘符

故障描述:发现系统丢失光驱盘符。

解决办法:丢失光驱盘符可能是安装新软件或计算机在死机后断电出现的。如果手中有光驱驱动程序,重新安装后重新启动计算机,丢失的光驱盘符就能找回。

故障3　DVD-ROM在读DVD盘片时有停顿现象

解决办法:

- DVD-ROM的DMA没有打开。
- 声卡的配置太低。如果是集成的声卡可以考虑购买外置声卡。

故障4　音频跳跃和数据不能从光碟上面取

故障描述:新装好的计算机出现音频跳跃和数据不能从光碟读取故障。

解决办法:可能的原因如下:

- 光碟可能装反。
- 光碟可能不兼容。
- 光碟可能需要清洗。
- 光碟可能被划伤。

在放置光碟时应将标签朝上,同时取消DMA传输设置。如不能排除故障,试用另一张光碟,以确认驱动器工作是否正常。

故障5　发生写入错误

故障描述:光驱在使用过程中发生写入错误。

解决办法:写数据时,如果激活屏幕保护程序,数据传输可能变得很慢,导致数据写入错误。如果设置了屏幕保护,取消该设置,并关闭所有程序。

另外,硬盘上的文件碎片、关闭任何驻留的硬盘实用程序和硬盘加速实用程序均可能引起问题,应启动这些程序或消除硬盘碎片。

故障6　播放的画面不清晰、停顿,出现马赛克现象

解决办法:可能是播放的光盘被划伤或变形等因素造成的,尝试拿别的光碟播放。如果故障不能排除,可能是光驱的连线断裂或松脱,应到专业维修点去处理。

故障7　刻录机安装后,计算机无法启动

解决办法:检查连接线是否正常,电源的接头有无松动。关闭计算机电源,并将电源插头拔除,打开外壳,检查IDE数据线接头有无完全插入,且确认PIN－1接脚有无正确连接,重新检查计算机内部所有设备的电源接头有无松脱。

故障8　“我的电脑”及“设备管理器”中无法看到刻录机

解决办法:此问题可能是BIOS版本或刻录机电源供应异常等原因引起的。可尝试从以下方面解决:

- 更新BIOS版本。
- 重新启动计算机。
- 重新启动计算机仍无法解决问题,再确认刻录机是否供电应异常。确认方法为:按下刻录机面板上“OPEN”键，查看刻录机是否正常。若刻录机电源灯无反应，请重新检查刻录机电源接头；如果电源灯反应正常，关闭计算机，检查IDE数据线是否连接正常。

故障9 刻录机读取CD时出现问题

故障描述：刻录机工作时，出现卡机等现象。

解决办法：可能CD放置不当或刻录机没有运行起来。尝试从以下方面解决：

- 更新BIOS为最新版。
- 确认CD的标签面朝上。
- CD置于刻录机后需花一段时间搜寻数据，此时电源指示灯会不停闪烁，待闪烁停止后，刻录机方可读取CD内的资料。

故障10 刻录VCD成功，但不能在一般的VCD机上播放

故障描述：刻录VCD成功，但不能在一般的VCD机上播放，只能在计算机上播放。

解决办法：检查在刻录过程中是否没进行VCD备份。在刻录完后可以采用如：Nero等软件进行备份后，就可以解决此问题。

故障11 安装刻录软件后，无法刻录任何资料，只出现Image Recorder

故障描述：准备使用刻录机时，在安装刻录软件后，无法刻录任何资料，只出现Image Recorder。

解决办法：可能是刻录软件无法识别刻录机的存在，或驱动安装不正确等，可尝试从以下方面解决：

- 确定刻录机已安装在系统上，并检查电源以及排线是否有松脱，以及信号线上的针状接脚有无变形，以确保刻录机状态正常。
- 检查刻录机是否与其他光驱或硬盘共用相同的跳线标记，以免设备间互相影响，造成系统无法识别光驱。
- 如已确定刻录机正常安装，而软件还是只出现Image Recorder的话，请将软件卸载，并重新安装。

进行上操作后如果仍不能排除故障，应考虑更换刻录机。

故障12 Windows XP SP1版本升级到SP2版本后，会发生刻录失败或者无法刻录光盘现象

故障描述：使用刻录机进行刻录，原来刻录都正常，后来将Windows XP SP1版本升级到SP2版本后，发生刻录失败或者无法刻录光盘现象。

解决办法：去软件网站更新下载各软件的SP2修正文件。

故障13 刻录机刻录速度太慢，时间过长

故障描述：刻录机在刻录文件时，所使用的时间太长。

解决办法：可能是刻录的光盘片质量太差或有其他程序在运行，从以下方面着手解决：

- 更新刻录软件或光盘后，将软件设置成最小稳定倍速。
- 关闭正在使用的其他应用程序。
- 查看操作系统。

6）鼠标、键盘常见故障及排除

故障1 鼠标指针移动速度太快，不好定位

故障描述：只要稍微动一下鼠标，指针就移动很长的距离，不好定位。

解决办法：造成此现象的原因是鼠标的指针移动速度设置得太高。

具体操作

①进入“控制面板”，双击“鼠标”图标。

②打开进入“鼠标属性”对话框，选择“指针”选项卡上的“移动”栏，将速度设置低些即可。

故障2　鼠标指针移动时出现很多箭头

故障描述：每动一下鼠标，屏幕上的指针都会拖出一长串箭头，好像是鼠标指针的影子。

解决办法：出现这种现象的原因是启用了显示指针轨迹的功能，关闭该功能即可。

具体操作

①进入“控制面板”，双击“鼠标”图标。

②在打开的“鼠标属性”对话框中，将显示指针轨迹的复选框取消选取即可。

故障3　鼠标双击无效

故障描述：计算机工作正常，但是双击鼠标没有效果。

解决办法：出现这种现象的原因是将鼠标的双击速度设置得太快了，降低速度即可解决问题。

具体操作

①进入“控制面板”，双击“鼠标”图标。

②在打开的“鼠标属性”对话框中，在切换到“鼠标键”选项卡，调整双击的速度即可。

故障4　鼠标指针移动不灵活

故障描述：移动机械鼠标时，屏幕上对应的指针不能很好地跟随移动。鼠标移动幅度较大时，指针能够较正常移动，但小幅度移动鼠标时，指针几乎不动。

解决办法：故障可能是鼠标内部脏物太多所致。机械鼠标的工作原理是：鼠标移动时，底部的橡胶球通过两个方向的小滚轴带动光栅盘转动，产生电信号，并传送给操作系统进行处理。当橡胶球、左右轴、前后轴及支撑轮太脏时，会引起转动不灵活的情况发生。清除脏物时，将鼠标器翻转，先将底部的污垢清除，然后按照箭头指示的方向逆时针旋转活动底板，取下活动底板和橡胶球，将滚轴及支撑轮、橡胶球清理干净，重新装好就可以恢复正常。

故障5　鼠标指针不能竖着移动

故障描述：在使用鼠标时，指针不能竖着移动。

解决办法：故障的原因是相应的一组发光二极管与光敏三极管至少有一个损坏。更换发光二极管或光敏三极管，或者更换整个鼠标，故障即可排除。

故障6　鼠标左键不起作用

故障描述：在使用鼠标时，左键不起作用。

解决办法：故障的原因可能是微动开关损坏。如果不能及时更换，可采取应急措施：通过“控制面板”进行左手鼠标的设置。

故障7　移动鼠标则系统死机

故障描述：开机后不能正常进入操作系统：死机或无任何响应。反复几次，偶尔能进入操作系统，但只要一动鼠标马上就死机。

解决办法：可能是鼠标存在问题，拆下鼠标进行检查，在使用万用表测试时，发现鼠标的连线中有短路现象。剥开线路外皮，小心处理短路的地方，重新接好，开机检查，故障消失。

故障 8　鼠标指针不能移动

解决办法：尝试从以下方面解决：

- 插头是否接触不良。
- 系统资源是否冲突。
- 驱动程序是否不兼容。
- 重新插拔鼠标插头后开机检查。
- 打开 Windows 操作系统的“设备管理器”，检查鼠标和各个硬件的资源配置，如果存在中断、地址冲突的情况，需要更新设置或者应用系统的自动设置。
- 检查鼠标驱动程序是否与其他串行设备的驱动程序不兼容，如果存在兼容问题，最好将另一设备卸载。

故障 9　升级系统后鼠标不能正常使用

故障描述：对原来的计算机系统进行升级后，鼠标不能正常使用。

解决办法：故障的原因可能是升级后的系统没有安装合适的鼠标驱动程序，找到适合新系统的鼠标驱动程序，进行正确安装即可。

故障 10　光电鼠标指针无故移动

故障描述：使用的光电鼠标，总是无故移动。

解决办法：故障的产生可能与环境有关，如强光等。由于光电鼠标的外壳过于透明，当强光直射到鼠标上时，导致了鼠标内部产生了错误信号。让鼠标避开强光使用，故障即可排除。

故障 11　系统找不到鼠标

解决办法：尝试从以下方面解决：

- 检查鼠标是否彻底损坏。
- 检查鼠标与主机连接串口或 PS/2 口是否接触不良。

故障 12　插上一个 U 盘，键盘突然失效

解决办法：故障可能是由于键盘插头接触不良造成的。关机，重新插好键盘，开机后故障即可消失。

故障 13　键盘进水导致系统无法启动

解决办法：键盘进水，水渗入键盘电路后引起短路，从而导致意外重启或无法进入系统的现象。将键盘拆开，仔细擦拭并烘干，安装到计算机上后重新启动，故障即可排除。

故障 14　键盘按键不好用

故障描述：键盘按键使用起来不是很灵活。

解决办法：此现象可能是键位上堆积了很多污垢引起的。卸下键盘，取出按键，对污垢进行清除，将按键装回原位，装好键盘，故障即可排除。

故障 15　字符输入异常

解决办法：此现象可能是计算机中病毒了或键盘上洒了水造成的。先进行杀毒，如果不能排除故障，再拆开键盘，小心擦拭，并在阳光下晾晒一下。

故障 16　键盘上一些键，如空格键、回车键不起作用

解决办法：这种故障为键盘的“卡键”故障。一种原因是键帽下面的插柱位置偏移，使得键帽按下后，与键体外壳卡住，不能弹起而造成了卡键，此现象多发生在新键盘或使用不久的键盘上；另一种原因是按键长久使用后，复位弹簧弹性变得很差，弹片与按杆摩擦力变大，不能使按键弹起而造成卡键。可在键帽与键体之间放一个垫片，该垫片可用稍硬一些的塑料制成，其大小应等于或略大于键体尺寸，并且在按杆通过的位置开一个可使按杆自由通过的方孔，将其套在按杆上后，插上键帽。

7）电源、机箱常见故障及排除

故障 1　计算机反复自动重启

解决办法：可能是电源损坏造成此故障。更换新电源后，故障即可排除。

故障 2　计算机系统启动后自动关机

解决办法：此故障可能是电源故障或机箱电源开关与主板的连接线连接问题所致。采用替代法进行尝试，排除后，通过短接主板跳线的方法启动计算机。

故障 3　系统常常自检失败

解决办法：确认一下内存是不是发出报警或电源电压不够。更换内存尝试，如果排除不掉，就是电源输出电压不够，可以考虑购买、安装 UPS。

故障 4　主机噪声很大

解决办法：噪声很大的原因可能是机箱电源的散热风扇上有灰尘，风扇运转不灵，发出噪声。卸下电源，仔细清理灰尘，故障即可消失。

故障 5　计算机电源接触不良造成黑屏

故障描述：计算机在使用中，显示器“黑屏”，重新启动后，显示器电源指示灯亮，屏幕还是无任何显示。用替代排除法将所有的部件检查一遍，均未发现问题。

解决办法：可以对电源进行测量，把主板与电源之间的插头重新插一遍，再开启计算机。

故障 6　计算机换上新内存，却不能启动。

解决办法：造成故障的原因可能是主板上接口忘记插了或插错了位，或电源与主板接触不良造成的。重新检查主板上的跳线位置和接口即可。

故障 7　电源引起不认 Modem

故障描述：计算机运行正常，但外置式的即插即用 Modem 在 Windows 系统中无法检测到，无论是重新安装驱动程序或更换主板以及调换 Modem，都无法在 Windows 中使用。

解决办法：查看 BIOS 中的电源信号，把主板与电源之间的连线重新连接。

故障 8　电源热稳定性差引起黑屏

故障描述：计算机运行一段时间，出现“黑屏”现象。而主机电源指示灯和显示器均亮。关机后重启正常，在运行一段时间后又出现同样的现象。

解决办法：造成故障的原因可能是由于某元器件的热稳定性差而引起的，如主机系统复位电路产生了错误的复位信号导致“黑屏”。用电压表测试发生器的“RES”端，产生了低电平。这种现象是电源引起的，必须更换电源。

故障 9　电源负载大导致死机

故障描述：对计算机升级后，仍使用原来的机箱电源，但常出现死机。

解决办法：原因有可能是计算机升级后，硬件的负载加大，因而电源的负载加重，原电源的功率不足以负载如此多的硬件，须更换电源才行。

8)硬件冲突、超频、驱动、兼容性常见故障及排除

故障 1　主板与显示器不兼容

故障描述:刚配置好的计算机,安装完驱动程序之后,当开机时显示器出现横纹,重新启动后显示器居然不显像了。用替换法依次更换了所有配件,发现当采用的主板与显示器配机时,故障就会出现,如果用此块主板与其他显示器相配,故障不会出现。

解决办法:故障是主板与显示器不兼容造成的,更换主板或显示器即可解决问题。

故障 2　主板与显卡不兼容

故障描述:安装完驱动程序之后出现了以下故障:计算机关机不正常,从“开始”菜单中单击“关闭计算机”后,始终显示关机画面,接着计算机自行启动。如果先装显卡驱动程序,关机正常;装完主板驱动程序后,计算机关机时会自动重启。

解决办法:故障是主板与显卡不兼容造成的。及时更换主板或者显卡,故障即可顺利排除。

故障 3　集成声卡和 PCI 声卡冲突

故障描述:在 BIOS 中屏蔽了“AC’97”声卡,安装了 PCI 声卡。在 Windows 操作系统中,PCI 声卡驱动程序安装正确,但无法正常发音。

解决办法:此故障可能是系统资源冲突导致的。进入 BIOS 设置程序,将内置声卡的 MIDI 设备地址和相应中断号都设置为 Disabled,即可解决问题。

故障 4　CPU 超频导致系统无法正常启动

故障描述:超频前,系统工作正常。CPU 超频使用,开机后在自检内存时死机。

解决办法:故障的原因是内存不能适应当前的工作环境,在 BIOS 设置程序中对内存进行设置。如果此方法不能解决问题,则需要考虑更换性能更好的内存。

实训 16　开机检测与常见故障分析

实训目的

(1)掌握开机前的检查步骤并能根据开机时的现象判断并排除简单故障。

(2)掌握开机时出现严重故障的处理方法。

(3)掌握 CMOS 的基本设置方法。

实训设备与工具

安装并连接好的计算机系统 1 套,镊子等其他必备设备。

实训内容和步骤

(1)在盖上机箱通电之前,应仔细检查组装过程是否有疏漏之处。仔细检查各板卡及插头、跳线等是否正确,是否插到位,是否固定紧等,机箱内是否遗漏有螺栓、螺丝刀等物品,特别是金属物品,并将机箱内的电源线、信号线整理整齐,用细绳扎好。

(2)检查主机与显示器是否已正确连接,确保其电源开关已经关闭,将主机电源电缆插在电源插座上(对于国外进口的计算机电源,100/220 V 转换开关一定不能搞错)。

(3)接通显示器电源,再接通主机电源,注意观察主机有无异常现象。如有打火花、冒烟、焦糊味等现象产生,应立即切断电源,认真检查故障所在,确保找到并排除故障后才能再

次开机。

(4)如果安装没有错误,显示器将正常显示。如果显示器没有任何显示、主机内置喇叭有异常响声,而电源确已接通,则可能出现致命性错误,需按以下方式进行排除:

硬件常见故障分析与排除

①开机无反应,屏幕无显示,主机电源灯不亮:

- 市电电源问题,可检查电源插座是否正常,电源线是否正常。
- 排除市电问题后应重点检查主机电源、主板和机箱上的 Power 开关,任何一个出现问题都会导致无法开机。

②开机主机灯亮,但显示器屏幕无显示,无报警声:

- 首先检查喇叭是否存在故障,如果喇叭有故障,在修复喇叭故障后按报警声来判断故障所在。
- 出于主板短路将导致计算机无法启动。检查机箱内是否有异物,如是否有螺丝掉落在机箱内、机箱内灰尘是否过多等。
- 由于主板的自我保护机制导致计算机无法启动,如超频过高。遇到这种情况,一般将 BIOS 清零后可以解决问题。
- 劣质电源导致计算机无法启动。如果按照上面的方法检查了计算机仍然无法启动,则应考虑电源是否有问题,这种情况只有更换新的电源。

③开机后显示器屏幕无显示,但机器在读硬盘,通过声音判断已进入系统。这种现象说明主机正常,问题出在显示器或显卡上。这时需要检查显示器和显卡的连线是否正常,接头是否正常。如有条件,可通过更换显示器和显卡来试试。

④利用 BIOS 自检发出的报警声进行故障分析及排除。计算机在启动过程中要进行自检,如果自检正常,计算机内的小喇叭会发出一声“嘟”声。如果自检中发现问题,会发出不同的报警声,这是主板 BIOS 的一个基本功能。可针对报警声的具体含义排除故障。

如果系统启动时屏幕有显示,属一般性故障。屏幕上显示故障提示,一般允许系统继续启动。

以下是开机启动时常见的错误提示、故障原因及排除方法:

- Run CMOS SETUP Press＜F1＞ TO RESUME(运行 CMOS 设置,按“F1”键重新开始)。

【分析】主要是 CMOS 设置不当,通常在提示信息前有一行提示信息说明需要运行 CMOS 设置的原因。

- CMOS Checksum Failure(CMOS 校验和检查错误)。

【分析】某种原因使 CMOS 参数产生错误,应进入 SETUP 重新设置参数。如果主板上的 CM0S 电路出现故障,应更换主板。

- CMOS Display Type MisMatch(CMOS 显示类型不匹配)。

【分析】CMOS 显卡类型参数设置不对或更换了不同的显卡后未修改 CMOS 参数。应进入 SETUP 重新设置。

- CMOS Memory Size Mismatch(CMOS 内存范围不匹配)。

【分析】新装主板或调整内存容量后,内存容量没有设置。可进入 SETUP 重新设置,一般主板自动设置,存盘退出即可。或者主板的内存电路出现故障,使内存容量发生改变。检查内存或芯片安装是否良好，或更换内存。

● CMOS System Options Not Set(CMOS系统参数没有设置)。

【分析】CMOS系统参数丢失或破坏，应进入SETUP重新设置。

● CMOS Time&Date Not Set(CMOS时间、日期没有设置)。

【分析】CMOS中的时间和日期参数没有设置，应进入SETUP进行设置。

● CMOS Battery State Low(CM0S电池电压低)。

【分析】主板给CMOS供电的电池电压不足，可能需更换电池。或者由于进行了主板CMOS复位跳线使电池断电，应进入SETUP重新设置。

● C:DRIVE ERROR OR PRESS <F1>TO RESUME(C驱动器出错，按"F1"键重新开始)。

【分析】硬盘电缆没有插好，电缆或插头接触不良，应重新连接；硬盘故障，0磁道丢失，应更换硬盘；硬盘参数不匹配，进入SETUP重新设置硬盘参数。

● HDD Controller Failure Press<F1>resume(硬盘控制器失效，按"F1"键重新开始)。

【分析】硬盘适配卡(多功能卡)没有插好或卡上的接插线及跳线设置不当，需重新安装适配卡或重新设置跳线；硬盘控制器故障，应更换主板；硬盘故障或没有安装但在CMOS中设置了硬盘参数，应更换硬盘或修改CMOS参数。

● C:Drive Failure(C驱动器失败)。

【分析】硬盘驱动器故障，BIOS不能得到硬盘驱动器的回答信号，可能要更换硬盘。

● Fatal ERROR Bad Hard Disk(硬盘致命性错误)。

【分析】更换硬盘、硬盘适配卡或主板。

● KB/Interface Error(键盘/接口错误)。

【分析】键盘或键盘接口错误，应更换键盘、键盘接口控制芯片或主板。

● Keyboad Error(键盘错误)。

【分析】键盘故障，重新插好键盘或更换键盘。

● No Hard Disk installed(没有安装硬盘)。

【分析】没有安装硬盘，但在CMOS参数中设置了硬盘，应进入SETUP修改CMOS参数；硬盘没有接好，应重新连接硬盘；硬盘或硬盘适配器有故障，应更换硬盘或主板。

● No Board Parity Error(主板奇偶校验错)。

【分析】在安装没有奇偶校验位的内存之后，没有将CMOS内存的奇偶校验关闭，应进入SETUP修改CMOS参数；内存有故障，应更换内存。

● NO ROM BASIC SYSTEM HALTED(没有基本ROM系统)。

【分析】活动分区标志(1BE的80H)丢失；硬盘分区没有激活；硬盘分区信息被严重破坏；使用工具软件进行修复。

● Invalid Partition Table(无效的分区表)。

【分析】硬盘分区记录被损坏，用工具软件修复或重新分区。

● Invalid Drive Specification(无效的驱动器标志)。

【分析】CMOS设置中的硬盘参数与实际硬盘参数不符；没有对硬盘分区；硬盘分区表记录被破坏。

进入SETUP重新检测硬盘参数，用FDISK查看分区，如果没有分区信息，则修复分区记录或重新分区;如果分区信息正确,则需要对硬盘进行格式化操作。

● Missing Operation System(操作系统丢失)。

【分析】硬盘根目录下的两个系统文件IO.SYS、MSDOS.SYS被破坏或删除;硬盘DOS引导记录DBR被破坏或DOS引导记录DBR的结束标志(01FE、55AA)丢失;硬盘主引导记录MDR被破坏或主引导记录MBR的结束标志(01FE、01FF的55FF)丢失。

用软盘或U盘启动,查看C盘根目录下是否有DOS的两个系统文件IO.SYS和MSDOS.SYS,如果没有,则用SYS命令向C盘传递。如果两个系统文件没有损坏,则需用工具软件修复DBR或MBR标志。

● Non system disk or disk error(没有系统盘或磁盘错误)。

【分析】系统文件被破坏或磁盘根目录下没有系统文件,可用SYS命令向C盘传递系统文件。

● 出现"Starting MS-DOS…"后死机。

【分析】系统配置文件CONFIG.SYS加载了错误的命令,可以在启动时按"F8"键逐行执行系统配置文件,当执行到某处死机时,说明该配置有问题,修正后即可。

实训总结

(1)写出实训报告。

(2)详细列出安装过程中遇到的故障现象,并分析发生的原因以及提出解决方案。

习 题

1.硬件故障诊断的一般原则是什么?

2.硬件故障诊断的一般方法是什么?

项目 8　笔记本电脑的拆装及维护

任务 1　拆装笔记本电脑

1. 拆装工具

常用的笔记本电脑拆机工具有螺丝刀、镊子、钳子等。在拆装笔记本电脑前应做好如下准备工作：

(1)准备各种直径的十字螺丝刀，或者多用螺丝接头的螺丝刀。螺丝刀最好用带有磁性的，避免螺丝掉入笔记本电脑内部和散落到其他地方。

(2)准备两把镊子：一把尖的镊子，一把钝头的镊子。尖镊子用于夹取细小的部件或狭小空间内的部件。

(3)部分机型在拆卸时需要用内六角的螺丝刀，最好能购买成套的六角螺丝刀，这样使用比较方便。

(4)准备斜口钳、尖嘴钳和钢丝钳等夹取工具。

(5)准备螺丝盒，用于盛放螺丝，防止螺丝丢失。在拆卸的时候，特别要注意各个部位采用哪种螺丝，便于在安装时对号入座。

(6)准备多只大小不同的胶盆，用于盛放拆卸后的部件。对于初学者，最好一部分采用一个胶盘，例如外壳用一个胶盘，主板上的部件用一个胶盘，显示部分用一个胶盘，避免安装时出错。

2. 拆装顺序

1)拆卸顺序

(1)拆卸笔记本电脑外部连接。笔记本电脑在拆卸前应先关闭电源，如 AC 适配器、电源线、PC 卡及其他电缆等。因为在关机的情况下，电源还会给一些电路和设备供电，同时静电也会通过网线传入笔记本电脑，直接拆卸可能会损坏一些脆弱元件。

(2)拆卸笔记本电脑的外设。首先要拆卸的是笔记本电脑电池，电池只有锁扣，没有螺丝。由于笔记本电脑电池在不开机的状态下也会对主板上某些电路供电，使主板处于待机状态，因此，在拆卸过程中应该特别注意，避免在拆卸的过程中引起供电短路、损坏电池(甚至是电池爆炸)，或者烧坏主板。在拆去电源线和电池后，打开电源开机键，等其自行关闭，以释放掉内部直流电路的电量。其次是拆掉光驱、硬盘。通常只要拆掉光驱和硬盘上的几颗固定螺丝就可以了，注意不要损坏连线或插件、插座；部分机型的硬盘和光驱在打开笔记本电脑的外壳后才能拆下。最后拆卸其他的外设，如软驱等。

(3)拆笔记本电脑的键盘。拆笔记本电脑分为前拆和后拆两类。前拆的笔记本电脑键盘是靠压条压住的，只要把压条拆下就能取下键盘；后拆是指部分键盘通过笔记本电脑后面的固定螺丝固定。拆开后整个机器就便于拆卸了。取下键盘的时候，要注意键盘与主板是通过一条线与主板上的一个接口相连的，接口处有卡子，小心损坏卡子。如果这个卡子损坏了，键盘与主板的连线无法固定，就需要用热熔枪来固定。

(4)拆卸显示屏。首先拆卸显示屏的屏框，然后拆卸高压板，最后拆卸液晶显示屏。

注意

拆卸时需要特别注意以下3点：

(1)不要划伤显示屏的屏幕，更不要损坏显示屏。

(2)显示屏的连线十分细小，容易折断，又不容易购买。

(3)高压的连线尽量不要靠近金属的屏框，以免造成高压放电。

2)组装顺序

由于笔记本的组装顺序与拆卸顺序大致相反，而且下面将以具体的例子讲解组装过程，在此就不再赘述了。

3. 微星 MS-1029 笔记本电脑的拆卸与组装

笔记本电脑的组装是一项十分细致的工作。这里以微星 MS-1029 笔记电脑为例讲述笔记本电脑的具体组装过程。图 8-1 所示为微星 MS-1029 笔记本电脑外观。

图 8-1　微星 MS-1029 笔记本电脑

微星 MS-1029 笔记电脑基于 AMD 平台，主板使用了 ATI 芯片组 Chipset，配备了 ATI Mobility Radeon X700 显卡、双层 DVD 刻录机和 15.4—inch WXGA 宽屏 LCD。

本例笔记本电脑采用以下配件：

- 处理器：AMD Turion 64 Mobile Processor Model MT—37 (2.0 GHz)。
- 无线网卡：MSI Wireless LAN Card (802.11b/g) with Bluetooth。
- 内 存：OCZ 512 MB DDR400 (PC 3200) SODIMM Memory (2×512 MB)。
- 硬 盘：Western Digital Scorpio 2.5—inch 80 GB Hard Disk Drive (WD800VE)。

1)CPU 的拆卸与安装

具体操作

①轻轻地将笔记本电脑反置，如图 8-2 所示，并且选好合适的螺丝刀。

②使用螺丝刀将 CPU 部分的档板卸下来。卸下档板后就可以看到笔记本电脑的内部构造了，如图 8-3 所示。

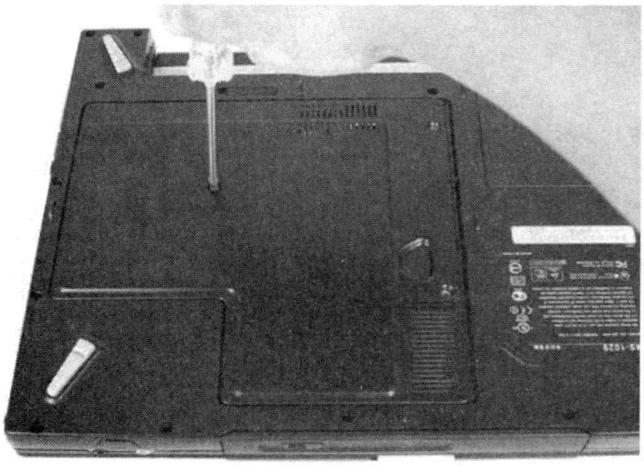

图8-2　拆卸挡板

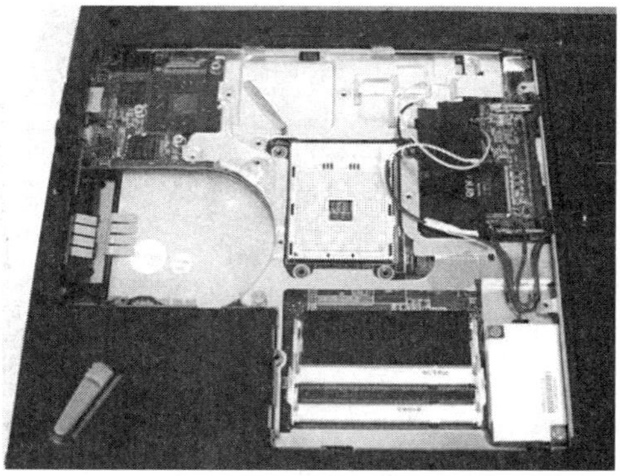

图8-3　笔记本内部结构

说明

图8-3中间位置是CPU插槽，CPU上侧和左侧凹下去的部分是安装热管散热器和风扇的位置。CPU的右侧和下侧分别是Mini PCI无线网卡和内存的空间。

---

③将CPU插座右侧的杠杆拉起上推到垂直的位置。

④取出CPU，如图8-4所示；把CPU上的针脚缺口与插座上的缺口对准，轻轻按下。

⑤再将右侧的杠杆放回原位，CPU就安全地安装在CPU插座上了。图8-5是安装好的CPU。

图8-4　取出CPU

图8-5　安装CPU，放回杠杆

2）热管散热器和风扇的安装

说明

热管是同时为CPU和显卡提供散热的重要部件，如图8-6所示。

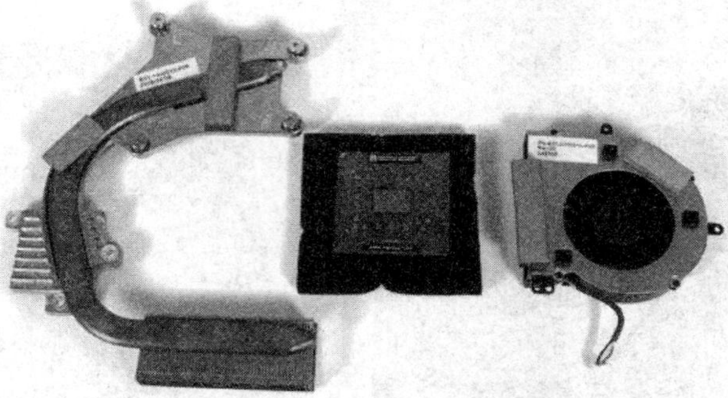

图 8-6　热管散热器、处理器和 CPU 风扇

具体操作

①将热管散热器对准 CPU，先不着急把螺丝固定住，将热管散热器显示为核心散热的部分对好之后（如图 8-7 所示），再进行固定螺丝工作，如图 8-8 所示。

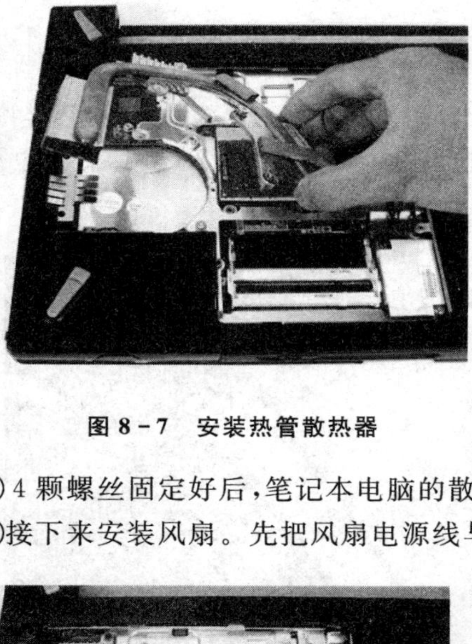

图 8-7　安装热管散热器

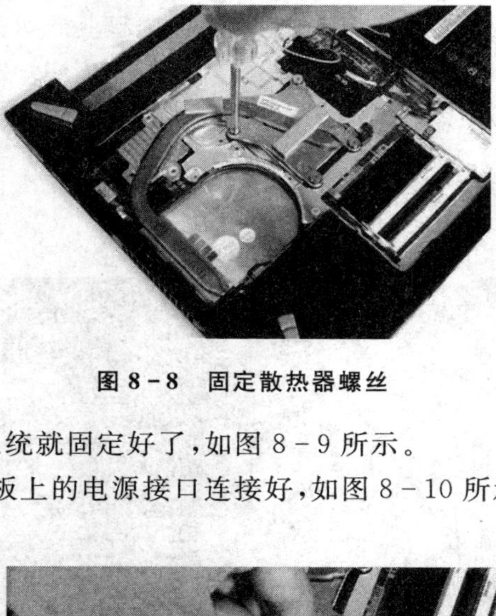

图 8-8　固定散热器螺丝

② 4 颗螺丝固定好后，笔记本电脑的散热系统就固定好了，如图 8-9 所示。

③接下来安装风扇。先把风扇电源线与主板上的电源接口连接好，如图 8-10 所示。

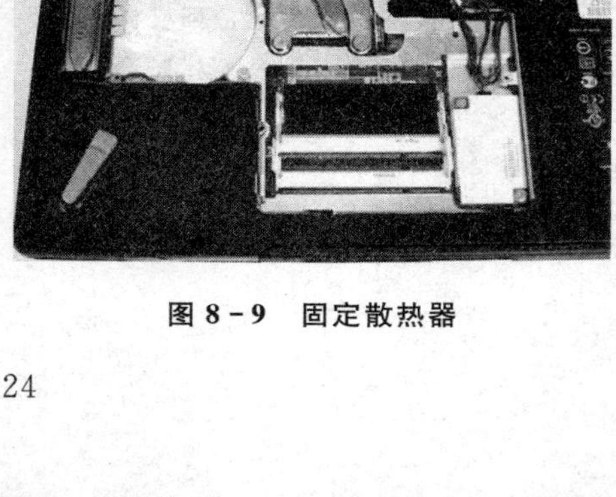

图 8-9　固定散热器

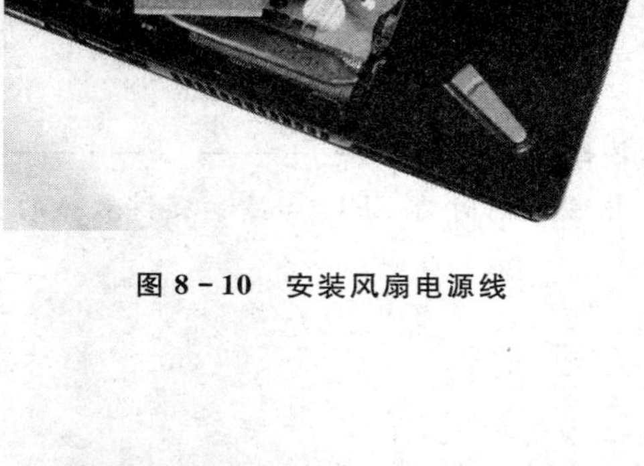

图 8-10　安装风扇电源线

④将风扇放进凹槽，把 3 颗螺丝旋紧，这样风扇就固定好了，如图 8－11 所示。

⑤至此，完成了对 CPU、风扇和热管散热器的安装，如图 8－12 所示。

图 8－11　安装风扇

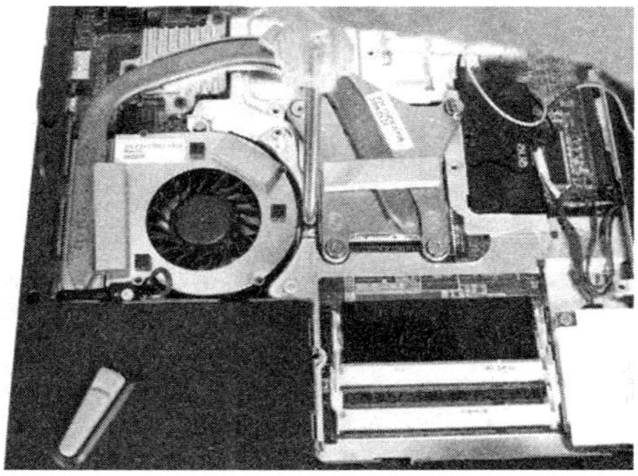

图 8－12　完成 CPU、风扇和热管散热器的安装

3）安装内存和无线网卡

说明

笔记本电脑提供了两个内存插槽，支持 DDR333/DDR400 SO－DIMM 内存，在这里我们使用了两条 OCZ 512 MB DDR400 PC3200 内存，如图 8－13 所示。

图 8－13　笔记本电脑内存条

图 8－14　内存插槽

具体操作

①将内存以大约 40°角斜插入内存插槽，如图 8－14 所示，然后小心地往里向下轻轻一按，内存就平稳地进入合适的位置。用相同方法将第二块内存条安装到位，如图 8－15 所示。

②安装 Mini PCI 接口的无线网卡。安装的方法与安装内存的方法基本上差不多，先倾斜着把网卡与插槽对好，如图 8－16 所示，然后再轻轻的往里向下按进去就可以了，如图 8－17 所示。

③将 Mini PCI 无线网卡上的天线装好，如图 8－18 所示。

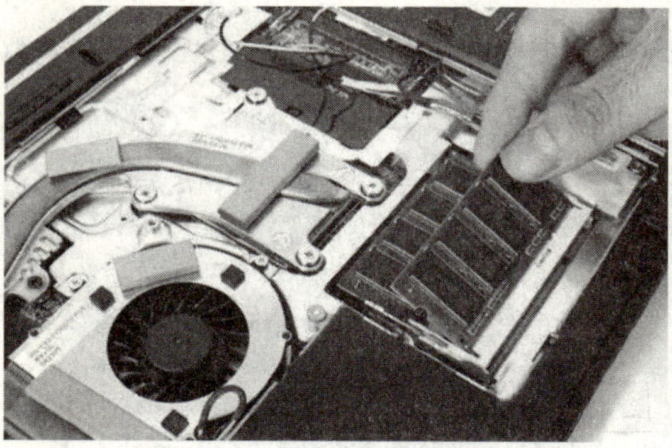

图 8－15　二块内存插槽

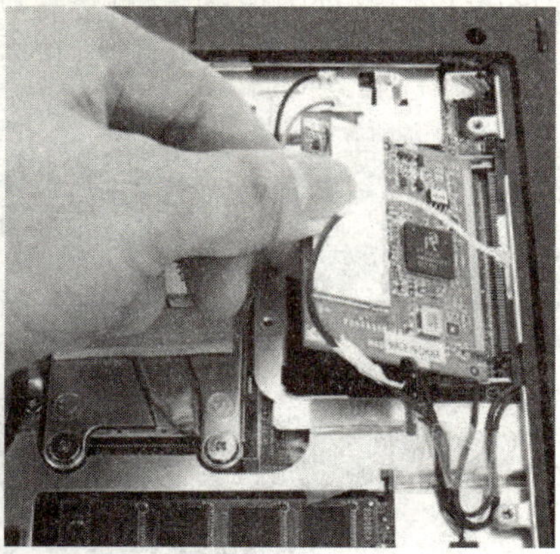

图 8－16　安装无线网卡(1)

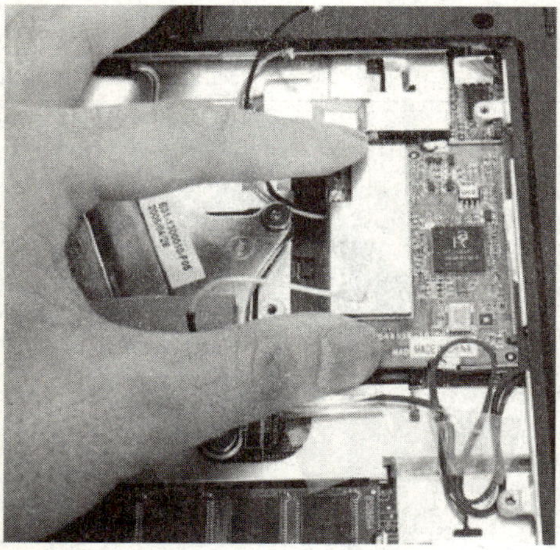

图 8－17　安装无线网卡(2)

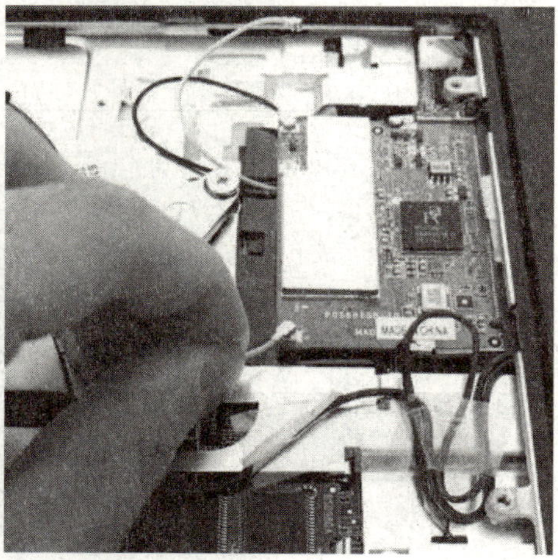

图 8－18　安装无线网卡(3)

至此,内存和无线网卡安装成功。

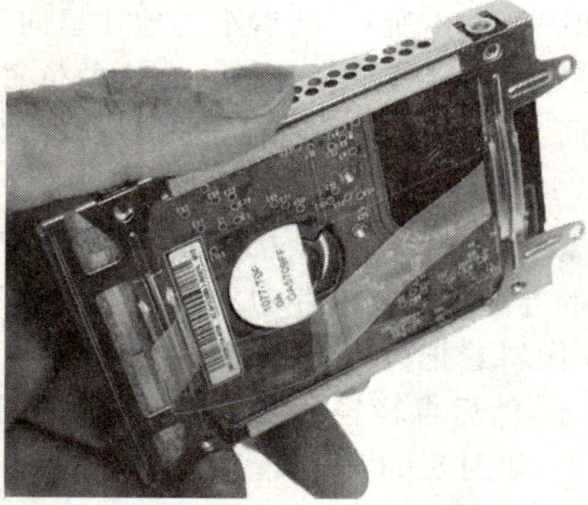

图 8－19　笔记本电脑硬盘

4)安装硬盘和光驱

①将图 8－19 所示硬盘与保护盒结合在一起。

②将硬盘的数据接口与笔记本电脑主板上的硬盘接口对接好,再将硬盘放入硬盘仓,如图 8－20 所示。

③再将硬盘四周的 4 个螺丝固定好硬盘,如图 8－21 所示。

④将光驱轻轻往光驱仓里轻轻插入,如图 8－22 所示。

图 8-20　将硬盘放入硬盘仓

图 8-21　固定硬盘

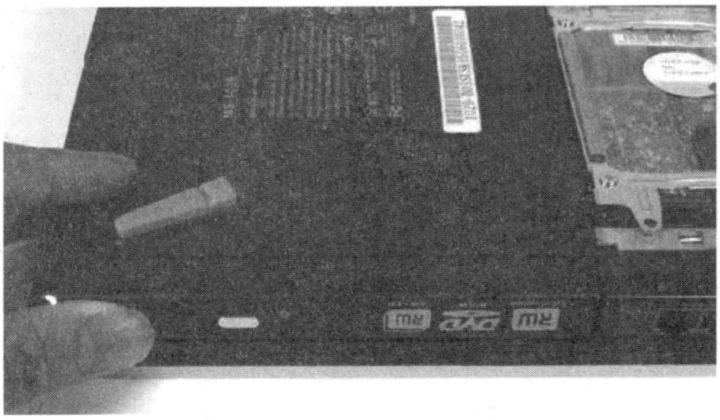

图 8-22　笔记本光驱安装

5)安装电源

具体操作

①将电池仓两侧的锁扣松下,然后拿好电池,对准接口轻轻推入,如图 8-23 所示。

②将电池两侧的锁扣关上,如图 8-24 所示。

图 8-23　插入电池

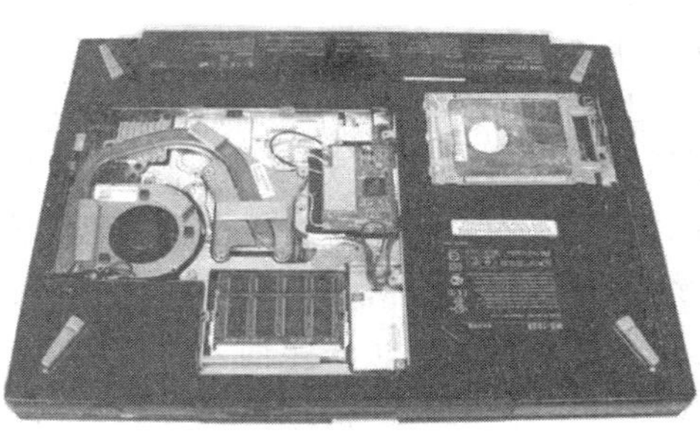

图 8-24　关上电池两侧锁扣

③将挡板装起来,整个笔记本硬件方面的组装就完成了,如图 8-25 所示。

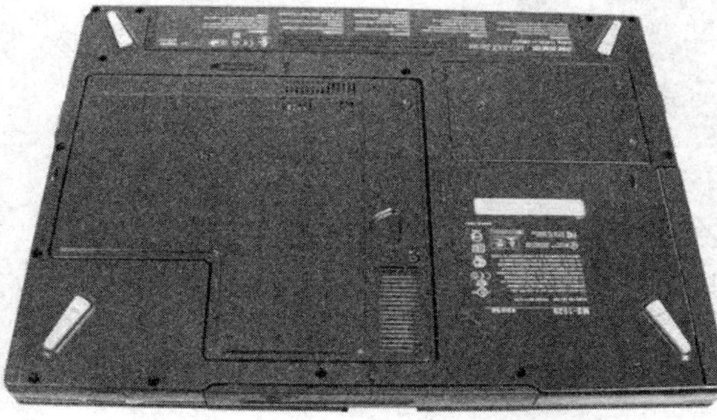

图 8-25　安装挡板

任务 2　笔记本电脑维护

随着笔记本电脑价格不断下降,越来越多的人使用上了笔记本电脑。如何维护、保养笔记本电脑是每一个用户关心的话题,本任务通过对笔记本电脑各个组件维护保养技巧内容的介绍,指导大家正确合理地使用笔记本电脑,延长笔记本电脑的寿命。

1. 液晶显示屏幕的日常保护

笔记本的各个部件都是有使用寿命的,而其中最为娇气的恐怕就是液晶显示屏了。一个液晶显示屏的正常使用时间是 5 年左右。随着时间的推移,笔记本的屏幕会越来越黄,这就是显示屏内灯管老化的现象。那么,如何将老化的时间尽可能推后呢?用户可以通过一些简单的使用和保养技巧来延长屏幕的使用寿命。

1)液晶显示屏幕的日常保护

(1)长时间不使用电脑时,可使用键盘上的功能键暂时将屏幕电源关闭,这样做除了节省电力外亦可延长显示屏寿命。尽量不要使用屏幕保护程序,它会缩短液晶显示屏的使用寿命。

(2)注意屏幕的工作时间。长时间的高负荷使用,会使液晶颗粒老化失效而产生死点。因此,如果在使用中使其疲劳过度,必然会加速老化现象的出现。

(3)平时要尽量减少屏幕在强光下直接暴晒,白天使用,尽量拉上窗帘,以防屏幕受到强光照射后,导致温度过高,加快老化。

(4)不要用力盖上屏幕上盖或是放置任何异物在键盘及屏幕之间,避免上盖玻璃因重压而导致内部组件损坏。

(5)尽量避免一边吃东西一边使用电脑的习惯,饮料及多汁食物溅到屏幕上会造成难以清除的污渍,这对屏幕的危害很大,对键盘和主机的危害也是致命的。

(6)不要用手指甲及尖锐的物品碰触屏幕表面以免刮伤。

(7)屏幕表面会因静电而吸附灰尘,建议购买液晶显示屏专用擦拭布来清洁屏幕,并轻轻擦拭，不要用手指擦除以免留下指纹。

(8)屏幕有什么问题，一定要交给专业人员来拆卸。液晶显示屏幕的内部会产生高电压，私自拆开是很危险的。

2)液晶显示屏幕的清洁方法

如果液晶显示屏不是太脏，可以使用较软的羊毛刷子轻轻地掸一掸，建议使用普通的化妆毛刷。这种毛刷的毛质地很柔软，不会划伤屏幕。如果实在太脏，可以用干净的棉布蘸水进行小心清洁。有时可能遇到一些非常顽固的污迹，此时就要使用液晶显示屏专用的清洁剂了。

注意

擦拭必须在关机状态下进行，而且清洁剂兑水也不可过多。对液晶显示屏幕的清洁力度同清洁电视机屏幕差不多，一般都是由屏幕中央开始，顺时针方向向外擦拭。

2. 硬盘的日常维护

1)笔记本电脑硬盘基本知识

笔记本电脑硬盘和台式机硬盘从产品结构和工作原理看，没有本质区别。笔记本电脑硬盘最大的特点是体积小巧，一般标准产品的直径仅为 2.5 in(还有 1.8 in 甚至更小的)，厚度也远低于 3.5 in 硬盘，如图 8－26 所示。一般厚度仅有 8.5 mm～12.5 mm，重量在 100 g 左右。由于笔记本电脑内部空间狭小、散热不便，且电池能量有限，再加上移动中难免的磕碰，因此对其部件的体积、功耗和坚固性等提出了很高的要求，使用过程中需要认真维护。

图 8－26　笔记本电脑硬盘

2)笔记本电及硬盘的保养

(1)对于笔记本电脑用户来说，应当避免在剧烈震动的交通工具中使用笔记本电脑，或者在开机状态下搬动笔记本电脑这样很可能会对硬盘造成损坏，比如导致磁头机械臂损坏，或者是磁头打在盘片上导致硬盘出现坏道。

(2)高级格式化仅仅是清除硬盘上的数据，生成引导信息，不会影响硬盘的寿命。但低级格式化是一种损耗性操作，对硬盘寿命有一定的负面影响。

(3)Bittorrent 下载是宽带时代新兴的 P2P 交换文件模式，各用户之间共享资源，互相当种子和中继站，俗称 BT 下载。由于每个用户的下载和上传几乎是同时进行的，因此，下载的速度非常快。不过，它会将下载的数据直接写进硬盘(不像 FlashGet 等下载工具可以调整缓存，到指定的数据量后才写入硬盘)，此时硬盘的占用率比 FTP 下载要大得多。有些人为了充分利用带宽，还会同时进行几个 BT 下载任务，此时就非常容易出现由于磁盘占用率过高而导致死机故障。

(4)磁盘碎片整理是 Windows 提供的系统功能，如果用户频繁地执行这种操作，对硬盘是有害无利的。磁盘整理要对硬盘进行底层分析，在正式安排好硬盘数据结构前，它会不断随机读取数据写入到其他簇，排好顺序后再把数据移回适当位置。这些动作都会占用大量的 CPU 和磁盘资源。

(5)建议用户将一些常用的软件安装在系统分区内，因为对于笔记本电脑来说，其硬盘速度比较慢，如果将软件安统在非系统分区内，会使软件的运行变得更加慢。对于一些 IE 历史记录、文档信息和临时文件夹等，最好还是将默认地址修改到其他分区，这样也就避免了硬盘在反复读写这些临时文件时产生过多的碎片从而导致系统变慢。

3. 光驱的日常维护

1)笔记本电脑光驱的基本知识

光驱是笔记本电脑经常使用的硬件，如图 8－27 所示。笔记本电脑讲究小巧，为了减轻整机的重量和缩减机器体积，不少笔记本电脑采用了光驱外置，有些笔记本电脑为了顾及性能而采用光驱与软驱互换或全内置等方法。

图 8－27　笔记本光驱

2)笔记本光驱的保养

光驱是一种非常娇气的部件，加上使用频率高，寿命有限。因此，很多商家对光驱部件的保修时间远短于其他部件。其实影响光驱寿命的主要是激光头，激光头的寿命实际上就是光驱的寿命。延长光驱的使用寿命，应该从激光头的保养做起，具体有以下一些方法：

(1)保持光驱、光盘清洁。光驱采用了非常精密的光学部件，而光学部件最怕的是灰尘的污染。光盘是否清洁对光驱的寿命有直接影响。所以，光盘在装入光驱前应作必要的清洁，对不常用的光盘要妥善保管，以防灰尘污染。

(2)定期清洁保养激光头。光驱使用一段时间之后，激光头必然会染上灰尘，从而使光驱的读盘能力下降。具体表现为读盘速度减慢，画面出现马赛克或声音出现停顿，严重时可听到光驱频繁读取光盘的声音。这些现象对激光头和驱动电机及其他部件都有损害。所以，使用者要定期对光驱进行清洁保养或请专业人员维护。

(3)保持光驱水平放置。在机器使用过程中，光驱要保持水平放置，原因是光盘在旋转时重心因不平衡而发生变化，轻微时可使读盘能力下降，严重时可能损坏激光头。有些人使用光驱在不同的机器上安装软件，常把光驱拆下拿来拿去，甚至随身携带，这对光驱损害很大。

(4)养成关机前及时取盘的习惯。光驱内一旦有光盘，不仅计算机启动时要有很长的读盘时间，而且光盘也将一直处于高速旋转状态。这样既增加了激光头的工作时间，也使光驱内的电机及传动部件处于磨损状态，无形中缩短了光驱的寿命。

(5)减少光驱的工作时间。硬盘空间允许的情况下，用户可以把经常使用的光盘做成虚拟光盘存放在硬盘上，这样以后可直接在硬盘上运行，并且具有速度快的特点。

(6)少用盗版光盘，多用正版光盘。光驱长期读取盗版光盘，因其盘片质量差，激光头需要多次重复读取数据，增加了电机与激光头的工作时间，从而大大缩短了光驱的使用寿命。

(7)正确开、关盘盒。有些用户习惯用手直接推回盘盒，这对光驱的传动齿轮是一种损害。建议尽量使用软件控制开、关盘盒，这样可减少光驱故障发生率。

(8)谨慎小心维修。由于光驱内所有部件都非常精密，用户在拆开及安装光驱的过程中一定要小心。如果没有把握的话，可请专业维修人员拆装和维修。特别是激光头老化，需要调整驱动电源来提高激光管功率时，一定要请专业维修人员调试。

(9)尽量少放影碟。这样可以避免光驱长时间工作，光驱长时间连续读盘，对光驱寿命影响很大。用户可将需要经常播放的节目拷入硬盘。

(10)不推荐玩光盘版游戏。使用笔记本电脑的光驱玩光盘版本的游戏，无疑会增加光驱的运行时间。笔记本电脑的光驱都是专用的组件，一旦损坏更换起来会很麻烦。如果玩光盘版游戏推荐把光盘做成虚拟光驱来玩。

4. 输入设备的日常维护

1)鼠标

笔记本电脑鼠标的维护方法与台式机鼠标相同，但是为了携带方便，一般笔记本专用鼠标会比台式机鼠标略小。

2)键盘

在键盘上累积了灰尘时，可用小毛刷来清洁缝隙或使用高压喷气罐，将灰尘吹出，或使用掌上型吸尘器来清除键盘上的灰尘和碎屑。清洁键盘表面时，可在软布上蘸上少许清洁剂，在关机的情况下轻轻擦拭键盘表面。

3)触控板

触控板(如图 8－28 所示)在笔记本电脑中应用非常广泛，具有容易上手使用简便的特点，而且因为触控板是感应人体信号的，所以采用全密封设计，不容易受到污染。一般情况下，最多就是清理一下触控板周边的灰尘罢了。触控板最忌的就是刮伤，为了手感的需要触控板表面都有一层磨砂镀层，如果这个镀层损伤，随着手指的频繁摩擦损伤会越来越大。没有了镀层的触控板是很粘手的，使用起来会很不方便。

图 8－28　笔记本电脑触控板

因为触控板是一种对压力敏感的装置，如果不妥善保护，很容易损坏。在使用时一定要注意以下几点：

(1)勿让触控板沾染尘土、液体或油脂。

(2)使用触控板之前要洗手，如果手指不干净，请勿触碰触控板。

(3)勿将重物压在触控板或其他按键上。

(4)确定手部没有过多的汗水或湿气，因为过高的湿度会导致这些装置短路。一定要保持触控板表面的清洁与干燥。

(5)当打字或使用触控板时，勿将手部或腕部靠在触控板上。由于触控板能够感应到指尖的任何移动，如果将手放在触控板上，将会导致触控板的反应不良或动作缓慢。

(6)只用一个手指进行操作即可，多只手指同时操作会让触控板产生错乱信息。

4)指点杆

指点杆是位于键盘的 G、B、H 三键之间的一个小按钮，如图 8－29 所示。在空格键下方还将两个大按钮，其中小按钮能够感应手指推力的大小和方向，并由此来控制鼠标的移动轨迹。而大按钮相当于标准鼠标的左右键。指点杆的优点是移动速度快，定位按确，环境适应性强，适合户外工作。

指点杆的维护很简单，基本上只有指点杆标帽脏的问题，换掉就可以了。花费不会超过 50 元，半年一次。当然也可以尝试用牙膏和牙刷清理一下，也能够得到比较好的效果。

图 8－29　笔记本电脑指点杆

5)摄像头

目前许多笔记本电脑都带有内置摄像头。日常使用摄像头时，应当注意以下几点：

(1)不要将摄像头直接对着阳光及其他强光，以免损害摄像头的图像感应器件。

(2)避免摄像头的镜头与油、蒸汽、水汽、湿气及灰尘等物质接触。

(3)不要使用刺激性的清洁剂或有机溶剂擦拭摄像头。

(4)最好不要长时间使用摄像头，这样容易加速元件的老化。

6)电池的日常维护

笔记本电脑电池(如图 8－30 所示)经历几代的发展，无论是其体积、容量以及类型都已发生了巨大的变化。曾经出现过镍镉和镍氢电池，目前以锂电池为主，而燃料电池将是笔记本电脑电池的未来新星。用户可以通过下面的使用和保养技巧来延长笔记本电脑电池的使用时间和寿命：

图 8－30　笔记本电脑电池

(1)每逢有可供利用的交流电源时，就避免使用充电电池。

(2)在无外接电源的情况下，如果暂时用不到 PCMCIA 插槽中的卡片，建议先将卡片移除以延长电池使用时间。

(3)室温 20℃～30℃为电池最适宜的工作温度，温度过高或过低的操作环境将降低电池的使用时间。

(4)液晶显示屏幕越亮，所消耗的电力越多。因此，要避免将屏幕亮度设定过高。

(5)使用“控制面板”里的“电源选项”，将电源设置为节电模式。暂停热键很有用，如需要暂时离开，只要按下暂停热键，即可使计算机系统进入最省电模式。

(6)笔记本电脑中各个硬件的耗电情况从大到小做一个简单的排序是：液晶显示屏幕、光驱、硬盘、CPU、内存、其他(接口、外部设备等)。因此，建议大家在离开电脑的时候可以将液晶显示屏幕关闭，或者使用休眠功能，甚至是关闭电脑。当电脑正由电池供电执行作业时，尽可能少使用光驱。

(7)“新电池里都会有 3%的余电，把电池里的余电用尽，直至关机，然后再用外接电源充电。充电时间一定要超过 12 小时，反复做 3 次，以便激活电池。"这种观点是不正确的，这是因为现在多数品牌的电池在出厂的时候已经完成了激活工作，电池出厂时带的少许电量是为了避免自然损耗给电池带来损害。

(8)电池使用应该每次都将电量全部用完后，让笔记本电脑耗到自动关机再充电，每次都必须充满。然而实际的情况是，一般当电池用到剩余 3%时，电脑会提示需要充电，其实3%充电这种方式很好。锂电池的记忆效应肯定是有的，比起自然损耗来说，应该算不了什么。建议用户每隔几个月对电池进行一次深度放电以优化电池性能。具体做法就是用电池供电，一直使用到自动关机，然后接上交流充电器充到 100%为止。

(9)有观点认为，在笔记本电脑外接电源适配器的时候，应将电池拆下来。这种观点无非是怕使用电源时，电池放在上边会进行充电，不仅增加充电次数而且会造成过充损害电池的寿命。一般锂电池设定的充放电次数是固定的，只有 400～600 次。不过，目前大品牌机型都加入了对电池的保护技术，不用担心外接电源会造成对电池的过充，但小品牌机型未必有这种功能。所以建议大家在使用的时候根据自己机器的情况而定，查看一下笔记本电脑说明书，再确定是否将电池卸下。

5. 接口的日常维护

1)常见接口类型

(1)红外与蓝牙接口，红外接口位于笔记本电脑的后面，用来实现笔记本电脑与 PDA 或手机的无线数据传输。红外接口执行 IRDA 标准，传输速度为 4 M/S。红外线接口应该远离热源、强光等外部环境。蓝牙技术的传输范围限定在 10 m 左右，可实现短距离无线通信。蓝牙诞生的主旨就是在移动办公设备之间实现数据交换。蓝牙手机与电记本电脑相连，可以实现数据共享、因特网接入、无线免提、同步资料、影像传递等功能。蓝牙技术可以将数据和语音同时传输，并且传输速率可达到 10 M/s，绝对没有方向性的限制。唯一不足的就是抗干扰性太差；在无线网络中，会与其他设备冲突，出现瓶颈现象。

(2)PC 卡接口，全称为 PCMCIA 接口。目前许多的无线设备都采用 PC 卡接口，如 GPRS 或 CDMA 网卡等。

(3)读卡器接口。读卡器接口是近年来才兴起的一种接口类型，多为数码产品使用。

(4)此外，还有 USB 接口、IEEEI394 接口、电话线接口、以太网卡接口、串口、并口等。它们和台式机接口工作原理是一样的。

2)接口的日常维护

笔记本电脑端口中最容易出问题的就是频繁插拔或者很久不用的端口，下面分别讲述它们的维护方法。

PC 卡插槽因为设在机身侧面，封闭不严密，所以经常成为灰尘的入口。PC 卡插槽一般有两种封闭方式，一种是用带有弹簧的盖板自动封闭，一种是用一块类似 PC 卡大小的空卡来封闭。前者无须人工干预，是自动的，后者则请保管好空卡，将空出来的 PC 卡插槽封好以免灰尘进入。笔记本电脑的 PC 卡插槽中有很多的针脚，频繁插拔会造成接触不良，一旦出现这样的情况，可能要修理主板，所以尽量选购那些不需要频繁插拔的 PC 卡。

对于比较传统的串口和并口输出来说，使用的时候一定要把接口上面的固定螺丝拧好，因为这些接口都是不能热插拔的。如果没有固定好造成接触不良，可能会损坏主板。

对于长期不使用的接口，可以做必要的防锈措施，最简单的方法就是在表面涂一点汽车蜡,待干了之后就是很好的防锈剂,当然,蜡只能涂在接口表面的金属部分,不要涂到接口的针脚上面。

6. 笔记本电脑的散热

随着笔记本电脑的性能越来越高,机器内部芯片产生的热量也越来越多,在很短的时间内,芯片即可达到很高的温度。一般而言,笔记本电脑制造商通过风扇、散热导管、大型散热片、散热孔等方式来降低使用中所产生高温。散热解决得不好将导致系统性能下降,并严重影响系统的稳定性与可靠性,还将影响其他部件的使用寿命。

(1)如果笔记本电脑背后的散热孔灰尘太多,可适当清洁一下。

(2)尽量在凉爽通风的环境中使用笔记本电脑。

(3)注意让笔记本电脑“劳逸结合”,触摸键盘和底部,如果很热就关机休息一下。如果家中有台式机的话,尽量使用台式机。

(4)不要将笔记本电脑放置在柔软的物品上,如床、沙发。这可能会堵住散热孔而影响散热效果进而降低运作效能,甚至死机。

(5)关闭一些不使用的外部设备和端口,具体方法是打开“设备管理器”,找到目标设备,将其停用。

(6)使用降温软件。对于笔记本电脑的主要发热源,可以采用一些软件来达到降温的目的。现在的降温软件比较多,主要有 CPUCool、CpuIdle 和 Waterfall 等几款。

(7)适当使用节电状态、自动休眠和睡眠等措施.以减少 CPU 的发热量。

(8)尽量将电源适配器竖放以减少跟桌面的接触面积,从而能更好的跟空气交换热量。

习 题

1. 笔记电脑拆装的工具有哪些?
2. 简要叙述下笔记电脑拆装的顺序?
3. 简述笔记本电脑组装的大致过程。
4. 如何日常维护笔记本电脑液晶显示器和光驱?
5. 采用什么方法才能提高提高笔记本的散热性能?